天瑞仪器
Skyray Instrument

企业简介

江苏天瑞仪器股份有限公司前身是天瑞信息技术有限公司，注册成立于1992年，2008年12月完成股份制改造。总部坐落于风景秀丽的江苏省昆山市清华科技园，是一家专业从事分析测试仪器研发、生产、销售的国际化高科技企业。

公司拥有国际先进的技术水平，超强的研发团队，全面的服务标准和先进的管理模式。已被授予“中国较具投资价值企业50强”、“国家优秀民营科技企业”、“江苏省高新技术企业”、“江苏省软件企业”、“苏州市分析仪器工程技术研究中心”等一系列荣誉称号。 在不断开发中国市场的同时，天瑞产品已远销美国、德国、俄罗斯、意大利、奥地利、西班牙、瑞士、澳大利亚、韩国、新加坡等50多个国家和地区。公司更以全球化的战略眼光，已经建立了100多个遍布世界各地办事机构和技术服务站。

目前公司在X射线荧光光谱分析领域已获得三个世界优秀的成绩：

●核心专利技术同行业中名列前茅　●销售量同行业中较好　●产品品种同行业中较全

天瑞仪器将以“行业技术先进者”的姿态，不断探究世界分析领域的巅峰。为客户提供更加先进的产品和更加满意的服务，同时为电子、电器、珠宝、玩具、食品、建材、冶金、地矿、塑料、石油、化工、医药等众多行业提供更为完善的行业整体解决方案，从而推动中国经济快速全球化。

PRé
product ecology
consultants

生命周期评估带来可持续发展意识

现今，政府和消费者对可持续发展的态度日益重视。企业面临着许多问题，如碳足迹、环境产品声明(EPD)、生态标志、欧盟对使用能源产品（EuP）的立法，及其整合产品政策（IPP）。在当今世界，如果忽略这些问题，后果是企业所承担不起的。你需要有所准备，尤其是如何应对所有新的ISO标准。

现在许多可持续发展的背后都有生命周期评估（LCA）方法论的支持。LCA是一种经验证的定量决策支持工具。它能够告诉你产品生命周期从摇篮到坟墓的所有环境影响。LCA所带来的深入了解帮助你关注、交流、管理企业的改善努力，为可持续发展提供依据。

PRé咨询和环翼（Ecovane）作为企业的伙伴可以帮助您了解LCA为企业带来的价值，企业从我们的经验里获得的收益包括理解基于LCA的各种ISO标准、生态标志和碳足迹。我们可以通过以下服务协助您实践LCA。

- 为企业打造战略生命周期咨询
- 提供优质的LCA软件和数据库
- 数据收集和LCA审核服务

培训及LCA咨询服务

环翼（Ecovane）的上门培训服务将确保每一位Simapro用户用较短的时间熟悉LCA及软件。除此之外，您还可以选择参加环翼及PRé公司的定期举行的生命周期评估公开培训课程，或者让我们为您安排一对一的上门培训。

环翼作为PRé全球LCA伙伴组织中的一员，作为立足中国本土的可持续发展咨询机构，也可以为您的产品生命周期评估和环境设计提供量身定制的咨询服务，帮组您实施成功的生命周期管理战略。

更多培训及咨询服务请联系环翼总监：龚万彬先生（will@ecovane.cn）

> 地址：上海市闵行区申南路59号泰弘科技园5楼306室
> 邮编：201108
> 电话：021-34635036
> 传真：021-34635036-301
> 网址：www.ecovane.cn
> 邮件：simapro@ecovane.cn

自1990年始，荷兰PRé咨询公司一直站在LCA发展的前沿。PRé咨询的任务是通过提供工具、知识和网络，帮助制定关于可持续发展的政策、产品和服务的决策，为世界带来积极的改变。为了实现这一目标，PRé咨询同20位伙伴合作，建立了全球PRé合作伙伴网络。（网址：www.pre.nl)

环翼环境科技
知识为可持续发展创造价值

SimaPro，专业生命周期评估工具

SimaPro是在全球主要行业、顾问、乃至研究机构和大学中，较为广泛使用的生命周期评估（LCA）软件。允许系统、透明地分析及建立复杂的生命周期模型。

SimaPro 7是一种专业工具，能够在很多地方应用，如：

- 产品设计
- 开发关键绩效指标
- 计算碳足迹
- 测量产品或服务的环境影响
- 环境产品声明
- 环境报告等

SimaPro版满足所有需要

从简易型到开发型，SimaPro有3个专业版本。每个版本有单用户版（单独）或多用户版，是项目团队理想的版本。

- **SimaPro简易型 – 快速得到结果**

容易使用。功能强大的帮助系统可以协助用户管理复杂的任务，所有的结果保持完全透明。

- **SimaPro 分析型 – 具体LCA研究**

为LCA专家而建，拥有高级分析功能，如参数化建模和Monte Carlo 分析。

- **SimaPro 开发型 – 创建专门的LCA工具**

除了SimaPro分析型的同样功能，还拥有一些扩展功能，如直接Excel/ASP链接、LCA向导（Wizard）选项和COM界面。

免费SimaPro演示版本

从 www.pre.nl 网站上免费下载SimaPro演示版本，或通过邮箱（simapro@ecovane.cn）向Ecovane索要免费CD演示版本和附加文件。

SimaPro和企业相连接

拥有独特的COM界面，SimaPro开发版能够连接ERP、CAD/CAM系统和其他业务应用。开放资源，免费获得SimaPro连接器！（网址：www.pre.nl/simapro）

环翼（Ecovane）位于中国上海，是Simapro在中国大陆及香港地区的合作伙伴。我们的核心价值在于通过产品生命周期分析和战略企业可持续发展的咨询服务，为客户带来企业可持续发展的长期成功。（网址：www.ecovane.cn）

Lansmont
now you know

美国蓝氏企业

针对电子产品，美国蓝氏企业（Lansmont）致力于冲击、振动设备的设计和应用长达37年，为电子信息产业、消费产业等提供专业的服务与支持。生产的设备可满足IEC、JEDEC、MIL、GJB等国内外标准的要求。

针对电子产品包装，继提出包装设计六步法后，又根据与客户丰富的合作经验创造性的提出了Filed-to-Lab这一科学的研究理念，使包装更加合理化，帮助企业节省包装材料、减少包装破损及由此带来的成本，为企业带来直接的利益。

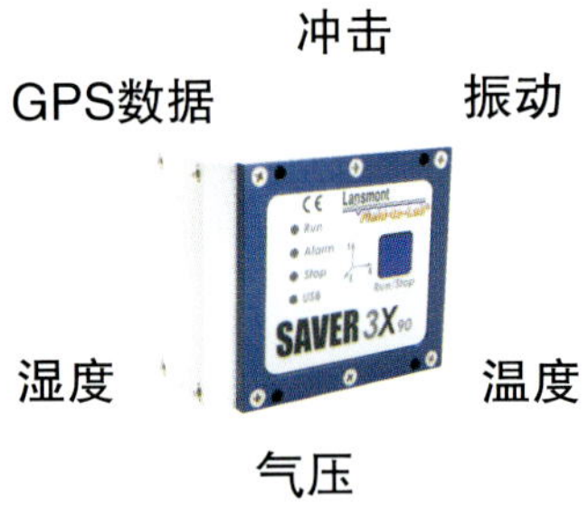

SAVER™ 环境记录仪

- ◆三轴向跟踪记录真实运输环境
- ◆记录冲击、振动、温湿度等多种环境参数
- ◆电池供电，最长可达90天连续记录
- ◆体积小巧，可外接GPS

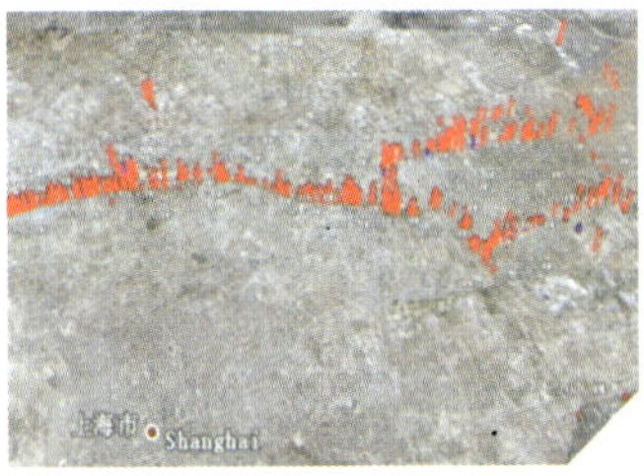

GPS记录路谱

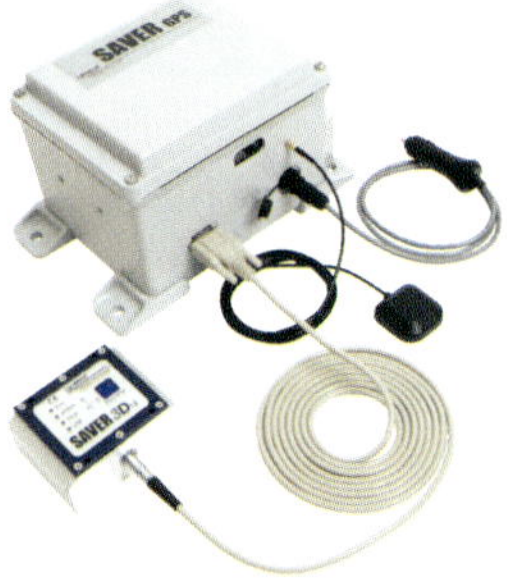

GPS

Shock Logger 微型数据记录仪

- ◆内置于产品，真实反映
- ◆独立的冲击测试监控
- ◆三轴向信号记录
- ◆微型尺寸，可用于2.5寸硬盘

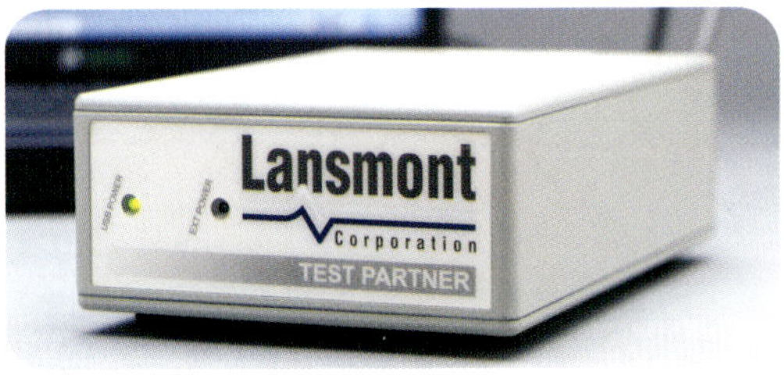

TP3数据采集器

- ◆实时采集瞬态信号，2Mb同步采样速率，最高可达16通道
- ◆集信号采集和FFT， SRS 等分析于一身
- ◆即插即用的USB接口
- ◆体积小巧，使用方便

Lansmont Corporation
17 Mandevile Court, Monterey, CA, 93940, USA
Tel：+1 831 655 6600
Fax：+1 831 655 6606
网址：www.lansmont.com

美国蓝氏企业上海代表处及亚洲技术服务中心
地址：中国上海市浦东新区新金桥路58号银东大厦27-C1
邮编：201206
电话：021-3382 0671
传真：021-3382 0672
邮箱：david_jin@lansmont.com

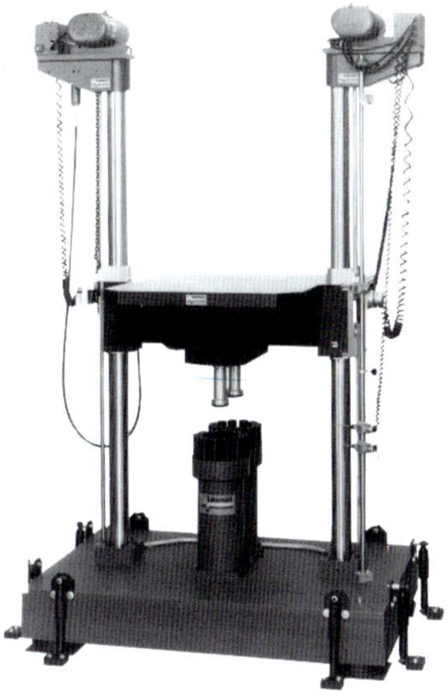

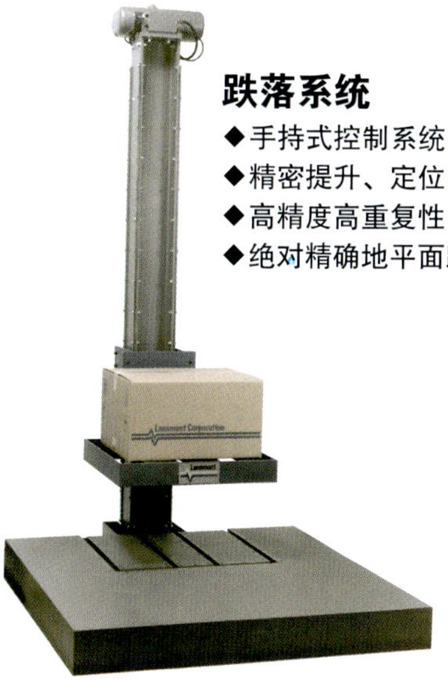

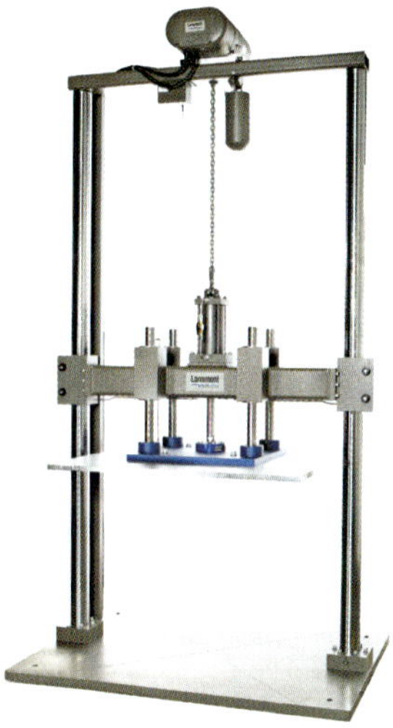

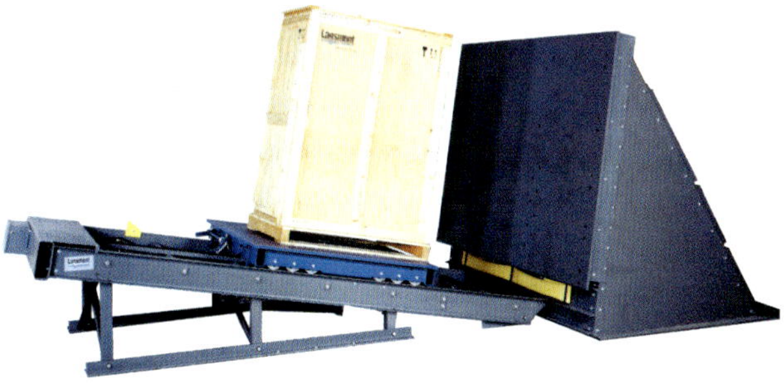

灌封型硅橡胶

◆有优良的自流平性能，是电子、电器（气）等元件灌封、涂覆的理想材料。

高性能型硅橡胶

◆性能良好，可用于飞机座舱、飞行舱等的密封、隔热，也是电子、电器（气）行业理想的弹性密封剂、粘接剂。

阻燃导热型硅橡胶

◆电子、电（器）气功率元零件的粘接与散热，应用于计算机芯片、充电器电容的散热绝缘粘接。

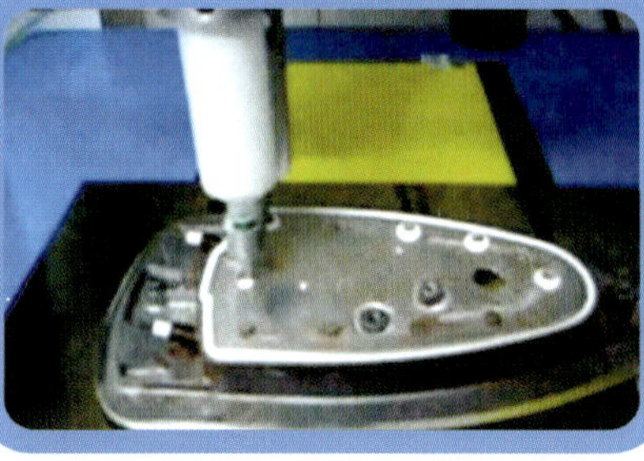

耐高温型硅橡胶

◆较佳的耐热粘接密封性能，主要应用于电熨斗、咖啡炉微波炉等。

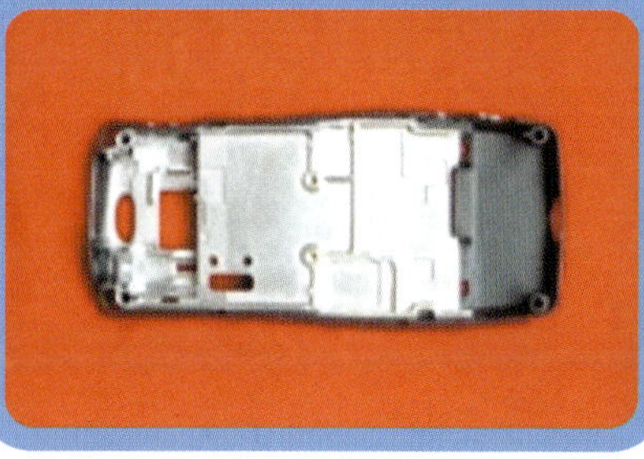

高导电型硅橡胶

◆高导电，用于抗手机等设备的电磁波干扰和防静电。

显示器配套型硅橡胶

◆适用于各种显示器、LED发光管，是显示器行业理想的粘接密封材料。

低挥发型硅橡胶

◆具有较低的可凝挥发份和良好的粘接性，用于飞行舱、密闭容器中的光学器件和电子器件等的粘接、密封、绝缘。

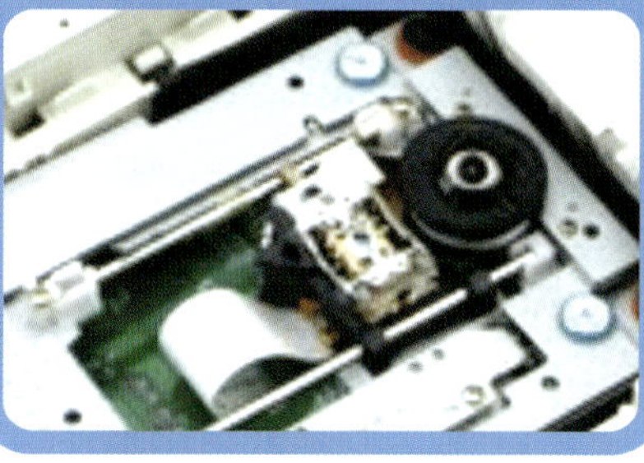

阻尼减震型硅橡胶

◆良好的阻尼减震粘接密封性能，适用于DVD、光驱等光学磁头的粘接及密封，用于汽车等领域。

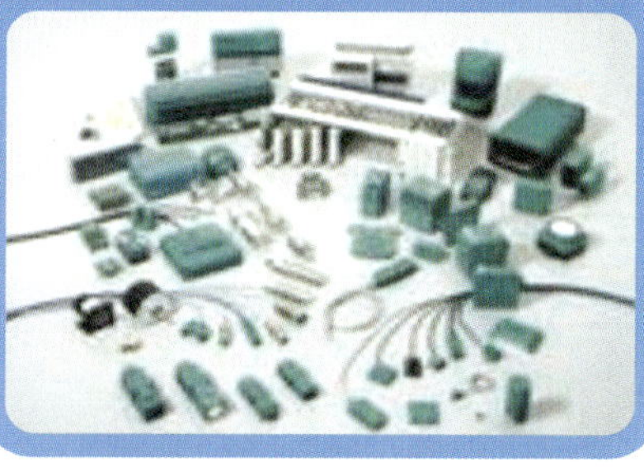

塞子胶硅橡胶（GMX-8608）

◆流动性良好；低硬度，低模量低压缩永久变形；绝缘、防潮、耐气候老化。
制作电器设备附件。

阻燃PC

◆PC薄膜产品具有绝缘性，高阻燃性，高韧性及良好的耐热性的完美结合。
主要用于生产手机、电脑基板绝缘用薄膜，供电气绝缘用薄膜，Bus Barr、键盘、电视/监视器、事物机器、防磁用、电子屏蔽用等绝缘薄膜。

阻燃增强PBT

◆具有优良的机械性能，耐热老化，成型性及热性能俱佳，吸水率低，尺寸稳定，即使在恶劣的环境下，仍保持较高的机械强度，较好的电气性能。
主要用于生产显像管插座，线圈骨架，继电器开关，温控开关，节能灯座，仪表板，电容器壳体，集成电路盒，空调阀以及各种电子接插件等。

阻燃增强尼龙66

◆该材料用红磷母料阻燃，具有高硬度，高耐热性，良好的电绝缘性，尤其是具有高的耐漏电痕迹指数值（CTI）。
可用作变压器的线圈骨架，高、低压电器开关，耐高温继电器，冰箱温控器，交流接触器和精巧薄壁小型电子电器元件等。

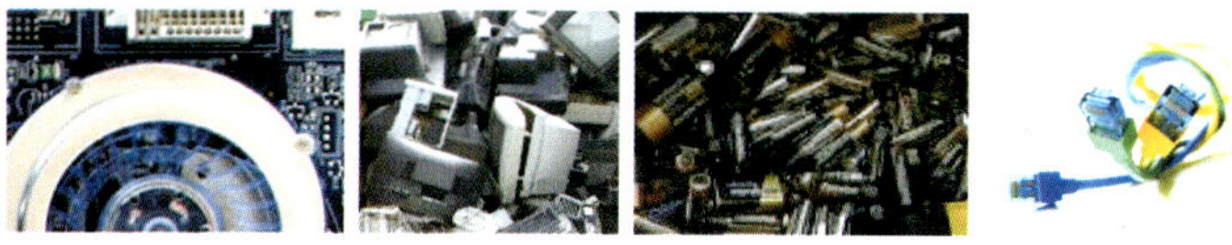

B-Lands全球法规遵守服务

REACH：www.reach-compliance.eu

- REACH注册服务
  - REACH预注册
  - 参与SIEF论坛和联合体
  - 审核分享数据质量，分摊费用价值
  - 使用IUCLID 5建立注册卷宗
  - 建立化学安全评估和暴露场景
  - 生成化学安全报告
  - 提交卷宗获得管理署颁发的注册号
  - 注册卷宗更新
- 物质初始评估
- 物质分类和标签
- 遵守过程策划与战略
- 相关IT措施
- 建立化学数据安全表
- REACH评估、授权和限制服务
- 法规遵守评估报告
- 成品中高度关注物质识别及通告
- 纳米材料的注册和中间体注册
- 提供REACH证书

WEEE/RoHS：www.rohs-weee.eu

- 产品标志
- 供应链遵守分析
- 自我声明和RoHS证书
- 设备审计、分类，和豁免申请
- 法规遵守评估报告，设备检测
- 欧盟27成员国的WEEE注册服务
- WEEE 回收解决方案和建立独立的WEEE系统
- 向注册机构报告更新销售数量
- 准备合同和授权书，提交给客户审批和签字

CLP

- 统一分类、标签和包装咨询
- 分类、标签通告和卷宗更新

其他法规

- 废旧汽车的回收和再利用指令（ELV 指令）
- 产品能源使用的环保设计指令（EuP 指令）
- Eco-Label，Eco-Certification
- 根据产品类别和销售国，全球环保法规咨询

培训服务

- REACH行为人义务及遵守程序
- IUCLID 5，REACH-IT软件使用
- CLP 法规的培训
- 新分类、标签和包装法规培训
- 注册程序，包括建立CSA/CSR和暴露场景

GLP认证测试服务

- 物化测试
- 毒理测试
- 环毒测试
- 建立测试计划
- 审核和分析测试结果及危险评估
- (Q)SAR模型

供应链沟通服务

- 联系上游供应商，出口、进口商和下游使用者
- 传递法规要求各行为人传递的信息
- 联系供应商，审核遵守，识别化学成分
- 供应链内收集并传递物质危险信息
- 物质分类、标签信息传递
- 物质用途信息传递

增值服务

- 法规监察
- 企业商业信息保密服务
- 实用软件开发
- 集团遵守综合战略
- 与国家官方机构间开通沟通渠道
- 注册信息10年保存
- 物质信息数据库

YOUR COMPLIANCE IS OUR SUCCESS

应对RoHS法规，提供解决方案！

中文名称		描述	包装	货号
标准品：				
重金属镉 ICP 标液	Cd	1000 mg/L 溶于硝酸	100 mL	36379-100ML-F
重金属汞 ICP 标液	Hg	1000 mg/L 溶于硝酸	100 mL	28941-100ML-F
重金属铅 ICP 标液	Pb	1000 mg/L 溶于硝酸	100 mL	41318-100ML-F
重金属铬 ICP 标液	Cr(VI)	1000 mg/L 溶于硝酸	100 mL	68131-100ML-F
4-溴联苯醚	BDE 3	50 μ g/mL 溶于异辛烷	1 mL	33661-1mL
4,4′-二溴联苯醚	BDE 15	50 μ g/mL 溶于异辛烷	1 mL	33662-1mL
3′,4′,4-三溴联苯醚	BDE 37	50 μ g/mL 溶于异辛烷	1 mL	34123-1mL
3,3′,4′,4-四溴联苯醚	BDE 77	50 μ g/mL 溶于异辛烷	1 mL	34115-1mL
3,3′,4,4′,5-五溴联苯醚	BDE 126	50 μ g/mL 溶于异辛烷	1 mL	33682-1mL
2,2′,4,4′,5,5′-六溴联苯醚	BDE 153	50 μ g/mL 溶于异辛烷	1 mL	33683-1mL
2,2′,3,4,4′,5,6 - 七溴联苯醚	BDE 181	50 μ g/mL 溶于异辛烷	1 mL	33685-1mL
2,3,3′,4,4′,5,5′,6-八溴联苯醚	BDE 205	50 μ g/mL 溶于异辛烷	1 mL	33688-1mL
2,2′,3,3′,4,4′,5,6,6′-九溴 联苯醚	BDE 207	50 μ g/mL 溶于异辛烷	1 mL	33617-1mL
十溴联苯醚	BDE 209	50 μ g/mL 溶于异辛烷	1 mL	34120-1mL
高纯酸：				
高纯硝酸	HNO3	≥65%，符合 ISO、PhEur 标准	2.5L	30709-2.5L
高纯盐酸	HCl	≥37%，符合 ISO、PhEur 标准	2.5L	30719-2.5L
高纯硫酸	H_2SO_4	95%～97%，符合 ISO、PhEur 标准	2.5L	30741-2.5L
GC色谱柱：				
SLB-5MS超低流失GC/MS色谱柱		30m×0.25mm×0.25μm	EA	28471-U

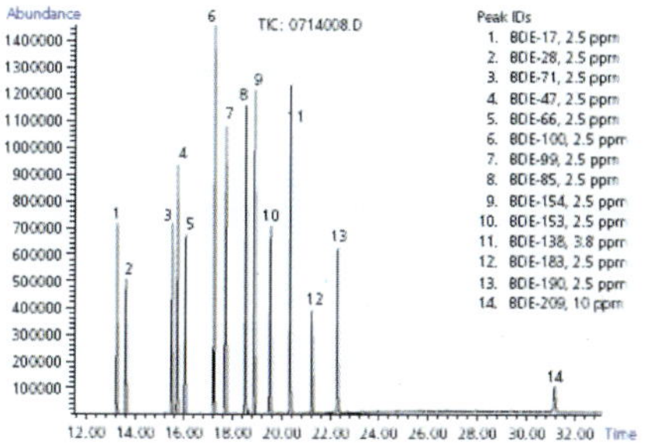

色谱条件：

GC毛细管柱: Supelco SLB-5ms, 30m x 0.25 mm I.D. x 0.25 μm (货号：28471-U);
柱温： 125° C (1 min.), 10° C/min. to 340°C,
质谱扫描区间: 选择离子检测
载气：氦气, 1.5mL/min., 恒流;
进样量：1 μ L, 不分流, 脉冲(30 psi 至0.2 min);
进样衬管： 4 mm I.D. 单锥形
样品： PBDE 标准品, 2.5-10 μ g/mL

关于Sigma-Aldirch

美国Sigma-Aldrich公司（美国西格玛奥德里奇公司）是一家致力于生命科学、化学和色谱分析等多个领域的高科技跨国公司，是较大的化学/生物试剂生产商和供应商，产品数量超过120,000种。公司在全球34个国家设立了分公司或办事处，并在9个国家设立了31个生产基地，全球员工超过7000人。是全球数以百万计的科学家和技术人员的实验伙伴。

关于Fluka

位于瑞士布克斯的Fluka品牌，是SIGMA-ALDRICH集团旗下知名的分析品牌。其产品以高品质而著称，可提供超过12,000种产品，专注于分析试剂和标准品：

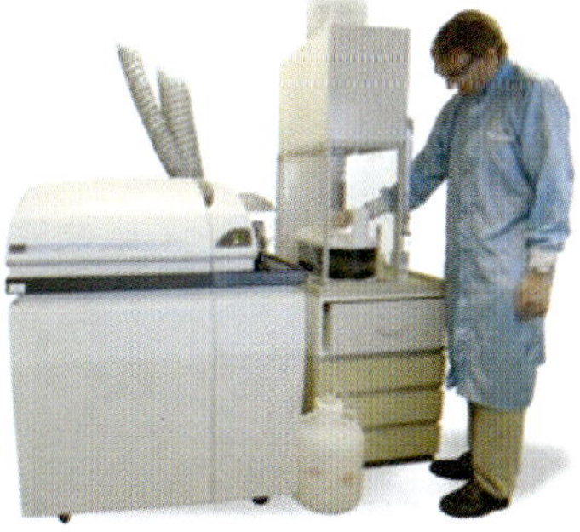

- HYDRANAL®卡尔费休水分测定试剂
- 各种分析标准品(农残、兽残、环境、食品和原吸/ICP等)
- HPLC溶剂
- 农残溶剂
- 高纯度酸/碱/盐
- 离子对试剂
- 衍生化试剂
- 当量标准溶液
- 染料/指示剂
- 微生物培养基等

北京：010-6568 8088 广州：020-3884 0730 武汉：027-87773529 成都：028-85453726 西安：029-83240308 沈阳：024-25153931

SIGMA-ALDRICH®

使用GMax的利基

1. 质量保证：研发团队来自欧洲，并为欧盟制定法令成员。
2. 一劳永逸：当未来法令颁布时，系统架构可弹性由内部人员改变，不需再更改系统，摆脱迭架屋的恶性循环。
3. 可靠度高：数据库为专业数据中心研发，超过40个国家与1500个会员引用，并可用于高标准碳标章申请。

服务内容

来自欧洲具有专业标准规范制定团队与台湾电子产业技术团队，即日起，开始为您做高效专业的服务，服务项目有：

1. 法令符合性报告Technical Documentation File
2. 技术咨询服务(RoHS/REACH、WEEE、EuP/ErP、碳足迹、生态化设计)
3. 系统建置计划(ISO 系列、标章类)

GMax服务客户

1. 汽车产业(automotive industry)：Honda、Honeywell、KIA、Hyundri、Ford、Bosch、…
2. 电子产业(electronic industries)：3M、Hp、omron、Skidata、schott、Leica、polystar、Witte、Mtu、corning、…
3. 中国地区：Pegatorn、Qisda、Clevo、ASUS

GMax服务据点

上海 雄迈电子科技贸易有限公司 TEL：+86-21-22817348
东莞 好迈电子科技有限公司 TEL：+86-769-85356883
台湾 能迈科技股份有限公司 TEL：+886-2-89903188

TEL：+86-21-22817348
E-mail：sales@tisamax.com
Website：www.tisamax.com

Instrument systems

Instrument systems 是德国知名的光学测试设备公司，主要生产快速光谱仪、扫描光谱仪、亮度色度计以及配合测量的附件等测试设备，在国际光学测试行业内声誉知名。其产品主要用于LED和小型光源的光谱测量、显示屏测量、仪器仪表面板测量、透射反射率测量，太阳能、夜视光源等方面的测量。其用户包括德国PTB、美国NIST等有关计量单位、美国NASA（美国国家航空航天局）、BMW、GE、Philips、Boeing、Airbus、Osram都是其长期合作的用户。

锦恩光学设备有限公司（Giant Testing Equipment LTD）是德国 Instrument systems指定的中国地区合法代理商，有多年光学设备的销售维护经验，与国内众多跨国企业、研究机构建立了稳定的合作关系。

网址：www.giant-testing.com

SPECTRO 320 扫描光谱仪

CAS140CT快速光谱仪

积分球

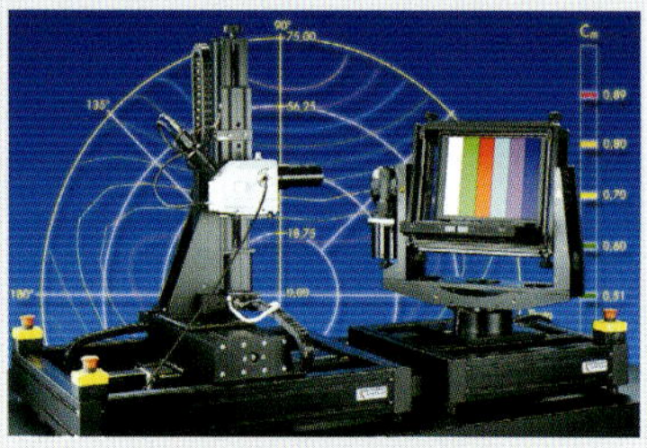

亮度测试装置

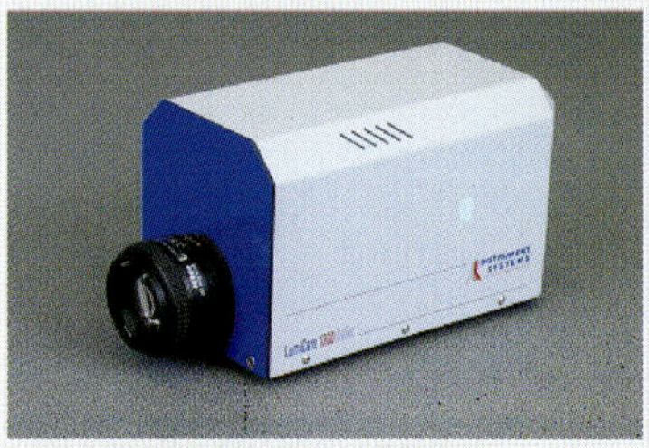

图像亮度色度计

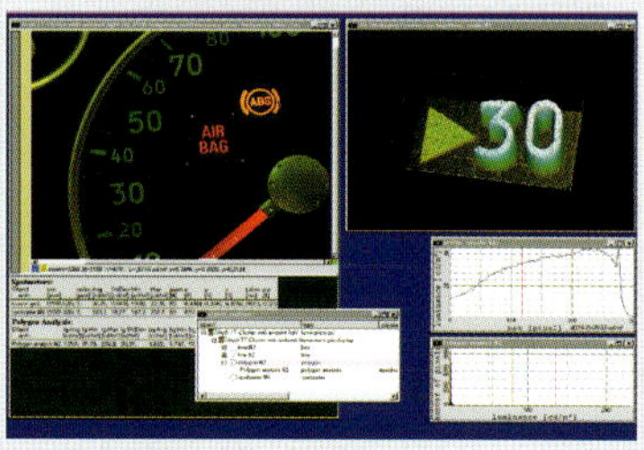

图像亮度色度计分析界面

INSTRUMENT SYSTEMS
OPTISCHE MESSTECHNIK

www.instrumentsystems.de

中国地区总代理商

锦恩光学设备有限公司

Giant Testing Equipment LTD

地址：上海市虹口区临平北路55号渡边国际商务楼4G
电话：021-65089773
传真：021-65089773

福州欧中电子有限公司

EURO-CHINA
FuZhou Euro-China Electronic Co Ltd
www.eurocnelec.cn

简介福州欧中电子有限公司是 1988 年成立的香港独资企业，位于福州市高新技术产业区-软件园内，公司引进国外先进设备，与英国 Syfer 公司建立和保持长期的生产技术合作，专业生产加工多层陶瓷电容器及相关元件。欧中产品集 Syfer 先进的湿法工艺的优点，品种齐全。产品主要采用低 K 质材料；内层采用稳定的钯银电极生产，保证了产品的高稳定性和高可靠性，电容器产品通过 IECQ-CECC 认证，EMI 滤波元件符合 MIL-F-28861B（等同于 GJB1518-92）。公司亦代理英国 Syfer / 美国 Novacap/美国 DLI 产品。

产品广泛应用于航空、航天、医疗设备、通讯电源、汽车、电子、石油仪器、高科技等对环境和可靠性要求较高的产品。

多层陶瓷电容器

多层陶瓷电容器-径向引线式、贴片式系列

- 工作温度-55℃~+125℃/200℃/250℃
- 高电压 50V-10kV，容量大至 68μF
- 贴片安规电容 AC250V
- EIA 标准尺寸
- 特殊应用的钯银端电极
- MIL 可靠性指标筛选产品

SF-贴片三端 EMI 滤波器

贴片三端 EMI 滤波器系列（SF）

- 工作温度-55℃~+125℃
- COG/X7R 介质材料，
- 小电流 300mA~2A，C 型电路
- 大电流 5A~20A　C、Pi 型电路

贴片 X2Y 平衡线滤波器（SF）

- 在平衡线、双绞线内取代三个 X/Y 电容
- 串音抑制性能超群，不受电流的限制
- 典型应用于直流马达、车载音频设备滤波

SF-穿越式 EMI 滤波器

穿越式（馈通）EMI 滤波器（SF）

- 工作温度-55℃~+125℃
- 电气设置 C、LC、Pi、T 型
- 容量达 10pF ~ 3.3μF
- 电压 50kV~3kV，电流 10A~20A
- 有效的高频衰减，插损到 1GHz 以上

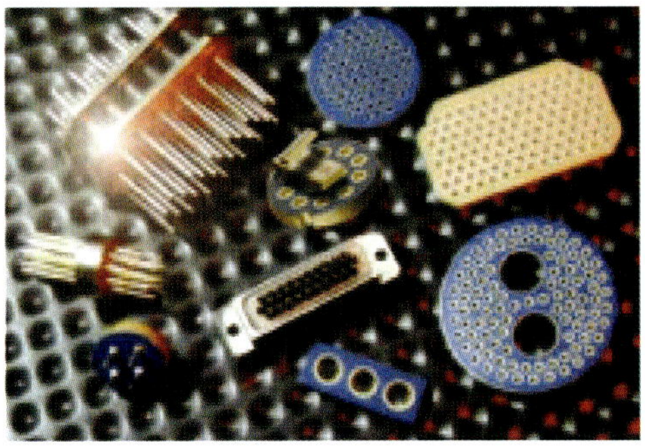

SF-多层陶瓷平面电容阵列

多层陶瓷平面电容阵列（SF）

- MIL 标准系列、圆形、长方形、D 型等
- 电容阵列 2 路~155 路
- 指定无容量孔、不同容量和不同电压孔
- 带压敏功能，按客户需要专门订做

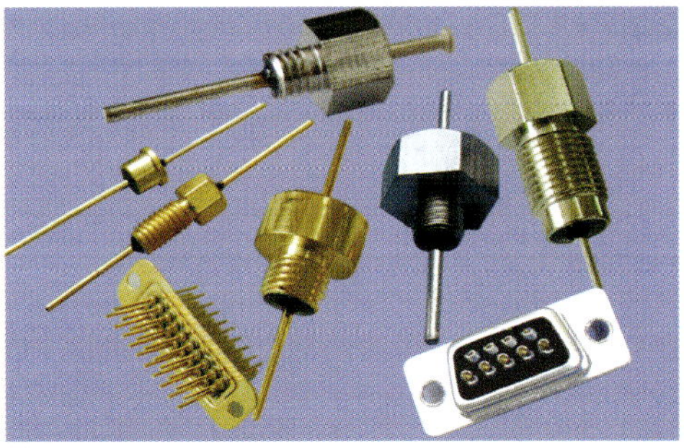

OF-EMI 滤波系列产品

交流 EMI 滤波器系列（OF）

- AC250V、AC400V
  - 容量 100p~4700pF
- 电容型滤波接插件 D 型-9/15/25/37 路系列
  - 额定电压 dc200V，电流 3A~5A
  - 容量 100p~1500pF
  - 30MHz~3GHz 频率范围内有效衰减 30dB 以上

地址：福州市鼓楼区软件园 C 区 52#，350003

电话：0591-87871172 / 87871182

传真：0591-87809119

E-mail：eurocn@public.fz.fj.cn

SYFER TECHNOLOGY LIMITED
A DOVER Company
www.syfer.com

NOVACAP
A DOVER COMPANY
www.novacap.com

EYANG 宇阳科技

公司简介

网址：www.szeyang.com

深圳市宇阳科技发展有限公司成立于2001年，是一家专业从事片式多层陶瓷电容器（英文缩写MLCC）的研发、生产和经营的高新技术企业，并致力于为IT、数字AV产品特别是移动通讯及便携式数码产品提供元器件方案选型设计、配套及相关技术支持等综合服务。

鉴于广东省东莞市良好的市场区位优势和生产配套能力，宇阳科技首先在东莞凤岗设立总面积达12万m^2的现代化MLCC生产基地。一期投资达5亿元人民币，从日本、德国和美国引进当今世界上先进的全套片式多层陶瓷电容器生产线，并大规模生产0201、0402、0603等规格（部分0805，1206高容MLCC）的微型MLCC产品，目前年产能达到700亿片。公司在高性能高频高Q材料体系技术，高比容贱金属电极材料（BME）体系技术及其相应的超薄介质高层数设计工艺技术领域拥有自主知识产权，并以产学研合作方式与国内外知名高等院校保持长期技术合作关系。先后通过ISO9001质量管理体系认证、ISO14001环境管理体系认证和OHSAS18001职业安全卫生管理体系认证。现正推行ISO/TS16949汽车行业质量管理体系认证。宇阳产品较早实现绿色环保化，全面符合WEEE & RoHS指令要求。

宇阳科技依托自主创新体系核心，结合全新设计工艺研发技术和引进制造设备的优势，充分发挥市场定位明确、服务全面周到的特点，开拓出了像THOMSON、FLEXTRONICS、PANASONIC、FOXCONN、LENOVO、NVIDIA、VTECH、SKYWORTH、BYD等一系列国际国内知名的客户。紧跟MLCC微型化发展潮流，宇阳科技已成为本土企业中0402（1005）尺寸MLCC 市场占有率较高的企业。同时与大量使用0402尺寸MLCC的通讯类及移动数码类企业建立了战略合作关系，为企业的长久持续发展打下良好的基础。

宇阳公司MLCC产品先后实施项目及获得荣誉：

- ◆2002年国家“双高一优”项目
- ◆2002年国家高技术产业化示范工程项目（0402微型片式多层陶瓷电容器）；并荣获 “2007年度中国电子学会电子信息科学技术奖”
- ◆2002年、2003年信息产业部电子信息产业发展基金项目
- ◆2003年科技部创新基金项目
- ◆2004年国家信息产业企业技术进步和产业升级专项（大容量MLCC）
- ◆2005年荣获德勤“中国高科技、高成长50强”第二名、 “亚太地区高科技、高成长500强”第五名
- ◆2008年0201超微型MLCC通过科技成果鉴定
- ◆第18、19、20届中国电子元件百强企业；在第21届“百强”排名第四十七位
- ◆2009年通过国家级高新技术企业认定

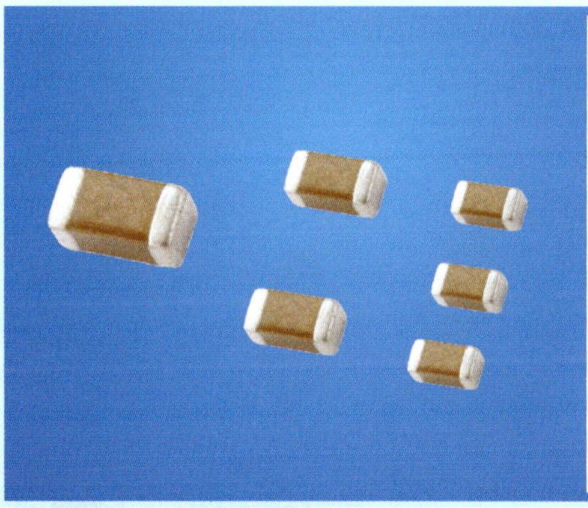

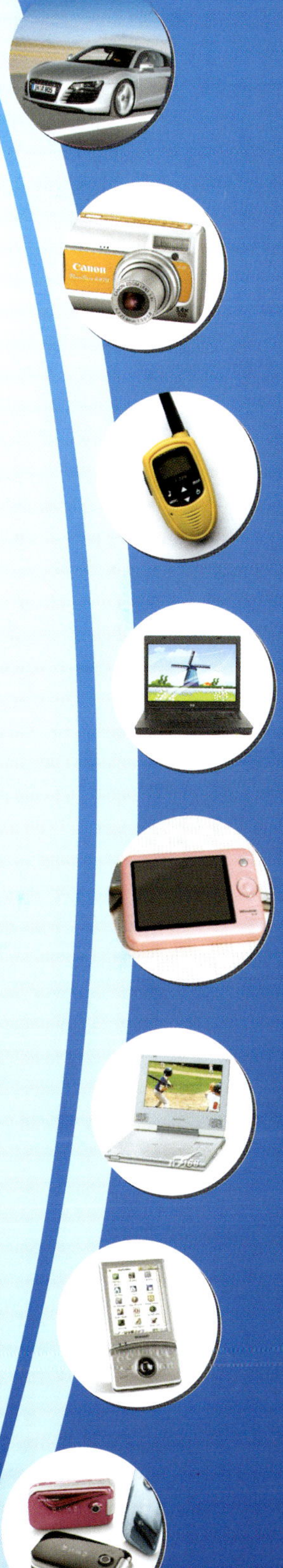

产品介绍

本公司主产品MLCC，适合于表面贴装技术（SMT），有效地缩小电子信息终端产品（尤其是便携式产品）的体积和重量，提高产品的可靠性，顺应了IT产业小型化、轻量化、高性能、多功能的发展方向。主要针对国际市场和替代进口国内用户的普遍需求，达到国际先进标准水平。产品的特性组别分类和主要指标按照美国电子工业协会标准暨美国国家标准ANSI/EIA-198-E-1997，部分项目指标参照日本工业标准JIS-C-6429、JIS-C-5102，试验方法和相关技术要求符合中国国家标准GB/T2693总规范和GB/T9324分规范要求。

技术先进　客户至上

持续创新　追求国际优秀品质

公司地址：深圳市南山区高新技术产业园北区朗山二号路齐民道3号
电话：0755-86252188　传真：0755-86278303　邮编：518057
生产基地：广东省东莞市凤岗镇永盛大街宇阳科技园
电话：0769-87517888　传真：0769-87518148　邮编：523686

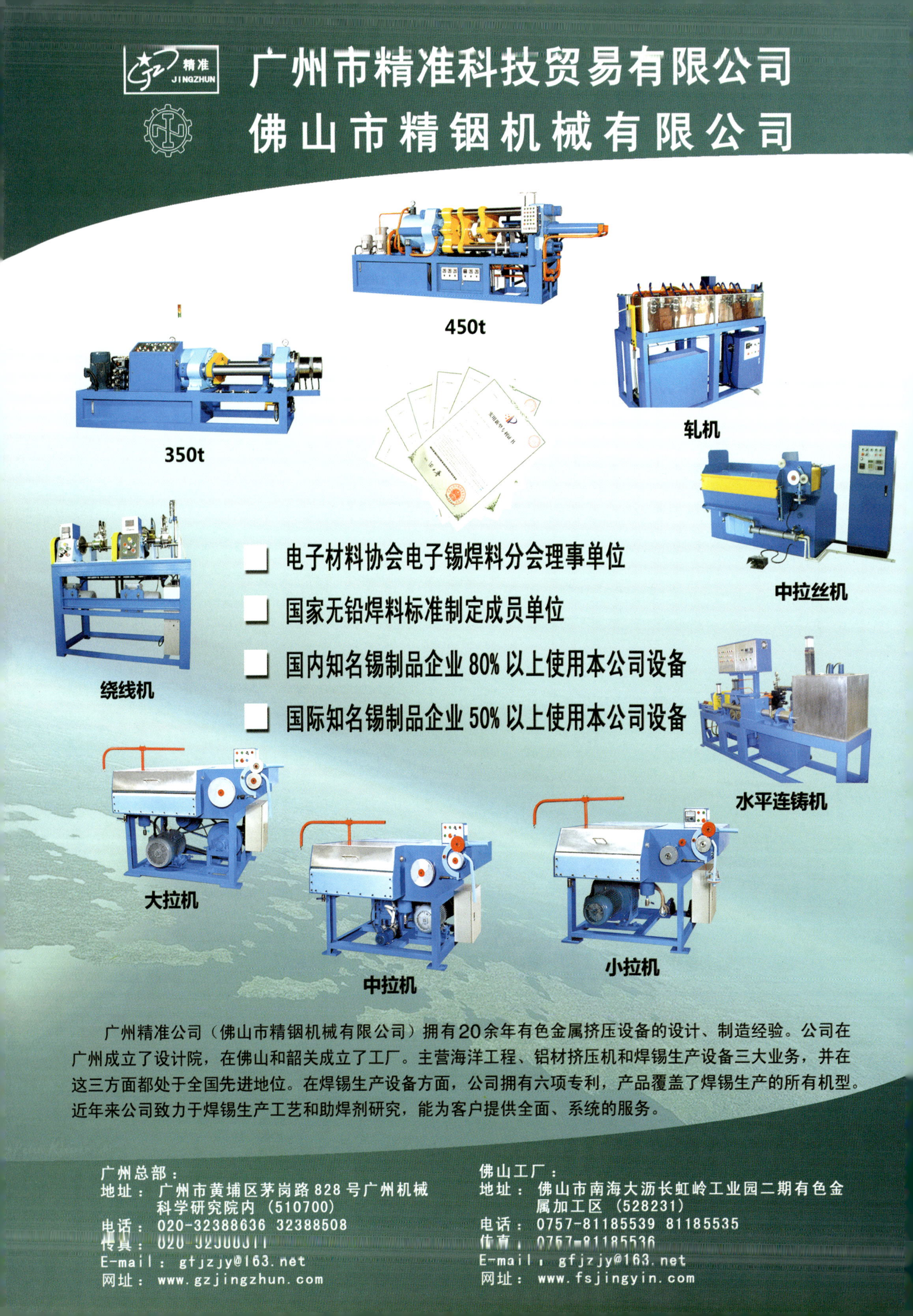

广州市精准科技贸易有限公司
佛山市精铟机械有限公司
450t
350t
轧机
中拉丝机
绕线机
水平连铸机
大拉机
中拉机
小拉机
电子材料协会电子锡焊料分会理事单位
国家无铅焊料标准制定成员单位
国内知名锡制品企业 80% 以上使用本公司设备
国际知名锡制品企业 50% 以上使用本公司设备
广州精准公司（佛山市精铟机械有限公司）拥有20余年有色金属挤压设备的设计、制造经验。公司在广州成立了设计院，在佛山和韶关成立了工厂。主营海洋工程、铝材挤压机和焊锡生产设备三大业务，并在这三方面都处于全国先进地位。在焊锡生产设备方面，公司拥有六项专利，产品覆盖了焊锡生产的所有机型。近年来公司致力于焊锡生产工艺和助焊剂研究，能为客户提供全面、系统的服务。
广州总部：
地址：广州市黄埔区茅岗路828号广州机械科学研究院内（510700）
电话：020-32388636 32388508
传真：
E-mail：gtjzjy@163.net
网址：www.gzjingzhun.com
佛山工厂：
地址：佛山市南海大沥长虹岭工业园二期有色金属加工区（528231）
电话：0757-81185539 81185535
传真：0757-81185536
E-mail：gfjzjy@163.net
网址：www.fsjingyin.com

国内外电子元器件标准使用指南

（综合篇）

2010年

中国电子技术标准化研究所　编制

中国计量出版社

图书在版编目（CIP）数据

国内外电子元器件标准使用指南．综合篇／中国电子技术标准化研究所编．—北京：中国计量出版社，2010.2
ISBN 978-7-5026-2986-1

Ⅰ．国…　Ⅱ．①中…　Ⅲ．①电子元件—标准—世界—指南②电子器件—标准—世界—指南　Ⅳ．①TN6-62

中国版本图书馆CIP数据核字(2010)第011619号

中国电子技术标准化研究所　编制
中国计量出版社出版
北京和平里西街甲2号
邮政编码：100013
电话：（010）64275360
http://www.zgjl.com.cn
廊坊市恒泰印务有限公司
新华书店北京发行所发行

*
889 mm×1194 mm　16开本　印张 24　字数600千字
2010年1月第1版　2010年1月第1次印刷
*
印数1—60 000　定价：198元

前　言

多年来，在各界读者的热情关心与大力支持下，中国电子技术标准化研究所信息服务工作依托多年从事电子元器件管理、标准研究和检测的基础产品研究中心的科技人员，先后在2005年策划并编制了《国内外电子元器件标准使用指南(器件篇)》，2007年编制了《国内外电子元器件标准使用指南（元件篇)》，为宣传和贯彻标准化，提升电子产品可靠性与质量，起到了有力的支撑作用。《国内外电子元器件标准使用指南（综合篇)》的编制出版目的，主要是对前两篇的补充与完善。

《综合篇》内容主要涉及射频连接器、敏感元器件和传感器、电源、继电器、磁性元件、电阻器、光纤光缆等十几个专业。

《综合篇》涉及的文章大都是各领域专家深入分析研究国际标准和有关国际标准组织的活动，对有关标准制修订情况和派生演变情况以及我国目前标准的水平作了详细的分析研究。

在编制《综合篇》过程中，得到了很多企业和读者的关注与支持，同时也得到了基础产品研究中心专家们对我们工作的大力协助与支持，我们在此表示衷心的感谢。

由于水平有限，书中难免有这样或那样的问题，希望能得到您的意见和建议，便于今后编辑出版工作的提高。

编者

2010年1月

目　　录

半导体器件篇

国外宇航电子元器件标准体系浅析

张玉芹　王　静　周　俊

摘　要　本文对国外先进国家宇航电子元器件标准体系的特点、产品门类划分、产品规范、质量等级等内容进行研究与综合对比分析，为我国宇航元器件标准体系建设思路和顶层设计具有借鉴意义。

关键词　国外　宇航电子元器件　标准体系建设

1　引言

标准是质量的基石，电子元器件产品的质量与可靠性通过标准进行规定，并通过标准的执行得以固化和提高。随着我国航天事业的迅猛发展，对元器件提出了越来越高的要求，建立完整和有效的宇航元器件标准体系迫在眉睫。充分吸收发达国家的先进经验，是建立标准体系的重要前提。目前国外较为发达的宇航国家包括美国、欧盟和日本。本文力图通过对美国国家航空航天管理局（NASA）、欧洲宇航局（ESA）以及日本宇宙航空研究开发机构（JAXA）电子元器件标准体系的研究与分析，希望对我国宇航元器件标准体系建设的顶层设计及构建提供借鉴。

2　相关概念

标准体系是指一定范围内的标准按其内在联系形成的科学的有机整体，是不同的产品类别、标准类别、标准级别的有机结合。标准化体系是以建立、维持、执行有效的标准化文件体系为基本任务实施标准化管理与运作的体系。美国国防部关于军用电子元器件标准化体系，主要有政策、管理和执行三个层次。

宇航电子元器件标准体系是指面向应用的宇航电子元器件范围内的相关标准按其内在联系形成的科学的有机整体，包括不同的产品类别、标准类别、标准级别的有机结合。

3　国外宇航电子元器件标准体系的特点

3.1　NASA 宇航电子元器件标准体系特点

NASA由总部和下设的九个研究中心组成，其任务是进行地球、太阳系、宇宙的了解和探索。鉴于NASA星、船、箭等航天飞行器数量众多的特点，因此NASA的宇航电子元器件需求量大。由于美国有强大的武器装备研制的国家背景，在元器件标准体系建设上，更多依靠美国哥伦布国防供应中心（DSCC）为责任主体建立的美军标（MIL）体系。其主要实施者为DSCC和NASA。标准制修订及产品和生产方认证等体系建设方面以DSCC的工作成果为主，NASA以此为基础，着重在元器件的能力保障和信息系统构筑方面开展工作，进行补充建设。而在元器件的标准顶层上，采用在MIL的基础上附加宇航要求的方式，以完备的美军标为基础进行生产线和产品的认证及维持，在人力、物力上投入均较大。

NASA元器件技术标准体系分为三个层次：基础标准（通用标准），通用规范（或称总规范），详细规范。其中，基础标准和产品规范（包括通用规范和详细规范）基本直接采用MIL标准。对于NASA定制的产品，如分离脱落连接器，则自行制定通用规范。NASA产品的质量保证依靠采用国家进行的生产线和产品的认证及维持进行控制，通过在标准中规定的质量等级的基础上附加应用要求的形式，建立应用等级与质量等级之间的联系。其中，EEE-INST-002《EEE元器件选择、筛选、鉴定和降额指南》通过确定的应用等级对元器件质量等级进行选择和布局，并提出选择、筛选、鉴定和降额指南。据此形成的NPSL《NASA优选元器件清单》，是NASA宇航元器件选用的核心。

3.2　ESA电子元器件标准体系特点

ESA与NASA的背景不同。它是一个独立的技术联合组织，不像NASA具有强大MIL体系的国家背景，因此其标准体系具有与NASA不同的特点。

相对美国，欧洲宇航电子元器件需求量少，经费、目标有限。因此欧洲直接建立了相对独立的宇航电子元器件标准体系。在宇航电子元器件鉴定上，ESA将元器件分为标准元器件和非标准元器件两类，并采取鉴定维持和单批考核两种方式，以适应需求。欧洲宇航元器件标准体系包括ESCC（欧洲空间元器件协调组）标准体系和ECSS（欧洲空间标准化合作组织）标准体系。前者用于指导宇航元器件的生产、鉴定，后者可用于指导元器件用户方的选用、评价等质量保证工作。两者紧密联系，形成了完善的生产、选用、保证的标准体系。制定了ECSS-Q-60《宇航EEE元器件产品质量保证》文件，建立了应用等级（1级、2级、3级）与标准质量等级（包括ESCC标准和MIL标准、NASA标准等）。

3.3　JAXA电子元器件标准体系特点

JAXA 电子元器件标准体系的发展历程是一个不断向欧美航天大国学习、结合本国国情、总结和摸索经验，从而形成具有自身特点、适用本国需求的过程。

早期直接采用美军标。日本 JAXA 由于没有自己的国家军用标准平台，标准体系最早直接采用 MIL 体系，包括元器件的通用规范、合格产品目录、元器件详细规范、应用指南、元器件保证和选用的标准等，并制定了 EEE 元器件保证标准，与欧洲 E-Q-60 类似，建立了应用等级（1 级、2 级、3 级）与标准质量等级（包括 ESCC 标准和 MIL 标准）之间的对应关系，并直接认可 NPSL 和 EPPL。

近几年来，日本也开始建立自己的宇航元器件标准，并制定了产品的通用规范、产品详细规范等。

目前，JAXA 电子元器件标准体系包括指导元器件生产和指导元器件保证、选用的两大类标准。其中指导元器件生产的标准，主要包括宇航用公共元器件/材料通用规范（2 个）、元器件的通用规范、QML、QPL、元器件详细规范、应用指南等，以及采用的美军标、日本工业标准、国际标准等。JAXA 指导元器件保证和选用的标准主要包括 EEE 元器件管理标准、元器件数据库。

4　国外宇航电子元器件标准体系的构成情况

国外宇航元器件标准体系均是以产品的优选目录为牵引，如 NASA 的 NPSL，ESA 的 EPPL 等。宇航电子元器件标准体系的构成包括了选用产品相关的所有标准。

NASA 宇航元器件选用以 NPSL 为核心。NASA 宇航电子元器件标准体系从标准类别上看，包括基础标准、产品规范和其他应用指导类文件等。其中，基础标准大多采用 MIL，个别采用协会标准；产品规范以 MIL 为主，部分 MIL 中没有的制定为 NASA 标准或各中心标准；应用指导类标准以 NASA 为主制定，部分标准固化到 MIL 标准体系中。NASA 宇航电子元器件标准体系从标准层级上看，包括国家层面（MIL）、行业层面（NASA）、协会标准（如 EIA 等）和企业层面（各飞行中心）。

ESA 宇航元器件选用以 EPPL 为核心。ECSS-Q-60B 宇航 EEE 元器件产品质量保证中明确规定：产品优选的来源为：

1）EPPL 中的第 1 部分；

2）若未能在 EPPL 中的第 1 部分中选择，则应按以下顺序（在前者优先）从以下来源中选择：

——EPPL 中的第 2 部分

——ESCC 的 QPL 和 QML

——NPSL 的 1 级和 2、3 级

——MIL 的各 QPL 和 QML

3）出口限制的元器件不应优先选择。

从上述元器件的来源看，ESA 宇航元器件标准体系从类别上与 NASA 类似，包括基础标准、产品规范和应用保证文件等。从层级上，既包括包括 ESA 标准（ESCC 和 ECSS 相关标准），也包括 MIL 标准、NASA 标准、IEC 标准等。

综上所述，国外宇航电子元器件标准体系在类别构成上很相似，都包括基础标准、产品规范、应用保证标准等；从标准采用上，均充分利用现有标准资源。标准体系的构成具有开放性、多元化的特点。

5 标准体系覆盖的电子元器件类别

5.1 NASA 涉及的产品类别

NASA 标准体系覆盖的电子元器件类别主要摘自 NPSL 和 EEE-INST-002，其产品类别采用了美军标的分类号。但两个文件中包括的具体类别不完全相同。

NPSL 中的产品类别按美军标中的分类号，共包括 15 大类。主要包括：电阻器、电容器、断路器、熔断器、晶体、连接器、电感器、滤波器、半导体分立器件、微电路（包括单片和混合）、敏感元件、光纤、继电器、电线电缆、变压器等。

EEE-INST-002 中的产品类别主要包括 16 大类：电容器、连接器和接触件、晶体元件、晶体振荡器、纤维光学无源元器件（光纤，光缆，光连接器和光组件）、滤波器、熔断器、加热器、磁性元件、微电路（混合电路、单片电路和塑封电路）、电磁继电器、电阻器、半导体分立器件、开关、热敏电阻器、电线和电缆。

5.2 ESA 涉及的产品类别

ESCC 元器件标准体系中包括 15 个电子元器件大类，这 15 个大类分别是：电阻器、电容器、波导元件、线圈、微波元件、电线和电缆、连接器、继电器、石英晶体、声表器件、继电器、机电开关、半导体分立器件、半导体集成电路、电荷耦合器件、单片微波电路等。

5.3 JAXA 涉及的产品类别

从目前得到的资料看，JAXA 电子元器件标准体系中产品类别包括 12 大类，分别是半导体集成电路、混合集成电路、分立器件、电容器、电阻器、连接器、滤波器、变压器和线圈、电线和电缆、印刷线路板、传感器、电子管。

5.4 各国宇航电子元器件标准体系覆盖的产品类别对比

各国的宇航电子元器件标准体系中目前覆盖的产品类别对比如表 1 所示。

表 1　产品类别对比表

序号	NASA	ESA	JAXA
1	电阻器	电阻器	电阻器
2	电容器	电容器	电容器
3	继电器	继电器	—
4	连接器	连接器	连接器
5	半导体分立器件	半导体分立器件	分立器件
6	微电路（包括单片和混合）	半导体集成电路	半导体集成电路
		单片微波电路	混合集成电路
7	熔断器	—	—
8	晶体	石英晶体	—
		声表器件	—
9	变压器	线圈	变压器和线圈
10	电线电缆	电线和电缆	电线和电缆
11	电感器	—	—
12	滤波器	—	滤波器
13	敏感元件	—	传感器
14	光纤	波导元件	—
15	断路器	机电开关	
16	—	微波元件	
17	—	电荷耦合器件	
18	—		印制电路板
19	—		电子管

6　标准体系中的产品规范情况

作为宇航电子元器件标准体系的核心技术内容，产品规范直接规定和约束产品的研制和生产，并为产品的研制、生产和采购提供依据。

从美军标准情况看，59、60 大类共涉及 300 多个总规范。其中，美军电子元器件标准中共有 8 类 15 个总规范中规定了宇航级质量等级，占总规范总数的 4%；规定失效率等级的总规范有 36 个，占总规范总数的 9.5%。

NASA 的 EEE-INST-002 中，涉及的产品通用规范及 DTL 规范 88 个。其中 MIL 通用规范 64 项；NASA 自行制定的规范 8 个（连接器专业 7 个，开关 1 个）；各中心（如马歇尔飞行中心）制定的规范 14 个(热敏电阻器 3 个，电磁继电器 1 个，电阻器 9 个，加热器 1 个）；另外还有 2 个协会标准，为电线电缆专业。

在 NPSL 中，共涉及 52 个产品通用规范，其中 MIL 通用规范 49 个，NASA 自行制订的通用规范为 2 个，各飞行中心制订的通用规范或技术要求 8 项，协会标准 1 项，此外产品规范中还包括 500 余个产品详细规范。

ESA 在选用产品除直接采用 MIL 外，自行制定了通用规范和产品详细规范。其中通用规范为 37 个，产品详细规范 800 余项。在 ECSS-Q-60 中还引用了 33 项 MIL 标准通用规范、CECC 标准 5 项以及哥德达飞行中心标准 2 项。

JAXA 标准体系中产品通用规范，对目前获得的标准进行初步统计，共有 13 个产品通用规范，除混合集成电路为两个通用规范（一个为 QPL，一个为 QML）外，其余为每个产品门类一个通用规范。此外，根据产品小类的划分，每个产品通用规范又包括若干个附录。若按小类划分，包括 30 个产品小类的产品通用规范或附录，其数量与 ESA 较为相近。

各国产品规范数量对比见表 2 所示。

表 2　各国宇航元器件产品规范数量对比

	NASA（NPSL）	ESA	JAXA
通用规范数量	52 项	37 项	13 项（30 个小类）
详细规范数量	500 余项	800 余项	暂时不详
说明： NASA 的相关数量以 NPSL 为准；ESA 的相关数量仅指 ESCC 标准，不包括采用的 MIL 等等标准；JAXA 的相关数量仅指自行制定的标准，不包括采用的其他标准，其产品详细规范情况暂时不详。			

7　元器件质量等级

NASA 元器件质量等级是由 MIL 体系确定，NASA 标准体系通过 EEE-INST-002 规定了元器件的应用等级，根据不同的应用场合，将元器件的应用等级分为一级、二级、三级 3 个应用等级。同时，各中心根据自己的应用场合，确定各自的应用等级，大致有三个或四个等级。

由于 ESA 直接采用 NPSL，因此 ESA 元器件质量等级是由 ESCC 标准和 MIL 标准确定的。在 ESA 元器件标准体系中，ECSS-Q-60 作为一个应用保证的纲领性文件，规定了三套不同的元器件等级（1 级、2 级、3 级）的标准化要求，并给出了各级元器件所采用的产品规范及质量等级。同 EEE-INST-002 相类似，ECSS-Q-60 也建立了应用等级（1 级、2 级、3 级）与标准质量等级（包括 ESCC 标准和 MIL 标准）之间的对应关系，并据此形成了 EPPL，供各工程选用。

JAXA 与 NASA、ESA 相似，也建立了应用等级与标准质量等级（包括 ESCC 标准和 MIL 标准）之间的对应关系，并直接利用 NPSL 和 EPPL。在 JAXA 的产品通用规范中，器件一般有两个质量等级：1 级和 2 级。对元件质量等级分两种情况，一种是 QML 认证方式，统称为高可靠级（high reliability），一般采用鉴定寿命试验 4000 小时，质量一致性检验 2000 小时的模式；另外一种是 QPL 认证方式，采用失效率等级的表征形式，分为五级、六级、七级、八级等，此种质量等级分类与美军标基本相同。

8 国外宇航元器件标准体系综述

NASA、ESA 和 JAXA 等国外航天机构高度重视元器件标准体系的构建，分别形成了结构层次清晰、相对独立的宇航元器件标准体系，在顶层设计上有清晰的脉络。

（1）以开放的元器件优选目录作为标准体系的牵引

上述三个宇航元器件标准体系均以优选清单作为标准体系的牵引，标准体系的构成与产品选用紧密结合。NASA 和 ESA 都有相应的元器件优选目录，即 NASA 的 NPSL，ESA 的 EPPL，并且相互积极采用；在 ESA 的应用保证文件 ECSS-Q-60B 中，合格元器件也包括了按照 JAXA 标准体系进行鉴定并判为合格的元器件。同时，JAXA 按照其标准体系鉴定合格的产品也进入 NASA 的 NPSL 和 ESA 的 EPPL。

（2）在技术路线上充分利用现有的标准资源

在技术路线上，美国 NASA 具有强大的国家背景，其标准的技术路线采取在完善的美军标体系的基础上附加宇航要求的模式。日本尽管有国家背景，但由于没有自己的军用标准体系，所以建立了独立的宇航元器件标准体系，并大量采用美军标，同时采用国际标准与日本工业标准。ESA 没有国家背景，属于航天联盟性质的的非政府组织，建立了独立的宇航元器件标准体系，并直接采购美军标的产品。

可见，在技术路线上，NASA、ESA 和 JAXA 都充分利用了美军标，同时采用国际标准、协会标准等民用资源，标准体系具有开放性、包容性的特点。

（3）在标准体系构建上产品制造和应用质量保证界面清晰

各国的标准体系，在元器件研制生产标准和应用保证标准界面均很清晰，通过产品规范等基础平台的标准建设来规范产品的研制和生产，保证产品的固有可靠性；通过应用保证文件（例如 EEE-INST-002、ECSS-Q-60 等）及其他相关文件等应用平台的标准建设保证产品的应用可靠性，通过接口的建立（NPSL、EPPL 等）实现产品从制造转向应用。

（4）在应用保证标准中均建立了应用等级与质量等级的对应关系

NASA、ESA、JAXA 虽然背景不同，但应用保证的工作模式是相同的，都确定了相应的应用等级，均通过建立一套应用等级与产品质量等级相对应的管理模式进行相应控制，形成产品选用清单，供工程选用。

（5）建立了完善的组织机构维护标准体系的有效运行

NASA 元器件标准体系的基础是 MIL 标准，因此，组织机构形式为美国国防部和 NASA 的相关部门。欧洲有 2 个组织分别进行 ESCC 与 ECSS 标准体系的维护。日本宇航元器件标准体系组织机构为 JAXA。上述部门均建立了完善的组织机构和工作程序保障标准体系的有效运行。

（6）重视信息化建设

NASA 针对元器件信息，建立了政府管理的信息平台（GIDEP），实现了信息共享。欧洲针对元器件信息，建立了信息交换系统（ESCIES）。JAXA 建立了元器件信息平台 JAXA DATABASE，实时发布元器件的鉴定合格、维持以及元器件标准的更新信息。这些信息平台、系统由于有政府的支持，信息的更新速度、权威性都很高，为其宇航用元器件的控制提供了强有力的支持。ESA 还建立了警报信息平台，对 ESCC 系统中出现的不一致问题、元器件生产和使用中的问题进行通报。

9 结束语

通过对国外宇航元器件标准体系的研究，我们不难看出：尽管各个宇航局的背景和产业基础情况不尽相同，但在体系构建和顶层设计上均有着本质上相同的思路，即：以产品应用的需求为牵引，以完善的组织机构和信息化建设为保障，充分利用现有标准资源，从产品制造和产品应用两个角度分别保障产品的固有可靠性和应用可靠性，通过建立一套应用等级与产品质量等级相对应的应用管理模式进行相应控制，形成产品选用清单，最终满足工程应用要求。上述宇航元器件标准体系顶层设计的思路无疑也应成为我国构建宇航元器件标准体系的有益借鉴。

国内外民用集成电路标准概况

李 锟

摘 要 介绍IEC的第47技术委员会(IEC/TC47)标准制定情况及其发展特点，还重点介绍了将IEC TC47/SC47A、SC47D的有关标准转化为国标，对集成电路通用化、系列化产品制定了一系列优选系列品种及测试方法基本原理的标准。

关键词 IEC/TC47 GB 通用化、系列化 测试方法

1 集成电路的国际标准概况

国际电工委员会（International Electrotechnical Commission，简称IEC）是世界上成立最早的电气和电子国际标准化机构，是世界上最具权威性的国际性标准组织之一。IEC/TC47是IEC的第47技术委员会，于1961年成立，名称为“半导体器件技术委员会”。其下设制定集成电路标准的相关分技术委员会是SC47A“集成电路分技术委员会”和SC47D“半导体器件机械标准化分技术委员会”。SC47A负责集成电路相关标准的制定；SC47D则负责集成电路外壳外形尺寸和其测量方法等标准的制定。

在IEC中的TC93“设计自动化技术委员会”主要负责集成电路设计自动化标准制定。

（1）IEC/SC47A标准制定情况及其发展特点

1968年集成电路分技术委员会（SC47A）正式组建。SC47A主要致力于制定半导体集成电路和混合（膜）集成电路方面的国际标准，包括：基本额定值和特性；测量方法；特性测试表示法；数字表示法；计算机辅助设计（CAD）工具接口。而与集成电路可靠性相关的环境试验、机械试验则统一由TC47负责制定。

SC47A下设工作组，开展具体工作。IEC标准制修订的流程，是由各成员国代表提出NP（new project）（提案阶段的新工作项目提案）文件，在标委会讨论得到其他成员国同意后，可立项开展工作。之后形成CD（committee draft）（委员会阶段的委员会草案），征询各成员国对标准草案的意见，之后形成修改稿即CDV（committee draft vote）（询问阶段的征询意见草案），最后形成FDIS（批准阶段的最终国际标

准草案）报 IEC 总会。至 2009 年 SC47A 有 4 个工作组、1 个项目研究小组在开展标准制定工作：

WG 2　逻辑数字集成电路

WG 4　接口集成电路——模数转换器的动态判据

WG 7　高级混合集成电路

WG 9　集成电路 EMC 的测试程序和测试方法

PT 62433　集成电路 EMT 动作模拟模型

SC47A 从 1969 年到 2009 年 9 月共发布标准 56 项。包括：总规范、分规范、总则、试验方法 15 项；空白规范、族规范 16 项；生产线批准认证标准 9 项；有关电磁发射方面标准 16 项。涵盖半导体集成电路(数字电路、模拟电路、接口电路、ASIC 电路)和混合集成电路电路。

由于摩尔定律的存在，集成电路产业的发展速度非常的快。而 IEC 的标准从提出到制定再到正式批准的周期经常要少则 1 年，多则几年的时间。而 SC47A 推行的鉴定批准模式（IECQ）和标准制定流程相对缓慢，显然是不能跟上集成电路产业的发展。

近年来，SC47A 的标准工作重心放在了集成电路生产线认证和集成电路的电磁兼容（EMC）测试等问题上。

（2）IEC/SC47D 标准制定情况及其发展特点

SC47D 涉及的是有关半导体器件外形的标准化工作。

SC47D 目前包括两个工作组：

WG1　封装外形

WG2　机械标准化的术语、定义、应用、程序和测试方法

截止到 2009 年 9 月，SC47D 共计颁布了正式标准 19 项，主要是关于集成电路封装方面的标准，内容涵盖半导体器件机械标准化中的图形绘制、尺寸、封装外形图类型、表面安装外形图绘制等。

截止到 2009 年 9 月,正在进行的工作项目和新提案有 12 项，其中有关尺寸、新型封装的为 8 项，有关表面安装半导体器件外形图绘制的 4 项。

（3）IEC/TC93 标准制定情况及其发展特点

设计和制造技术的自动化的发展已经经历了四分之一世纪的历史。

设计过程会产生大量的数据。这些数据描述了产品要求，产品规范，仿真模型，综合模型，FOUNDRY 交换文件，ASIC、MCM、和 PCB 的布局布线，和机械设计

等。EDA 数据若以数据库的形式存储，就产生了机械、电子和模型的数据库。EDA 数据也可用于制造过程、测试、再设计和升级。而标准使得数据的复用成为可能。

TC93 于 1992 年开始工作以来，其核心成就就是对给这一迅速变化的技术领域带来了规则和标准。虽然 TC93 的某些工作成果可以应用于其他领域，但其活动主要还是在弱电设备（Ics，印制电路板和设备）的设计自动化方面。目前 TC93 有 6 个工作组和 1 个联合工作组：

WG1　电工标准互操作性

Project 93.3.1：电工设计和制造的互操作模型

WG2　元器件、电路和系统描述语言

Project 93.2.1 :电子学硬件描述语言

WG3——电工产品设计交换格式

Project93.1.1:电子设计的交换格式（包括参考模型）

WG5——测试、验证、一致性和合格

WG6——电工产品复用部件库

WG7——电工产品的测试

JWG11——PB EDD&T（与 TC52 的联合工作组）

2　集成电路的国内标准概况

我国的集成电路标准化工作开始于 20 世纪 70 年代末，由电子标准化的总归口单位—工业和信息化部（原信息产业部）电子工业标准化研究所负责。电子工业标准化所作为 SC47A 国内的归口单位，一直紧紧追踪 SC47A 标准制定动态，随时收集 SC47A 标准活动的有关信息。多年来，对 SC47A 各类文件的答复率及表态率一直保持在 90% 以上。

1981 年 3 月成立全国集成电路标准化技术委员会，秘书处设在工业和信息化部电子工业标准化研究所。是电子行业最早成立的标委会。

1986 年 4 月，根据发展形势，成立了全国半导体器件标准化技术委员会，将全国集成电路标准化技术委员会压缩成一个分会纳入器件标委会。与全国半导体分立器件标准化分技术委员会并列，在器件标委会领导下开展工作。

1995 年、2005 年全国集成电路标准化分技术委员会进行了 2 次换届工作。

集成电路标准化分技术委员会的主要任务是：

（一）国内任务：

1）制定我国的集成电路标准体系表；经过 20 多年的努力，基本完成了我国集成电路标准体系的建设；

2）对早前发布的标准进行复审工作，提出有效、修订、废止结论的建议；

3）审查国家标准；在技术上替国家把关，保证送审国家标准的质量。

（二）国际标准化工作：

1）组建 IEC/SC47A、SC47D 国际标准化工作组；

2）积极答复 IEC/SC47A、SC47D 的国际标准草案和各国提案。近几年的答复和表决率接近 100%；

3）组织国际标准提案工作；积极参与国际标准化工作；

4）参加国际会议。

在标委会的统筹安排下，一方面将 IEC/TC47/SC47A、SC47D 的有关标准转化为国标；一方面，对集成电路通用化、系列化产品制定了一系列优选系列品种及测试方法基本原理的标准。在电子元器件领域，集成电路标准化是最早考虑与国际标准接轨，采用国际标准及国外先进标准比例最大的专业之一。

至 2009 年，依托全国集成电路标准化分技术委员会（SC78/2），开展标准制修订工作，共制定并发布集成电路标准 240 余项，包括国家标准和行业标准两部分，其中国家标准 86 项、行业标准 160 项，涉及集成电路产品名词术语、型号命名、文字符号、测试方法、机械和气候试验方法、鉴定程序、图形库、总则、总规范、分规范、空白规范及部分详细规范。从内容看，一方面对国际电工委员会 SC47A、SC47D 的标准进行有效的转化，同时部分标准参考国际知名协会标准制定我国的标准，如 SEMI（半导体设备和材料协会）标准的适应性研究和标准制定，以及结合国情制定的系列品种（音响电路、电视机电路）和测试方法标准等。主要涉及产品标准化（如外形尺寸、基本额定值和特性、测试方法、质量评定程序要求等）和生产过程标准化（生产线管理等）两大领域。从产品属性看，涵盖了数字集成电路、模拟集成电路、接口集成电路和半定制集成电路标准化工作，可以说，基本形成了我国完整的集成电路标准平台。

2004 年和 2009 年按国标委和工信部的要求，分别开展了国家标准清理整顿工作和行业标准清理整顿工作，经标委会（TC78）组织审查，集成电路国标继续有效 29 项，修订 21 项，废止 35 项，整合修订 1 项；行标废止 157 项，继续有效 3 项。废止的标准大都是上世纪 80 年代制定的详细规范，这些详细规范主要规定的音响集成电路和电视机集成电路的性能指标、考核要求。这些详细规范的产品多已停产或更新换代，1996 年国标清理整顿时，将这一批详细规范降为了行标。今年开展行标清理整顿，经专家审议，同意将这一批过时详细规范和相关测试方法等标准均废止。

附表 1：

SC47A 正式标准目录及采用情况

IEC 标准号	年代	标 准 名 称	采用程度	对应国家标准或行业标准编号
60748-1	1984	半导体器件　集成电路 第 1 部分：总则	等同	GB/T 16464—1996
60748-2	1985	半导体器件　集成电路　第 2 部分：数字集成电路	等同	GB/T 17574—1998
60748-2-1	1991	单片数字集成电路门电路空白详细规范	等同	GB/T 5965—2000
60748-2-2	1992	HCMOS 数字集成电路（54/74HC、54/74HCT、54/74HCU 系列）族规范	等同	GB/T 17023—1997
60748-2-3	1992	HCMOS 数字集成电路（54/74HC、54/74HCT、54/74HCU 系列）空白详细规范	等同	GB/T 17024—1997
60748-2-4	1992	CMOS 数字集成电路 4000B 和 4000UB 族规范	等同	GB/T 17572—1998
60748-2-5	1992	CMOS 数字集成电路 4000B 和 4000UB 空白规范	等同	GB/T 9424—1998
60748-2-6	1991	半导体集成电路微处理器空白详细规范	等效	GB 7509—1987
60748-2-7	1992	熔丝式可编程双极只读存储器集成电路空白详细规范	等效	GB/T 14119—1993
60748-2-8	1993	半导体静态读/写存储器空白详细规范	等效	GB/T 6648—1986
60748-2-9	1994	半导体集成电路　MOS 紫外线擦除电可编程只读存储器空白详细规范	等同	GB/T 17574.9—2006
60748-2-10	1994	半导体集成电路动态读/写存储器空白详细规范	等同	GB/T17574.10—2003
60748-2-11	1999	单电源电可擦和可编程只读存储器	等同	GB/T 17574.11—2006
60748-2-12	2001	可编程逻辑器件（PLD）空白详细规范	未制定	
60748-2-20	2000	数字集成电路低电压族规范	等同	GB/T 17574.20—2006
60748-3	1986	半导体器件　集成电路　模拟集成电路	等同	GB/T 17940—2000
60748-3-1	1991	半导体器件　单片集成电路运算放大器空白详细规范	等效	GB 9425—1988
60748-4	1997	半导体器件　接口集成电路		
60748-4-1	1993	半导体器件　接口集成电路　线性数字/模拟转换器空白详细规范	等同	GB/T18500.1—2001
60748-4-2	1993	半导体器件　接口集成电路　线路模拟/数字转换器空白详细规范	等同	GB/T 18500.2.—2001
60748-5	1997	半导体器件　集成电路　半定制电路	等同	GB/T 20515—2006

表 1（续）

IEC 标准号	年代	标 准 名 称	采用程度	对应国家标准或行业标准编号
60748-11	1990	半导体集成电路分规范（不包括混合电路）	等同	GB/T 12750—2006
60748-20	1988	膜集成电路和混合膜集成电路总规范	等效	GB/T 8976—1988
60748-20-1	1994	膜集成电路和混合膜集成电路 内部目检		
60748-21	1997	膜集成电路和混合膜集成电路 合格认证批准程序	等效	GB/T 11498—1989
60748-21-1	1997	膜集成电路和混合膜集成电路 合格认证批准程序 空白详细规范	等效	GB/T 13062—1991
60748-22	1997	膜集成电路和混合膜集成电路 能力批准程序		
60748-22-1	1997	膜集成电路和混合膜集成电路 能力批准程序 空白详细规范		
60748-23-1	2002	膜集成电路和混合膜集成电路 生产线认证 总规范		
60748-23-2	2002	膜集成电路和混合膜集成电路 生产线认证 内部目检和特殊试验		
60748-23-3	2002	膜集成电路和混合膜集成电路 生产线认证 生产商自检和报告		
60748-23-4	2002	膜集成电路和混合膜集成电路 生产线认证 空白详细规范		
60748-23-5	2003	膜集成电路和混合膜集成电路 生产线认证 合格认证批准程序		
61739	1996	集成电路 生产线批准和质量管理		
61943	1999	集成电路 生产线批准 应用方针		
61944	2000	集成电路 生产线批准 论证工具		
61945	2000	集成电路 生产线批准 技术方法和失效分析		
61964	1999	集成电路 存储器件引线的设置		
61967-1	2002	集成电路 150kHz～1GHz 电磁兼容测量 总条件和定义		
61967-4	2002	集成电路 150kHz～1GHz 电磁兼容测量 传导发射测量 1Ω/150Ω直接耦合方法		
61967-5	2003	集成电路 150kHz～1GHz 电磁兼容测量 传导发射测量 法拉第方法		
61967-6	2002	集成电路 150kHz～1GHz 电磁兼容测量 传导发射测量 探针方法		

附表 2：

SC47D 标准目录

IEC 标准代号	年代	标　准　名　称	采用程度	对应国家标准或行业标准编号
60191-1	1966	半导体器件机械标准化 第 1 部分: 半导体器件图形绘制		SJ/Z 9021.1—1987
60191-2	1966	半导体器件机械标准化 第 2 部分:尺寸		SJ/Z 9021.1—1987
60191-3	1999	半导体器件机械标准化 第 3 部分: 集成电路外形绘图制一般规则		
60191-4	2002	半导体器件机械标准化 第 4 部分: 半导体器件封装外形图类型的划分及编号体系		
60191-5	1997	半导体器件机械标准化 第 5 部分: 用于集成电路载带自动焊（TAB）的推荐值	等同	GB/T 15879—1995
60191-6	1990	半导体器件机械标准化 第 6 部分: 半导体器件表面安装外形图的一般规则		
60191-6-1	2001	半导体器件机械标准化 第 6-1 部分: 制定表面安装半导体器件封装外形图的一般规则 弯钩状引出端设计导则		
60191-6-2	2001	半导体器件机械标准化 第 6-2 部分: 制定表面安装半导体器件封装外形图的一般规则 1.50mm 1.27mm 1.00mm 球形和圆柱形引出端封装设计导则		
60191-6-3	2000	半导体器件机械标准化 第 6-3 部分: 制定表面安装半导体器件封装外形图的一般规则 四面引线扁平封装的测试方法		
60191-6-4	2003	半导体器件机械标准化 第 6-4 部分: 制定表面安装半导体器件封装外形图的一般规则 球型网阵列封装尺寸的测试方法		
60191-6-5	2001	半导体器件机械标准化 第 6-5 部分: 制定表面安装半导体器件封装外形图的一般规则 细密球型网阵列(FBGA)设计导则		
60191-6-6	2001	半导体器件机械标准化 第 6-6 部分: 制定表面安装半导体器件封装外形图的一般规则 窄节距焊盘阵列（FLGA）设计导则		
60191-6-8	2001	半导体器件机械标准化 第 6-8 部分: 制定表面安装半导体器件封装外形图的一般规则 玻璃密封陶瓷扁平封装（G-QFP）设计导则		

表 2（续）

IEC 标准代号	年代	标准名称	采用程度	对应国家标准或行业标准编号
60191-6-10	2003	半导体器件机械标准化 第 6-10 部分：制定表面安装半导体器件封装外形图的一般规则 P-VSON 尺寸		
60191-6-12		半导体器件机械标准化 第 6-12 部分：制定表面安装半导体器件封装外形图的一般规则 窄节距焊盘阵列（FLGA）设计导则 矩形		

半导体分立器件标准概况

张 秋　　曹 赞

摘　要　1994年成立的IEC/SC47E是半导体分立器件分技术委员会。SC47E分技术委员会主要致力于半导体器件的半导体分立器件方面的国际标准制定和研究，随着我国经济的快速发展，我国越来越多地参与到国际标准化工作中，跟踪国际标准发展动态，积极采用国际先进标准。本文分析了国内外民用和军用半导体分立器件的现状，提出了我国在该领域的发展意见。

关键词　IEC/SC47E　半导体分立器件　现状　民用　军用　意见

1　产品概述和类别

半导体分立器件是：被规定完成某种基本功能，并且其本身在功能上不能再细分的半导体器件。

半导体分立器件包括二极管、晶体管、闸流晶体管等，功率从小功率、中功率、大功率、发展到目前的几千伏、一千多安培的电力电子器件;频率从低频、中频、高频直到微波器件。

半导体二极管是具有非对称的电压和电流特性的两引出端半导体器件。

根据用途不同，可以把半导体二极管分类如下：

信号二极管、隧道二极管 （Tunnel Diode)、反向二极管、变容二极管、混频二极管、倍频二极管、调制二极管、检波二极管、阶跃恢复二极管、开关二极管、限幅二极管、电压基准二极管、电压调整二极管、电流调整二极管、整流二极管。

晶体管是能够提供电功率放大并具有三个或更多电极的一种半导体器件。

晶体管按照主要用途可以分为两大类：开关管和放大管。开关管工作在截止区和饱和区，多用于数字电路，实现逻辑功能；放大管一般工作在线性区附近，应用于模拟电路，实现信号或功率放大。

双极晶体管是至少具有两个结，其功能依赖于多数载流子和少数载流子的一种晶体管。双极晶体管是半导体基本元器件之一，具有电流放大作用，是电子电路的核心元件。

场效应晶体管是其流过导电沟道的电流受施加在栅源引出端间的电压产生的电场所控制的一种晶体管。场效应晶体管主要可以分为结栅场效应晶体管(JFET)，金属-半导体场效应晶体管(MESFET)和金属—绝缘体—半导体场效应晶体管（MISFET）。

金属-氧化物-半导体型场效应管，英文缩写为MOSFET（Metal-Oxide-Semiconductor Field-Effect-Transistor），属于绝缘栅型场效应管,其主要特点是在金属栅极与沟道之间有一层二氧化硅绝缘层，因此具有很高的输入电阻（最高可达1015Ω）。它也分N沟道管和P沟道管。

绝缘栅双极型晶体管IGBT是由MOSFET和双极型晶体管复合而成的电力电子器件，它的控制极为绝缘栅场效应晶体管，输出极为双极型功率晶体管，因而兼有两者速度和驱动能力的优点，克服了两者的缺点。目前耐压可达6.5kV，电流可达1.2kA。

闸流晶体管通常称为可控硅，是一种可控整流器件，与闸流真空管相比，体积小、无加热灯丝、寿命长、可靠性高、价格便宜，多应用在电机驱动控制、高压直流输电（HVDC）、动态无功功率补偿、超大电流电解等场合。可控硅除了单向普通可控硅外,还派生出了许多其他类可控硅元件,派生可控硅元件包括快速可控硅、光控可控硅、逆导可控硅、双向可控硅、非对称可控硅、门极可关断可控硅等多个品种。

2 产业现状

在中国半导体市场中，半导体分立器件的作用长期以来都没有引起人们足够的重视，作为半导体产业的两大分支之一，半导体分立器件具有广泛的应用范围，其中大功率、大电流、高反压、高频、高速、高灵敏度、低噪声分立器件由于不易集成或集成成本高，因此目前具有广阔的发展空间，既使容易集成的小信号晶体管，因具体应用的相对价格优势，也有稳定的市场空间。

目前我国半导体分立器件市场的特点是大进大出，即我国分立器件生产企业的分立器件产品大部分出口，而在我国半导体分立器件市场中，进口产品占到了70%左右的市场份额，国内分立器件生产企业的内销量仅占市场总量的30%左右.

从分立器件产品的消费市场结构看，我国分立器件产品的需求主要来自消费、计算机及其外围设备和通信三个领域。这三个领域对分立器件的需求量占国内市场总需求量的四分之三左右，其它领域如仪器仪表、医疗设备及汽车电子等领域的需求份额约占四分之一左右。

从国内市场上各类分立器件产品的销量情况来看，二极管、小功率晶体管（耗散功率小于1瓦），中、大功率晶体管（耗散功率1瓦及以上）及光敏半导体和LED仍是需求的主要产品。

我国分立器件企业的优势在于：劳动力密集型企业多，可以充分利用丰富的劳动力资源；可以按照市场供求关系，抓住商机，迅速调整产品结构；市场比较稳定，有微利，只要产量能上去，就有较好的收益；可以在芯片制造、封装、测试、材料、设备等方面形成单元体为主的生产，避免小而全、大而全地增加企业负担等等。

我国分立器件的劣势在于：投资少、规模小，抗风险能力差；管芯的设计生产能力不足，从事后道封装的较多。企业技术积累薄弱，产品技术档次低，科研成果转化率低，新技术实用化进程慢的局面还没有从根本上改变。许多外企只是将一些低端的产品的生产技术设备转移到我国来。我国电子元件行业现有产品的微小型化、多功能化、集成化和智能化等高新技术的特征，显示度不高，具有自主知识产权的专有技术产品更少。研发水平落后以及支撑条件差距大，导致我国半导体分立器件企业当前在新型器件领域，主要依靠引进国外生产设备、合资合作等方式来实现企业技术、工艺升级。这些因素都影响到我国分立器件产业的发展。

我国电子产品市场已经呈现出高速发展的势头，未来几年仍有很大的发展潜力。据市场调查预测，国内市场对半导体功率模拟和功率分立产品的需求最为强劲，尤其是采用先进表面封装的低电压功率 MOSFET 等产品，因此功率产品是中国市场的主要商机。从手持电池供电设备，到汽车、服务器和电信设备等高电压系统，没有哪一门类离得开功率产品。功率器件是当今现代电子系统的核心，而且，国内市场对消费电子和家用电器如空调及电冰箱等的需求持续增长，加上中国制造业的发展壮大，使功率产品成为极具价值的资源。

半导体分立器件产业有着悠久的发展史，同时保持着持续、快速、稳定的发展，产业规模不断壮大。随着新技术、新工艺、新产品的不断涌现，CAD 设计、离子注入、溅射、MOCVD、多层金属化、亚微米光刻等先进工艺技术已应用到分立器件生产中，这些都将推动分立器件市场的蓬勃发展。

3 国际标准概况

1981 年在 TC47 的蒙特利尔会议上，提出了更改 TC47 名称的建议，在 1983 年的东京会议上决定将 TC47 的名称改为“半导体器件技术委员会”，修改的理由认为：“集成电路”也是一种半导体器件，半导体器件包括分立器件和集成电路两大类。

1985 年的蒙特利尔会议对 TC47 的工作范围作了修改，修改后的工作范围如下：制定半导体分立器件、集成电路、液晶和固体显示器件、由半导体器件组成的组合式电子网络及微处理机系统的国际标准。

TC47—的工作范围包括但不限于：

——术语的定义和符号（需于 TC1、TC3 和 TC25 合作）；

——基本额定、特性及环境要求

——特性的测试方法和测试条件

——基本外形尺寸和其他要素

——质量评定

——其他影响互换性的特性

上述工作范围包括如下项目：

——半导体分立器件，包括（但不限于）二极管、晶体管、闸流管及光电子器件；

——集成电路，包括（但不限于）单片集成电路和混合集成电路；

——组合电子网络，包括（但不限于）信息转移通路、相当于一个或多个信息转移通道的组合式电子网络及有关软件。

1991 年在法国图卢兹会议上决定成立一个新的分技术委员会 SC47C："光电子器件、显示器件和成像器件分技术委员会"。该分技术委员会在图卢兹召开了第一次会议。会议确定其工作范围是：

制定如下（但不限于）范围的标准：

分立和（或）集成的光电子半导体器件、液晶显示器件和固体显示器件的术语和定义、文字符号、基本额定值和特性、测试方法、总规范和分规范、空白详细规范和相关的试验方法、可靠性、硬件和软件要求。

1994 年成立的 IEC/SC47E 是半导体分立器件分技术委员会。SC47E 分技术委员会主要致力于半导体器件的半导体分立器件方面的国际标准，共发布半导体分立器件标准 35 项，其中包括基本额定值和特性、测量方法、验收和可靠性、质量保证、环境适应性、制造批准和集成电路全面质量管理以及术语、定义和文字符号等方面。

1982 年以前，是以"特性"为主线制定标准，称之为"147"标准体系，不分管型均按标准类型划分为六个部分，其编号为 IEC147-0~147-5，其中：

147-0　概述和名词术语

147-1　基本额定值及特性

147-2　测试方法的基本原理

147-3　基准测试方法

147-4　接收和可靠性

147-5　机械和气候试验方法

注：相关标准还有 148 系列：半导体分立器件和集成电路的文字符号

随着半导体器件种类的日益增多及国际贸易迅猛发展的需要，原来的标准分类，各种管型之间纵横交叉过多，管理和使用很不方便。从 1982 年开始经历了一次标准体系的变更，1982 年 9 月伦敦会议以后，以 8 个大门类为主干线制定标准，形成了一个新的标准体系，通常称之为“747”标准体系。TC47 将半导体分立器件分为 8 个大的门类，并重新编号为 IEC747~749，分别是：

747-1　总则（目前为 60747-1）

747-2　整流二极管（目前为 60747-2）

747-3　信号和调整二极管（目前为 60747-3）

747-4　微波二极管和微波晶体管（目前为 60747-4）

747-5　光电子器件（目前为 60747-5）

747-6　闸流管（目前为 60747-6）

747-7　双极晶体管（目前为 60747-7）

747-8　场效应晶体管（目前为 60747-8）

747-9　其他器件（后来被用于 IGBT 即 60747-9）

747-10 半导体器件总规范（目前为 60747-10）

747-11 分立器件分规范（目前为 60747-11）

747-12 光电子器件分规范（目前为 60747-12）

749　机械和气候试验方法（目前为 60749）

注：相关标准还有 191-1~191-6　半导体器件的机械标准化

按器件门类重新划分之后的标准特点是：将各门类器件的内容包括名词术语、文字符号、基本额定值及特性、测试方法的基本原理、接收和可靠性等相对集中，统一编号。在这个前提下，根据需要制定了若干空白详细规范，指导各国制定具体产品的详细规范，以进行统一的质量评定，促进国际贸易。由 147 体系向 747 标准体系的过渡经历了一个很长的时间，从 1982 年开始共用了 11 年的时间，到 1993 年底，除了一些特种器件外，147 标准体系中的标准已全部过渡到了 747 标准体系。后来形成的 IEC60747 标准体系，保留了 747 体系的基本架构，除由 747-9 其他器件（其实当时并未出这个国际标准）转变为 IEC60747-9 绝缘栅双极晶体管（IGBTS）外，747-12 编号之前的各门类均无明显变化，另外在 747-12 之后增加了两个门类：

60747-14　　半导体传感器

60747-16　　微波集成电路

SC47E 现有四个工作组（WG1～4）和一个维护小组（MT6）、一个联合工作组（JWG5）。SC47E 各工作组的发展动态如下：

（1）WG1 是半导体传感器工作组，负责固态传感器的术语、定义、文字符号、基本额定值和特性、测试方法的标准和分规范、空白详细规范的制定，这些传感器的内部载流子的复合调制是由环境条件的改变引起的，包括但不限于温度、压力、大气环境的组分、光或粒子的辐射、电磁场等。

（2）WG2 是微波器件工作组，负责制定微波器件的术语、定义、文字符号、基本额定值和特性、测试方法的标准和分规范、空白详细规范。这个工作组关心的产品包括但不限于分立器件和集成电路，例如工作频率在 0.4GHz 以上的微波 FET、MMIC 和混合电路，不考虑器件生产的工艺和使用的材料。

（3）WG3 是功率器件工作组，负责制定额定工作电流在 1A 以上的栅或基极控制的器件和二极管的标准，不包括光电二极管、微波器件和半导体传感器。

（4）WG4 是光电耦合器和固态光继电器，负责制定光电耦合器和固态光继电器的术语、定义、文字符号、基本额定值和特性、测试方法的总规范、分规范和空白详细规范。

（5）JWG5 是对现有的关于激光二极管的 ISO 和 IEC 标准的协调工作组，负责制定技术报告或修订标准以从技术上解释和说明现有的 IEC 和 ISO 标准的区别，为标准的使用者和产品的制造者提供方便。

SC47E 制定的大部分国际标准已被我国等同转换为中国国家标准。

4　国内标准概况

民用标准之国家标准

国际标准是世界科学技术和实践经验的结晶，它包含了许多先进技术，反映了经济发达国家已普遍达到的技术水平。各国都把国际标准作为共享的技术资源，把采用国际标准作为一种最廉价的技术引进。我国现阶段还处于发展中国家，我们的标准水平落后于国际标准。积极采用国际标准，有利于推动我国的技术进步，提高产品质量，把我国企业生产转化到先进的技术基础上来。我国在《标准化法》第四条中明确规定“国家鼓励积极采用国际标准”。

一个国家的标准水平一定要与科技工业水平相适应，标准水平订得不合适，既不利于标准的贯彻实施，也不能促进技术水平的提高。根据国内相关研究机构估计，我国的半导体器件的研究水平与国外相差 10 年左右，而生产水平的差距却是 15 年左右。在这种情况下，积极采用国际先进标准，做到标准先行，对促进我国半导体分立器件产业的发展，缩小于国外先进技术水平的差距有非常重要的意义。

标准制定过程中，应结合我国的实际情况，兼顾先进性和可操作性，注意与国际先进水平的接轨，坚持技术的继承性与创新性相结合。同时，对我们自主研究的成果经实践检验是适用的，应予以吸收和转化为标准。

伴随着经济的快速发展，我国越来越多地参与到国际标准化工作中，跟踪国际标准发展动态，积极采用国际先进标准。与此同时，也结合自身实际发展情况，自主制定了若干相关标准。截止到 2009 年 12 月，半导体分立器件领域的国家标准共有 44 项，其中等同/等效采用 IEC TC47/SE47E 的标准共 22 项。

尚未转化为国家标准的 IEC 标准，大部分属于技术发展较快的一些产品类别，如：IEC 60747-16 微波集成电路。我国在这方面的发展与国际水平尚存在一定差距。但近几年我国也取得了一定发展和提高，因此紧跟国际技术发展和标准化的发展是一项重要的工作。我国在民用标准化领域借鉴国外标准化的经验，关注新的发展动向，积极开展标准化的研究，标准的制、修订和标准的实施工作是十分紧迫的任务。

我国的半导体分立器件国家标准体系是借鉴了国际先进的标准体系建立的，相对比较完善，而且相对 IEC 的标准体系略有不同。按 IEC 的标准体系，光电子器件作为半导体器件体系中的一部分。我国在 1991 年发布的电子工业标准体系表中将光电子器件纳入半导体器件体系之中。近年来，由于科学技术的发展，光电子器件得到了很大的发展，已经成为一个独立的体系。因此，在修订体系表后，将原体系表中的光电子器件从半导体器件体系表中移出，其内容并入光电子器件体系中。因为任何标准体系总是处于某种环境（包括更大的标准体系）之中，需要不断地调整，使标准体系处于不断改进的过程。体系表的修订体现了标准体系的开放性和动态性。

标准化发展的方向始终要跟随生产技术的发展方向。标准化随着社会的发展和科学技术的进步，其领域也在不断扩大和调整。标准化活动主要包括制定、发布及实施标准的过程。标准化的重要意义是改进产品、过程或服务的适用性，防止贸易壁垒，并促进技术合作。由此可见标准化不是一个不变的事物。此项活动过程也不是一次就完结了，而是一个不断循环、螺旋式上升的运动过程。由于科学技术日新月异地发展，新产品新技术更是层出不穷。标准化的范围和对象也在不断的扩展。

半导体器件的标准化发展也同样遵循这一规律。半导体器件标准化是随着分立器件技术和产业的发展而不断发展的。分立器件的标准化工作的内容和范围也要随着国家的产业政策和形势不断调整的。标准化工作要服务于产业、贸易、质量等对象，需要我们进一步开拓思路，借鉴国际先进的标准化成果，结合我国的实际，进一步建立和完善适合我国国情的分立器件标准体系。

半导体器件民用标准体系的建立和完善，可指导标准化有序开展工作，实现标准化的统一性、协调性。最大限度地减少具有类似功能的产品重复生产，从而降低研究、生产、使用、维护和管理成本。使标准化工作发挥最佳效益。

行业标准

除了国家标准，我国半导体分立器件领域还有近 400 项上世纪八十、九十年代制定的行业标准。这些行业标准从结构上分为基础标准、总规范和详细规范（包括空白详细规范），从数量上看，绝大多数属于产品详细规范。这些行业标准对规范半导体分立器件的研制、生产和使用发挥了非常重要的引导作用。但是，这些标准缺乏定期维护，部分标准所涉及的产品早已停止生产和使用，部分行业基础标准被国家标准代替，针对这一情况，2009 年，工信部组织行业对这些行业标准进行了清理整顿。

5　认证相关标准及发展动向

合格认证分为产品的合格认证和生产企业生产产品的能力的认证，也就是通常讲的合格产品目录（QPL）和合格制造商目录（QML）两种产品认证形式。

我国 1983 年加入国际电工委员会电子元器件质量评定体系（IECQ）的认证管理委员会（LMC），1987 年被接纳为 IECQ 全权成员国。凡是按 IECQ 体系的章程、程序规则和标准规范，经认证委员会认证的电子元器件均可列入 IEC 中央办公室公布的 IECQ 合格产品目录（QPL）中，并为 IECQ 体系成员国所接受。

QPL 认证是对每一个要求列入 QPL 的产品进行鉴定，鉴定试验需要的时间较长，鉴定试验的费用也较高，QPL 认证的优点是技术难度小，操作方便，对企业管理者的要求不高，QPL 认证适用于可稳定批量生产并能连续供货的产品。QML 认证由于是对制造厂（商）的工艺和材料进行鉴定，鉴定合格后，其产品经质量一致性检验合格后可列入 QML 目录。QML 减化了产品的鉴定程序，缩短了认证的时间，产品认证的费用也可大大减少。QML 认证则更适用于工艺覆盖范围宽的产品类别，且产品的生产量很少的产品认证。目前，国外也由采用由 QPL 认证过渡到采用 QML 认证的形式。

QML 认证是由鉴定机构对申请鉴定的制造厂（商）进行工艺和材料的鉴定。在通过工艺和材料鉴定后，QML 制造厂（商）生产符合鉴定覆盖范围的产品，经制造厂（商）技术评价委员会（TRB）批准后可将产品列入 QML 产品目录。鉴定机构仅对制造厂的 QM 方案进行控制，任何 QM 方案更改和工艺流程的变动应经鉴定机构审查和批准。由此可见，鉴定机构的权限只在于评审和认证制造厂，评审和批准制造厂的 QM 方案和进行质量控制的管理。制造厂的 TRB 则成为质量活动的主体。

由于 QML 认证是从对单一产品的鉴定转移到对工艺的认证和鉴定。制造厂不需要对每个器件设计进行大量的离线鉴定试验和质量一致性检验就能生产，离线试验的减少将由在线检验和统计过程控制（SPC）所替代。QML 认证的特点是在制造过程和环境中注入质量管理（QM）。QM 要求各级管理部门和非管理部门都积极参与质量业务之中。制造厂的 TRB 承担质量活动的重要职责。其作用是控制、稳定、监督和改进已鉴定过的工艺。TRB 应制定一项质量管理计划，提出在整个“寿命周期”中如何控制、监测与改进给定工艺范围内的制造过程操作的要点。质量管理计划的关键内容是建立统计过程控制、现场失效反馈大纲、纠正措施程序、质量改进以及控制和改进产品质量与可靠所需要的任何其它方法。TRB 应对已认证和鉴定过和 QML 工艺流程负全部责任。

IEC 标准中有关能力认证的标准有：

IEC60748-22　膜集成电路和混合集成电路分规范（采用能力批准程序）/GB/T16465-1996

IEC60748-22-1　膜集成电路和混合集成电路空白详细规范（采用能力批准程序）/GB/T16466-1996

IEC61739　集成电路生产线批准和质量管理程序

IEC61943　集成电路生产线批准应用指南

IEC61944　集成电路生产线批准　论证工具

IEC61945　集成电路生产线批准　工艺和失效分析方法

以上 6 个 IEC 有关能力认证的标准除前两个转化为国标外，其余 4 个均未转化为国家标准。尽管我国何时能够采用能力认证的时机尚未确定。同时也应参照 IEC 有关能力认证的标准制定我国的国家标准，做到标准先行。

随着经济和技术的发展和提高。为适应市场的需求，质量认证的形式需随之改变。我们在提前制定适用的 QML 认证标准的同时，还要加快研究适用于 QML 认证的特点、方法和结合我国的具体实际开展 QML 认证的一系列的政策、措施。制定适用于 QML 认证的标准，对今后指导 QML 认证的决策奠定基础。

我国国家标准的体系参照了 IEC 标准的体系结构：

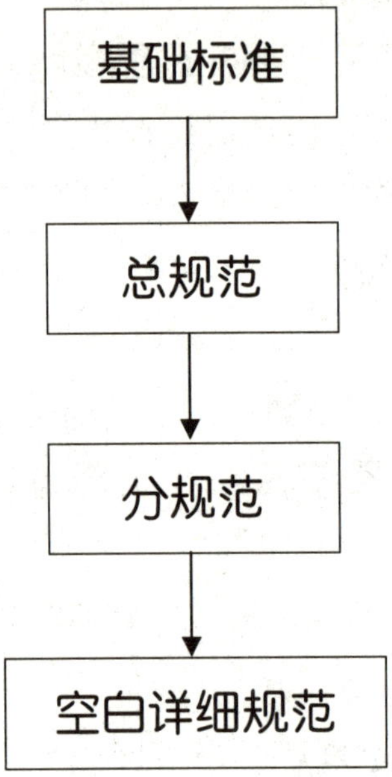

基础标准

序号	标准编号	标准名称	采标情况	代替标准
1	GB/T249—1989	半导体分立器件命名方法		
2	GB/T4937—1995	半导体器件机械和气候试验方法	IDT： IEC749：1984	GB4937—1985
3	GB/T11499—2001	半导体分立器件文字符号		GB11499 —1989
4	GB/T12300	功率晶体管安全工作区测试方法	NEQ： MIL-STD-750B	
5	GB/T12651—1995	半导体器件 分立器件和集成电路 第 5 部分：光电子器件	IDT：IEC60747-11：1992	
6	GB/T17573—1998	半导体器件 分立器件和集成电路 第 1 部分：总则	IDT IED747-1：1983	
7	GB/T4023—1997	半导体器件 分立器件和集成电路 第 2 部分：整流二极管	EQV IEC747-2：1983	GB4023—1986
8	GB/T6570—1986	微波二极管测试方法	EQV IEC147-2：1978	
9	GB/T14863—1993	用栅控和非栅控二极管的电压-电容关系测定硅外延层中净载流子浓度的标准方法		
10	GB/T4587—1994	半导体器件分立器件和集成电路 第 7 部分：双极型晶体管	IDT IEC747-7：1988	GB4587—1984 GB6801—1986
11	GB/T4586—1994	半导体器件 分立器件 第 8 部分：场效应晶体管	IDT IEC747-8：1984	GB4586—1984
12	GB/T6571—1995	半导体器件 分立器件 第 3 部分：信号（包括开关）和调整二极管	IDT IEC747-3：1985	GB/T6571 —1986
13	GB/T7581—1987	半导体分立器件外形尺寸	NEQ IEC191-2：1974	
14	GB/T16468—1996	静电感应晶体管系列型谱		
15	GB/T15293—1994	晶闸管测试方法 可关断晶闸管	EQV IEC 747-6：1983	
16	GB/T15292—1994	晶闸管测试方法 逆导三极晶闸管	EQV IEC 747-6：1983	

总规范

1	GB/T4589.1—1989	半导体器件 分立器件和集成电路总规范（可供认证用）	IDT： IEC747-10:1984	GB4589.1—1984 GB4936.1—1985
2	GB/T20516—2006	半导体器件 分立器件 第 4 部分：微波器件	IDT IEC 60747-4:2007	
3	GB/T15291—1994	半导体器件 第 6 部分 晶闸管	EQV IEC 747-6：1983	

分规范

1	GB/T12560—1999	半导体器件 分立器件分规范	IDT： IEC747-11:1985	GB12560 —1990

空白详细规范

序号	标准编号	标准名称	采标情况	代替标准
1	GB/T6588—2000	半导体器件 分立器件 第 3 部分：信号（包括开关）和调整二极管 第 1 篇 信号二极管、开关二极管和可控雪崩二极管空白详细规范	NEQ IEC60747-3-1：1986 QC 750001	GB6588—1986
2	GB/T6589—2002	电压调整和电压基准二极管（包括温度补偿精密基准二极管）空白详细规范（可供认证用）	IDT IEC60747-3-2：1986	
3	GB/T12562—1990	PIN 二极管空白详细规范(可供认证用)		
4	GB/T3063—1991	电流调整和电流基准二极管空白详细规范		
5	GB/T3066—1991	单结晶体管空白详细规范		
6	GB/T15137—1994	体效应二极管空白详细规范		
7	GB/T15177—1994	微波检波、混频二极管空白详细规范		
8	GB/T15178—1994	变容二极管空白详细规范		
9	GB/T6217—1998	半导体器件 分立器件 第 7 部分：双极型晶体管 第一篇 高低频放大环境额定的双极型晶体管空白详细规范	IDT IEC747-7-1：1989 QC75102	GB6217—1986
10	GB/T6218—1996	开关用双极型晶体管空白详细规范	IDT IEC747-7-3：1991	GB6218—1986
11	GB/T6219—1998	半导体器件 分立器件 第 8 部分：场效应晶体管 第一篇 1GHz、5W 以下的单栅场效应晶体管空白详	IDT IEC747-8-1：1987 QC750112	GB6219—1986

序号	标准编号	标准名称	采标情况	代替标准
		细规范		
12	GB/T6256—1986	工业加热三极管空白详细规范（可供认证用）		
13	GB/T7576—1998	半导体器件 分立器件 第7部分：双极晶体管 第四篇 高频放大管壳额定双极型晶体管空白详细规范	IDT IEC747-7-4：1991 QC750107	GB7576—1987
14	GB/T7577—1996	低频放大管壳额定的双极晶体管空白详细规范	IDT IEC747-7-2:1989	GB7577—1987
15	GB/T6351—1998	半导体器件 分立器件 第2部分：整流二极管 第一篇 100A以下环境或管壳额定整流二极管（包括雪崩整流二极管）空白详细规范	IDT IEC747-2-1：1989 QC750108	GB6351—1986
16	GB/T6352—1998	半导体器件 分立器件 第6部分：闸流晶体管 第一篇 100A以下环境或管壳额定反向阻断三极闸流晶体管空白详细规范	IDT IEC747-6-1：1989 Qc750110	GB6532—1986
17	GB/T6590—1998	半导体器件 分立器件 第6部分：闸流晶体管 第二篇 100A以下环境或管壳额定的双向三极闸流晶体管空白详细规范	IDT IEC747-6-2：1991	GB6590—1986
18	GB/T15449—1995	管壳额定开关用场效应晶体管空白详细规范		
19	GB/T15450—1995	硅双栅场效应晶体管空白详细规范	IDT IEC747-8-1	
20	GB/T13150—1991	100A以下环境或管壳额定双向三极晶闸管空白详细规范		
21	GB/T13151—1991	100A以上环境或管壳额定反向阻断三极晶闸管空白详细规范		
22	GB/T13152—1991	5A/5A 以上环境或管壳额定逆导三极晶闸管空白详细规范		
23	GB/T13153 1991	5A以上环境或管壳额定可关断三极晶闸管空白详细规范		
23	GB/T 21039.1—2007	半导体器件 分立器件 第4-1部分：微波二极管和晶体管 微波场效应晶体管空白详细规范		
24	GB/T 16894—1997	大于100A，环境和管壳额定的整流二极管(包括雪崩整流二极管)空白详细规范	IDT IEC 60747-2-2:1993	

我国的行业标准体系结构如下：

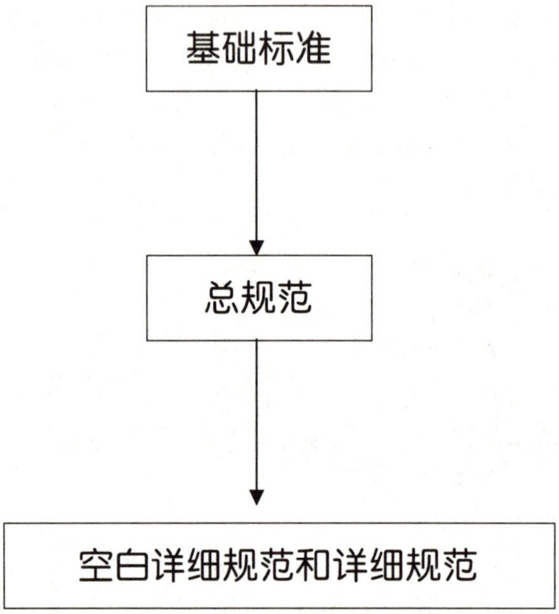

基础标准

序号	标准编号	标准名称
1	SJ 1230—1977	锗检波二极管高频整流电流的测试方法
2	SJ 1267—1977	半导体器件用散热器在自然空气冷却状态下的热阻测试方法
3	SJ 1381—1978	实验二极管结构与工艺
4	SJ 1487—1979	反向阻断型高频半导体闸流管
5	SJ 1488—1979	反向阻断型高频半导体闸流管额定高频通态平均电流 I T 的测试方法
6	SJ 1785—1981	5A以下硅单相桥式整流器测试方法总则
7	SJ 1786—1981	5A以下硅单相桥式整流器正向压降的测试方法
8	SJ 1787—1981	5A以下硅单相桥式整流器额定反向工作峰值电压及反向电流的测试方法
9	SJ 1788—1981	5A以下硅单相桥式整流器工作结温的测试方法
10	SJ 1789—1981	5A以下硅单相桥式整流器最高工作频率的测试方法
11	SJ 1790—1981	5A以下硅单相桥式整流器电流过载倍数的测试方法
12	SJ 1791—1981	5A以下硅单相桥式整流器绝缘强度的测试方法
13	SJ 2137—1982	硅稳流二极管测试方法总则
14	SJ 2138—1982	硅稳流二极管稳定电流的测试方法
15	SJ 2139—1982	硅稳流二极管动态阻抗的测试方法
16	SJ 2140—1982	硅稳流二极管极限电压的测试方法

序号	标准编号	标准名称
17	SJ 2141—1982	硅稳流二极管击穿电压的测试方法
18	SJ 2142—1982	硅稳流二极管电流温度系数的测试方法
19	SJ 2148—1982	硅稳流三极管动态阻抗的测试方法
20	SJ/T 10149—1991	电子元器件图形库　半导体分立器件图形
21	SJ/T 10333—1993	单结晶体管测试方法
22	SJ/T 10415—1993	晶体管热敏参数快速筛选试验方法
23	SJ/T 10585—1994	半导体分立器件 表面安装器件外形尺寸及引线框架尺寸
24	SJ/T 11089—1996	半导体分立器件文字符号
25	SJ/T 9533—1993	半导体分立器件质量分等标准
26	SJ 2849—1988	半导体分立器件 封装件结构尺寸
27	SJ 3254—1989	中小功率晶体三极管计量专用样管筛选方法

总规范

序号	标准编号	标准名称
1	SJ/T 10416—1993	半导体分立器件芯片总规范
2	SJ 2850—1988	半导体分立器件 管座管帽引线框架总规范
3	SJ/Z9014.3—1987	半导体器件 分立器件和集成电路 第６部分：闸流晶体管
4	SJ/Z 9168—1995	录像机用半导体分立器件认定通用规范
5	SJ/Z 9169—1995	录像机用２ＣＺ１８５型（ＭＡ１８５－ＴＡ５）小功率整流二极管及其同类产品认定规范
6	SJ/Z 9170—1995	录像机用３ＣＧ１３２１型（２ＳＢ１３２１－ＴＡ）小功率晶体管及其同类产品认定规范

空白详细规范和详细规范

序号	标准编号	标准名称
1	SJ 1130—1977	２ＤＬ５１～５６、２ＣＬ５１～５６型硅高压整流堆
2	SJ 1225—1977	２ＡＰ１１～２ＡＰ１７型锗检波二极管
3	SJ 1226—1977	２ＡＰ９～２ＡＰ１０型锗检波二极管
4	SJ 1227—1977	２ＡＰ１～２ＡＰ８、２ＡＰ２１和２ＡＰ２７型锗检波二极管
5	SJ 1228—1977	２ＡＰ３０～２ＡＰ３１型锗宽带检波二极管
6	SJ 1229—1977	２ＡＫ１～２０型锗开关二极管
7	SJ 1405—1978	３ＤＡ１型ＮＰＮ硅高频大功率三极管
8	SJ 1406—1978	３ＤＡ９６型ＮＰＮ硅高频大功率三极管
9	SJ 1407—1978	３ＤＡ４型ＮＰＮ硅高频大功率三极管
10	SJ 1408—1978	３ＤＡ１０１型ＮＰＮ硅高频大功率三极管
11	SJ 1409—1978	３ＤＡ３型ＮＰＮ硅高频大功率三极管
12	SJ 1410—1978	３ＤＡ９８型ＮＰＮ硅高频大功率三极管
13	SJ 1411—1978	３ＤＡ５型ＮＰＮ硅高频大功率三极管
14	SJ 1412—1978	３ＤＡ１４型ＮＰＮ硅高频大功率三极管
15	SJ 1413—1978	３ＤＡ２型ＮＰＮ硅高频大功率三极管

序号	标准编号	标准名称
16	SJ 1414—1978	３ＤＡ１０２型ＮＰＮ硅高频大功率三极管
17	SJ 1415—1978	３ＤＡ２８型ＮＰＮ硅高频大功率三极管
18	SJ 1416—1978	３ＤＡ１００型ＮＰＮ硅高频大功率三极管
19	SJ 1417—1978	３ＤＡ１０３型ＮＰＮ硅高频大功率三极管
20	SJ 1418—1978	３ＤＡ１０型ＮＰＮ硅高频大功率三极管
21	SJ 1419—1978	３ＤＡ１８型ＮＰＮ硅高频大功率三极管
22	SJ 1420—1978	３ＤＡ１０４型ＮＰＮ硅高频大功率三极管
23	SJ 1421—1978	３ＤＡ２２型ＮＰＮ硅高频大功率三极管
24	SJ 1422—1978	３ＤＡ３７型ＮＰＮ硅高频大功率三极管
25	SJ 1423—1978	３ＤＡ３２型ＮＰＮ硅高频大功率三极管
26	SJ 1424—1978	３ＤＡ１０５型ＮＰＮ硅高频大功率三极管
27	SJ 1425—1978	３ＤＡ１０６型ＮＰＮ硅高频大功率三极管
28	SJ 1426—1978	３ＤＡ２１型ＮＰＮ硅高频大功率三极管
29	SJ 1427—1978	３ＤＡ９２型ＮＰＮ硅高频大功率三极管
30	SJ 1428—1978	３ＤＡ１０７型ＮＰＮ硅高频大功率三极管
31	SJ 1429—1978	３ＤＡ１０８型ＮＰＮ硅高频大功率三极管
32	SJ 1430—1978	３ＤＡ８９型ＮＰＮ硅高频大功率三极管
33	SJ 1431—1978	３ＤＡ３９型ＮＰＮ硅高频大功率三极管
34	SJ 1468—1979	３ＣＧ１００型ＰＮＰ硅外延平面高频小功率三极管
35	SJ 1469—1979	３ＣＧ１０１型ＰＮＰ硅平面高频小功率三极管
36	SJ 1470—1979	３ＣＧ１０２型ＰＮＰ硅外延平面高频小功率三极管
37	SJ 1471—1979	３ＣＧ１０３型ＰＮＰ硅外延平面高频小功率三极管
38	SJ 1472—1979	３ＣＧ１１０型ＰＮＰ硅外延平面高频小功率三极管
39	SJ 1473—1979	３ＣＧ１１１型ＰＮＰ硅外延平面高频小功率三极管
40	SJ 1474—1979	３ＣＧ１１２型ＰＮＰ硅外延平面高频小功率三极管
41	SJ 1475—1979	３ＣＧ１１３型ＰＮＰ硅外延平面高频小功率三极管
42	SJ 1476—1979	３ＣＧ１１４型ＰＮＰ硅外延平面高频小功率三极管
43	SJ 1477—1979	３ＣＧ１２０型ＰＮＰ硅外延平面高频小功率三极管
44	SJ 1478—1979	３ＣＧ１２１型ＰＮＰ硅外延平面高频小功率三极管
45	SJ 1479—1979	３ＣＧ１２２型ＰＮＰ硅外延平面高频小功率三极管
46	SJ 1480—1979	３ＣＧ１３０型ＰＮＰ硅外延平面高频小功率三极管
47	SJ 1481—1979	３ＣＧ１３１型ＰＮＰ硅外延平面高频小功率三极管
48	SJ 1482—1979	３ＣＧ１３２型ＰＮＰ硅外延平面高频小功率三极管
49	SJ 1483—1979	３ＣＧ１４０型ＰＮＰ硅外延平面高频小功率低噪声三极管
50	SJ 1484—1979	３ＣＧ１６０型ＰＮＰ硅外延平面高频小功率高反压三极管
51	SJ 1485—1979	３ＣＧ１７０型ＰＮＰ硅外延平面高频小功率高反压三极管
52	SJ 1486—1979	３ＣＧ１８０型ＰＮＰ硅外延平面高频小功率高反压三极管
53	SJ 1636—1980	３ＤＤ１５２型、３ＤＤ１５２型 NPN 硅扩散台面低频大功率三极管
54	SJ 1637—1980	３ＤＤ１５３型、３ＤＤ１５４型ＮＰＮ硅扩散台面低频大功率三极管

序号	标准编号	标准名称
55	SJ 1638—1980	３ＤＤ１５５型、３ＤＤ１５６型ＮＰＮ硅扩散台面低频大功率三极管
56	SJ 1639—1980	３ＤＤ１５７型、３ＤＤ１５８型ＮＰＮ硅扩散台面低频大功率三极管
57	SJ 1640—1980	３ＤＤ１５９型、３ＤＤ１６０型、３ＤＤ１６１型ＮＰＮ硅扩散台面低频大功率三极管
58	SJ 1641—1980	３ＤＤ１６２型、３ＤＤ１６３型ＮＰＮ硅扩散台面低频大功率三极管
59	SJ 1642—1980	３ＤＤ１６４型、３ＤＤ１６５型、３ＤＤ１６６型ＮＰＮ硅扩散台面低频大功率三极管
60	SJ 1643—1980	３ＤＤ１６７型、３ＤＤ１６８型、３ＤＤ１６９型ＮＰＮ硅扩散台面低频大功率三极管
61	SJ 1644—1980	３ＤＤ１７０型、３ＤＤ１７１型、３ＤＤ１７２型ＮＰＮ硅扩散台面低频大功率三极管
62	SJ 1645—1980	３ＤＤ１７３型、３ＤＤ１７４型ＮＰＮ硅扩散台面低频大功率三极管
63	SJ 1646—1980	３ＤＤ１７５型、３ＤＤ１７６型ＮＰＮ硅扩散台面低频大功率三极管
64	SJ 1647—1980	３ＤＤ２５３型、３ＤＤ２５４型ＮＰＮ硅扩散台面低频大功率三极管
65	SJ 1648—1980	３ＤＤ２５５型、３ＤＤ２５６型ＮＰＮ硅扩散台面低频大功率三极管
66	SJ 1649—1980	３ＤＤ２５７型、３ＤＤ２５８型ＮＰＮ硅扩散台面低频大功率三极管
67	SJ 1650—1980	３ＤＤ２５９型、３ＤＤ２６０型、３ＤＤ２６１型ＮＰＮ硅扩散台面低频大功率三极管
68	SJ 1651—1980	３ＤＤ２６２型、３ＤＤ２６３型ＮＰＮ硅扩散台面低频大功率三极管
69	SJ 1652—1980	３ＤＤ２６４型、３ＤＤ２６５型、３ＤＤ２６６型ＮＰＮ硅扩散台面低频大功率三极管
70	SJ 1653—1980	３ＤＤ２６７型、３ＤＤ２６８型、３ＤＤ２６９型ＮＰＮ硅扩散台面低频大功率三极管
71	SJ 1654—1980	３ＤＤ２７０型、３ＤＤ２７１型、３ＤＤ２７２型ＮＰＮ硅扩散台面低频大功率三极管
72	SJ 1655—1980	３ＤＤ２７５型、３ＤＤ２７６型ＮＰＮ硅扩散台面低频大功率三极管
73	SJ 1672—1980	３ＤＧ２５３型ＮＰＮ硅正向自动增益控制高频小功率三极管
74	SJ 1673—1980	３ＤＧ２５４型ＮＰＮ硅正向自动增益控制高频小功率三极管
75	SJ 1674—1980	３ＤＧ２５５型ＮＰＮ硅图象中放末级三极管

序号	标准编号	标准名称
76	SJ 1682—1980	３ＤＡ１５１型ＮＰＮ硅高频大功率三极管
77	SJ 1683—1980	３ＤＡ１５２型ＮＰＮ硅高频大功率三极管
78	SJ 1686—1980	３ＤＤ２０２型ＮＰＮ硅低频大功率三极管
79	SJ 1689—1980	３ＤＤ２０５型ＮＰＮ硅低频大功率三极管
80	SJ 1690—1980	３ＤＤ２０６型ＮＰＮ硅低频大功率三极管
81	SJ 1692—1980	３ＤＤ２０８型ＮＰＮ硅低频大功率三极管
82	SJ 1693—1980	３ＡＤ１５０型ＰＮＰ锗低频大功率三极管
83	SJ 1784—1981	ＱＬ１～９和ＱＬ２１～２８硅单相桥式整流器
84	SJ 1795—1981	５０－１０００ｍＡ小电流半导体闸流管
85	SJ 1804—1981	2CC101～104、2CC201～204、2CC301～304、2CC401～404 型硅调谐变容二极管
86	SJ 1805—1981	２ＣＣ１２６型硅调频变容二极管
87	SJ 1806—1981	2CC110、210、310、410、、2CC130 型硅频段转换二极管
88	SJ 1807—1981	2CC120、122、124、2CC220、222、224、2CC320、322、324、2CC420、422、424 型硅调谐变容二极管
89	SJ 1825—1981	３ＤＫ２１型ＮＰＮ硅外延平面小功率开关三极管
90	SJ 1826—1981	３ＤＫ１００型ＮＰＮ硅外延平面小功率开关三极管
91	SJ 1827—1981	３ＤＫ６型ＮＰＮ硅外延平面小功率开关三极管
92	SJ 1828—1981	３ＤＫ５３型ＮＰＮ硅外延平面小功率开关三极管
93	SJ 1829—1981	３ＤＫ５型ＮＰＮ硅外延平面小功率开关三极管
94	SJ 1830—1981	３ＤＫ１０１型ＮＰＮ硅外延平面小功率开关三极管
95	SJ 1831—1981	３ＤＫ２８型ＮＰＮ硅外延平面小功率开关三极管
96	SJ 1832—1981	３ＤＫ１０２型ＮＰＮ硅外延平面小功率开关三极管
97	SJ 1833—1981	３ＤＫ１０３型ＮＰＮ硅外延平面小功率开关三极管
98	SJ 1834—1981	３ＤＫ１０４型ＮＰＮ硅外延平面小功率开关三极管
99	SJ 1838—1981	３ＤＫ２９型ＮＰＮ硅外延平面小功率开关三极管
100	SJ 1839—1981	３ＤＫ１０８型ＮＰＮ硅外延平面小功率开关三极管
101	SJ 1840—1981	３ＤＫ１４型ＮＰＮ硅外延平面小功率开关三极管
102	SJ 1841—1981	３ＣＫ１００型ＰＮＰ硅外延平面小功率开关三极管
103	SJ 1842—1981	３ＣＫ１１０型ＰＮＰ硅外延平面小功率开关三极管
104	SJ 1843—1981	３ＣＫ１１１型ＰＮＰ硅外延平面小功率开关三极管
105	SJ 1844—1981	３ＣＫ１１２型ＰＮＰ硅外延平面小功率开关三极管
106	SJ 1845—1981	３ＣＫ１１３型ＰＮＰ硅外延平面小功率开关三极管
107	SJ 1846—1981	３ＣＫ１２０型ＰＮＰ硅外延平面小功率开关三极管
108	SJ 1847—1981	３ＣＫ１２１型ＰＮＰ硅外延平面小功率开关三极管
109	SJ 1848—1981	３ＣＫ１３０型ＰＮＰ硅外延平面小功率开关三极管
110	SJ 1943—1981	２ＣＬ（２ＤＬ）１２－２０型高压硅堆
111	SJ 1944—1981	２ＣＬ（２ＤＬ）３０－３３、２ＣＬ（２ＤＬ）４０～４３型高压硅堆

序号	标准编号	标准名称
112	SJ 1945—1981	2CN（2DN）1D～2D、2CN（2DN）3D～3K、2CN（2DN）6D～6K型硅阻尼二极管
113	SJ 1946—1981	2CN（2DN）4C、2CN（2DN）5C型硅升压二极管
114	SJ 1947—1981	2CZ（2DZ）32B、2CZ（2DZ）33B型硅电源整流二极管
115	SJ 1948—1981	2CZ（2DZ）90D～90J、2CZ（2DZ）91D～91J、2CZ（2DZ）92D～92J 型硅高频整流二极管
116	SJ 1974—1981	N沟道结型场效应半导体管 CS1型低频场效应半导体管
117	SJ 1975—1981	N沟道结型场效应半导体管 CS2型低频场效应半导体管
118	SJ 1976—1981	N沟道结型场效应半导体管 CS3型低频场效应半导体管
119	SJ 1977—1981	N沟道结型场效应半导体管 CS4型高频场效应半导体管
120	SJ 1978—1981	N沟道结型场效应半导体管 CS5型高频场效应半导体管
121	SJ 1979—1981	N沟道结型场效应半导体管 CS6型高频场效应半导体管
122	SJ 1980—1981	N沟道结型场效应半导体管 CS7型高频场效应半导体管
123	SJ 1981—1981	N沟道结型场效应半导体管 CS8型高频场效应半导体管
124	SJ 1982—1981	N沟道结型场效应半导体管 CS9型高频场效应半导体管
125	SJ 1983—1981	N沟道结型场效应半导体管 CS10型低频低噪声场效应半导体管
126	SJ 1984—1981	N沟道结型场效应半导体管 CS11型低频低噪声场效应半导体管
127	SJ 1985—1981	N沟道结型场效应半导体管 CS12型低频低噪声场效应半导体管
128	SJ 1986—1981	N沟道结型场效应半导体管 CS13型低频低噪声场效应半导体管
129	SJ 1987—1981	N沟道结型场效应半导体管 CS14型低频低噪声场效应半导体管
130	SJ 1988—1981	N沟道结型场效应半导体管 CS15型低频低噪声场效应半导体管
131	SJ 1989—1981	CS19型N沟道结型低频场效应半导体对管
132	SJ 1990—1981	CS20型N沟道低频结型场效应半导体对管
133	SJ 1991—1981	CS21型N沟道结型低频场效应半导体对管
134	SJ 1992—1981	CS22型N沟道结型低频场效应半导体对管
135	SJ 1993—1981	CS23型N沟道结型低频低噪声场效应半导体对管
136	SJ 1994—1981	CS24型N沟道结型低频低噪声场效应半导体对管
137	SJ 1995—1981	CS25型N沟道结型低频低噪声场效应半导体对管
138	SJ 1996—1981	CS26型N沟道结型低频低噪声场效应半导体对管
139	SJ 1997—1981	CS27型N沟道结型低频低噪声场效应半导体对管
140	SJ 1998—1981	CS28型N沟道结型低频低噪声场效应半导体对管
141	SJ 1999—1981	CS29型N沟道结型低频低噪声场效应半导体对管
142	SJ 2000—1981	CS30型N沟道结型低频低噪声场效应半导体对管
143	SJ 2001—1981	CS31型N沟道结型低频低噪声场效应半导体对管
144	SJ 2002—1981	CS32型N沟道结型低频低噪声场效应半导体对管
145	SJ 2003—1981	CS33型N沟道结型低频低噪声场效应半导体对管
146	SJ 2004—1981	CS34型N沟道结型低频低噪声场效应半导体对管
147	SJ 2092—1982	CS35型N沟道结型场效应小功率半导体开关三极管

序号	标准编号	标准名称
148	SJ 2093—1982	ＣＳ３６型Ｎ沟道结型场效应小功率半导体开关三极管
149	SJ 2094—1982	ＣＳ３７型Ｎ沟道结型场效应小功率半导体开关三极管
150	SJ 2095—1982	ＣＳ３８型Ｎ沟道结型场效应小功率半导体开关三极管
151	SJ 2096—1982	ＣＳ３９型Ｎ沟道结型场效应小功率半导体开关三极管
152	SJ 2097—1982	ＣＳ４０型Ｎ沟道结型场效应小功率半导体开关三极管
153	SJ 2098—1982	ＣＳ４１型Ｎ沟道结型场效应小功率半导体开关三极管
154	SJ 2099—1982	ＣＳ４２型Ｎ沟道结型场效应小功率半导体开关三极管
155	SJ 2100—1982	ＣＳ４３型Ｎ沟道结型场效应小功率半导体开关三极管
156	SJ 2101—1982	ＣＳ４４型Ｎ沟道结型场效应小功率半导体开关三极管
157	SJ 2102—1982	ＣＳ４５型Ｎ沟道结型场效应小功率半导体开关三极管
158	SJ 2103—1982	ＣＳ４６型Ｎ沟道结型场效应小功率半导体开关三极管
159	SJ 2104—1982	ＣＳ４７型Ｎ沟道结型场效应小功率半导体开关三极管
160	SJ 2105—1982	ＣＳ４８型Ｎ沟道结型场效应小功率半导体开关三极管
161	SJ 2106—1982	ＣＳ４９型Ｎ沟道结型场效应小功率半导体开关三极管
162	SJ 2107—1982	ＣＳ５０型Ｎ沟道结型场效应小功率半导体开关三极管
163	SJ 2108—1982	ＣＳ５１型Ｎ沟道结型场效应小功率半导体开关三极管
164	SJ 2271—1983	３ＤＧ１０４型ＮＰＮ硅外延平面超高频小功率三极管
165	SJ 2272—1983	３ＤＧ４４型ＮＰＮ硅外延平面超高频小功率三极管
166	SJ 2273—1983	３ＤＧ８１型ＮＰＮ硅外延平面超高频小功率三极管
167	SJ 2274—1983	３ＤＧ１１３型ＮＰＮ硅外延平面超高频小功率三极管
168	SJ 2275—1983	３ＤＧ８５型ＮＰＮ硅外延平面超高频小功率三极管
169	SJ 2276—1983	３ＤＧ１１４型ＮＰＮ硅外延平面超高频小功率三极管
170	SJ 2277—1983	３ＤＧ１１５型ＮＰＮ硅外延平面超高频小功率三极管
171	SJ 2278—1983	３ＤＧ７２型ＮＰＮ硅外延平面超高频小功率三极管
172	SJ 2279—1983	３ＤＧ１２３型ＮＰＮ硅外延平面超高频小功率三极管
173	SJ 2281—1983	３ＤＧ１３２型ＮＰＮ硅外延平面超高频小功率三极管
174	SJ 2282—1983	３ＤＧ１４３型ＮＰＮ硅外延平面超高频低噪声小功率三极管
175	SJ 2283—1983	３ＤＧ１４４型ＮＰＮ硅外延平面超高频低噪声小功率三极管
176	SJ 2284—1983	３ＤＧ１４５型ＮＰＮ硅外延平面超高频低噪声小功率三极管
177	SJ 2285—1983	３ＤＧ１４６型ＮＰＮ硅外延平面超高频低噪声小功率三极管
178	SJ 2286—1983	３ＤＧ１４７型ＮＰＮ硅外延平面超高频低噪声小功率三极管
179	SJ 2287—1983	３ＤＧ１４８型ＮＰＮ硅外延平面超高频低噪声小功率三极管
180	SJ 2288—1983	３ＤＧ１４９型ＮＰＮ硅外延平面超高频低噪声小功率三极管
181	SJ 2289—1983	３ＤＧ１５１型ＮＰＮ硅外延平面超高频低噪声小功率三极管
182	SJ 2290—1983	３ＤＧ１５２型ＮＰＮ硅外延平面超高频低噪声小功率三极管
183	SJ 2291—1983	３ＤＧ１５３型ＮＰＮ硅外延平面超高频低噪声小功率三极管
184	SJ 2292—1983	３ＤＧ１５４型ＮＰＮ硅外延平面超高频低噪声小功率三极管
185	SJ 2293—1983	３ＤＧ１５５型ＮＰＮ硅外延平面超高频低噪声小功率三极管
186	SJ 2294—1983	３ＤＧ１５６型ＮＰＮ硅外延平面超高频低噪声小功率三极管

序号	标准编号	标准名称
187	SJ 2356—1983	３ＣＤ３４７型ＰＮＰ硅低压低频大功率三极管
188	SJ 2357—1983	３ＣＤ１４９型、３ＣＤ１５０型、３ＣＤ３４９型ＰＮＰ硅低压低频大功率三极管
189	SJ 2358—1983	３ＣＤ１５１型、３ＣＤ１５２型、３ＣＤ３５１型ＰＮＰ硅低压低频大功率三极管
190	SJ 2359—1983	３ＣＤ１５３型、３ＣＤ１５４型、３ＣＤ３５３型ＰＮＰ硅低压低频大功率三极管
191	SJ 2360—1983	３ＣＤ１５５型、３ＣＤ１５６型、３ＣＤ３５５型ＰＮＰ硅低压低频大功率三极管
192	SJ 2361—1983	３ＣＤ１５７型、３ＣＤ１５８型、３ＣＤ３５７型ＰＮＰ硅低压低频大功率三极管
193	SJ 2362—1983	３ＣＤ１５９型、３ＣＤ１６０型ＰＮＰ硅低压低频大功率三极管
194	SJ 2363—1983	３ＣＤ１６２型、３ＣＤ３６２型ＰＮＰ硅低压低频大功率三极管
195	SJ 2364—1983	３ＣＤ１６４型、３ＣＤ３６４型ＰＮＰ硅低压低频大功率三极管
196	SJ 2365—1983	３ＣＤ１６７、３ＣＤ３６７型ＰＮＰ硅低压低频大功率三极管
197	SJ 2366—1983	３ＣＤ４４７型ＰＮＰ硅高压低频大功率三极管
198	SJ 2367—1983	３ＣＤ２４９型、３ＣＤ２５０型、３ＣＤ４４９型ＰＮＰ硅高压低频大功率三极管
199	SJ 2368—1983	３ＣＤ２５１型、３ＣＤ２５２型、３ＣＤ４５１型ＰＮＰ硅高压低频大功率三极管
200	SJ 2369—1983	３ＣＤ２５３型、３ＣＤ２５４型、３ＣＤ４５３型ＰＮＰ硅高压低频大功率三极管
201	SJ 2370—1983	３ＣＤ２５５型、３ＣＤ２５６型、３ＣＤ４５５型ＰＮＰ硅高压低频大功率三极管
202	SJ 2371—1983	３ＣＤ２５７型、３ＣＤ２５８型、３ＣＤ４５７型ＰＮＰ硅高压低频大功率三极管
203	SJ 2372—1983	３ＣＤ２５９型、３ＣＤ２６０型ＰＮＰ硅高压低频大功率三极管
204	SJ 2373—1983	３ＣＤ２６２型、３ＣＤ４６２型ＰＮＰ硅高压低频大功率三极管
205	SJ 2374—1983	３ＣＤ２６４、３ＣＤ４６４型ＰＮＰ硅高压低频大功率三极管
206	SJ 2375—1983	３ＣＤ２６７型、３ＣＤ４６７型ＰＮＰ硅高压低频大功率三极管
207	SJ 2376—1983	３ＣＤ６４７型ＰＮＰ硅外延平面低频大功率三极管
208	SJ 2377—1983	３ＣＤ５４９型、３ＣＤ５５０型、３ＣＤ６４９型ＰＮＰ硅外延平面低频大功率三极管
209	SJ 2378—1983	３ＣＤ５５１型、３ＣＤ５５２型、３ＣＤ６５１型ＰＮＰ硅外延平面低频大功率三极管
210	SJ 2379—1983	３ＣＤ５５３型、３ＣＤ５５４型、３ＣＤ６５３型ＰＮＰ硅外延平面低频大功率三极管
211	SJ 2380—1983	３ＣＤ５５５型、３ＣＤ５５６型、３ＣＤ６５５型ＰＮＰ硅外延平面低频大功率三极管

序号	标准编号	标准名称
212	SJ 2381—1983	３ＣＤ５５７型、３ＣＤ５５８型、３ＣＤ６５７型ＰＮＰ硅外延平面低频大功率三极管
213	SJ 2382—1983	３ＣＤ５５９型、３ＣＤ５６０型ＰＮＰ硅外延平面低频大功率三极管
214	SJ 2672.1—1986	电子元器件详细规范　３ＤＡ３０１型１７５ＭＨｚ管壳额定的低电压双极型功率晶体管
215	SJ 2672.2—1986	电子元器件详细规范　３ＤＡ３０２型１７５ＭＨｚ管壳额定的低电压双极型功率晶体管
216	SJ 2672.3—1986	电子元器件详细规范　３ＤＡ３０３型１７５ＭＨｚ管壳额定的低电压双极型功率晶体管
217	SJ 2672.4—1986	电子元器件详细规范　３ＤＡ３０４型１７５ＭＨｚ管壳额定的低电压双极型功率晶体管
218	SJ 2672.5—1986	电子元器件详细规范　３ＤＡ３０５型１７５ＭＨｚ管壳额定的低电压双极型功率晶体管
219	SJ 2672.6—1986	电子元器件详细规范　３ＤＡ３０６型１７５ＭＨｚ管壳额定的低电压双极型功率晶体管
220	SJ 2672.7—1986	电子元器件详细规范　３ＤＡ３０７型１７５ＭＨｚ管壳额定的低电压双极型功率晶体管
221	SJ 2672.8—1986	电子元器件详细规范　３ＤＡ３０８型１７５ＭＨｚ管壳额定的低电压双极型功率晶体管
222	SJ 2672.9—1986	电子元器件详细规范　３ＤＡ３０９型１７５ＭＨｚ管壳额定的低电压双极型功率晶体管
223	SJ 2673.1—1986	电子元器件详细规范　３ＤＡ３１１型４７０ＭＨｚ管壳额定的低电压双极型功率晶体管
224	SJ 2673.2—1986	电子元器件详细规范　３ＤＡ３１２型４７０ＭＨｚ管壳额定的低电压双极型功率晶体管
225	SJ 2673.3—1986	电子元器件详细规范　３ＤＡ３１３型４７０ＭＨｚ管壳额定的低电压双极型功率晶体管
226	SJ 2673.4—1986	电子元器件详细规范　３ＤＡ３１４型４７０ＭＨｚ管壳额定的低电压双极型功率晶体管
227	SJ 2673.5—1986	电子元器件详细规范　３ＤＡ３１５型４７０ＭＨｚ管壳额定的低电压双极型功率晶体管
228	SJ 2673.6—1986	电子元器件详细规范　３ＤＡ３１６型４７０ＭＨｚ管壳额定的低电压双极型功率晶体管
229	SJ 2699—1986	３ＤＧ３８８型ＮＰＮ硅高频低噪声小功率晶体管详细规范
230	SJ 2700—1986	３ＤＧ２０６０型ＮＰＮ硅高频中功率晶体管详细规范
231	SJ 2701—1986	3CX673 型ＰＮＰ硅小功率晶体管详细规范
232	SJ 2702—1986	３ＤＧ４５８型ＮＰＮ硅高频小功率晶体管详细规范
233	SJ 2717—1986	２ＣＺ３０１型硅普通整流二极管详细规范
234	SJ 2718—1986	２ＣＺ３０２型硅中速开关整流二极管详细规范

序号	标准编号	标准名称
235	SJ 2719—1986	２ＣＺ２０４和２ＣＺ２０５型硅中速开关整流二极管详细规范
236	SJ 2720—1986	２ＣＺ３０４型硅中速开关整流二极管详细规范
237	SJ 2721—1986	２ＣＺ３０５型硅块开关整流二极管详细规范
238	SJ 2722—1986	２ＣＺ３０６型硅块开关整流二极管详细规范
239	SJ 2723—1986	２ＣＺ３０７型硅快开关整流二极管详细规范
240	SJ 2724—1986	２ＣＺ３０８型硅快开关整流二极管详细规范
241	SJ 2725—1986	２ＣＺ３１１型硅普通整流二极管详细规范
242	SJ 2726—1986	２ＣＺ３１２型硅普通整流二极管详细规范
243	SJ 2727—1986	２ＣＺ３１３型硅普通整流二极管详细规范
244	SJ 2728—1986	２ＣＺ３１４型硅中速开关整流二极管详细规范
245	SJ 2729—1986	２ＣＺ３１５型硅中速开关整流二极管详细规范
246	SJ 2730—1986	２ＣＺ３１６型硅中速开关整流二极管详细规范
247	SJ 2731—1986	２ＣＺ３１７型硅快开关整流二极管详细规范
248	SJ 2732—1986	２ＣＺ３１８型硅快开关整流二极管详细规范
249	SJ 2747—1987	阶跃恢复二极管空白详细规范
250	SJ 2748—1987	微波低噪声单栅场效应晶体管空白详细规范
251	SJ 2759—1987	２ＣＬ２１～２９型玻璃钝化封装高压硅堆详细规范
252	SJ 2760—1987	２ＣＬ７０～７７及２ＣＬ７９型塑料封装高压硅堆详细规范
253	SJ 2851—1988	半导体分立器件 小功率管管座管帽详细规范
254	SJ 2852—1988	半导体分立器件 大功率管管座管帽详细规范
255	SJ 2853—1988	半导体分立器件 螺栓形管座管帽详细规范
256	SJ 2854—1988	半导体分立器件 塑封引线框架详细规范
257	SJ 3120—1988	电子元器件详细规范 ３ＤＧ１２１５型高频放大环境额定双极型晶体管
258	SJ 3121—1988	电子元器件详细规范 ３ＤＧ２４６４型高频放大环境额定双极型晶体管
259	SJ 3122—1988	电子元器件详细规范 ３ＤＧ３１７７型高频放大环境额定双极型晶体管
260	SJ 3123—1988	电子元器件详细规范 ３ＤＧ１７７９型高频放大型额定双极型晶体管
261	SJ 3124—1988	电子元器件详细规范 ３ＤＤ１９４２型硅ＮＰＮ低频放大管壳额定双极型晶体管
262	SJ 3125—1988	电子元器件详细规范 ３ＤＤ２０２７型硅ＮＰＮ低频放大管壳额定双极型晶体管
263	SJ 3126—1988	电子元器件详细规范 ３ＤＤ８６９型硅ＮＰＮ低频放大管壳额定双极型晶体管
264	SJ 3127—1988	电子元器件详细规范 ３ＤＤ８７１型硅ＮＰＮ低频放大管壳额定双极型晶体管
265	SJ 3128—1988	电子元器件详细规范 ３ＤＤ８２０型硅ＮＰＮ低频放大管壳额定双极型晶体管

序号	标准编号	标准名称
266	SJ 765—1974	３ＤＤ５０型和３ＤＤ５１型ＮＰＮ硅外延平面低频大功率三极管
267	SJ 766—1974	３ＤＤ５２型ＮＰＮ硅合金扩散低频大功率三极管
268	SJ 767—1974	３ＤＤ５３型和３ＤＤ５４型ＮＰＮ型硅外延平面低频大功率三极管
269	SJ 768—1974	３ＤＤ５５型ＮＰＮ硅合金扩散低频大功率三极管
270	SJ 769—1974	３ＤＤ５６型和３ＤＤ５７型ＮＰＮ硅外延平面低频大功率三极管
271	SJ 770—1974	３ＤＤ５８型ＮＰＮ硅合金扩散低频大功率三极管
272	SJ 771—1974	３ＤＤ５９型和３ＤＤ６０型ＮＰＮ硅外延平面低频大功率三极管
273	SJ 772—1974	３ＤＤ６１型ＮＰＮ硅合金扩散低频大功率三极管
274	SJ 773—1974	３ＤＤ６２型和３ＤＤ６３型ＮＰＮ硅外延平面低频大功率三极管
275	SJ 774—1974	３ＤＤ６４型ＮＰＮ硅合金扩散低频大功率三极管
276	SJ 775—1974	３ＤＤ６５型和３ＤＤ６６型ＮＰＮ硅外延平面低频大功率三极管
277	SJ 776—1974	３ＤＤ６７型ＮＰＮ硅合金扩散低频大功率三极管
278	SJ 777—1974	３ＤＤ６８型和３ＤＤ６９型ＮＰＮ硅外延平面低频大功率三极管
279	SJ 778—1974	３ＤＤ７０型ＮＰＮ硅合金扩散低频大功率三极管
280	SJ 779—1974	３ＤＤ７１型ＮＰＮ硅外延平面低频大功率三极管
281	SJ 780—1974	３ＤＤ７２型ＮＰＮ硅合金扩散低频大功率三极管
282	SJ 781—1974	３ＤＤ７３型ＮＰＮ硅外延平面低频大功率三极管
283	SJ 782—1974	３ＤＧ１００型ＮＰＮ硅平面高频小功率三极管
284	SJ 783—1974	３ＤＧ１０１型ＮＰＮ硅外延平面高频小功率三极管
285	SJ 784—1974	３ＤＧ１０２型ＮＰＮ硅外延平面高频小功率三极管
286	SJ 785—1974	３ＤＧ１０３型ＮＰＮ硅外延平面高频小功率三极管
287	SJ 786—1974	３ＤＧ１１０型ＮＰＮ硅平面高频小功率三极管
288	SJ 787—1974	３ＤＧ１１１型ＮＰＮ硅外延平面高频小功率三极管
289	SJ 788—1974	３ＤＧ１１２型ＮＰＮ硅外延平面高频小功率三极管
290	SJ 789—1974	３ＤＧ１２０型ＮＰＮ硅外延平面高频小功率三极管
291	SJ 790—1974	３ＤＧ１２１型ＮＰＮ硅外延平面高频小功率三极管
292	SJ 791—1974	３ＤＧ１２２型ＮＰＮ硅外延平面高频小功率三极管
293	SJ 794—1974	３ＤＧ１４１型ＮＰＮ硅外延平面高频小功率低噪声三极管
294	SJ 795—1974	３ＤＧ１４２型ＮＰＮ硅外延平面高频小功率低噪声三极管
295	SJ 796—1974	３ＤＧ１６０型ＮＰＮ硅平面高频小功率高反压三极管
296	SJ 799—1974	３ＤＧ１７０型ＮＰＮ硅外延平面高频小功率高反压三极管
297	SJ 800—1974	３ＤＧ１８０型ＮＰＮ硅外延平面高频小功率高反压三极管
298	SJ 801—1974	３ＤＧ１８１型ＮＰＮ硅外延平面高频小功率高反压三极管
299	SJ 909—1974	２ＣＷ５０～１４９型硅半导体稳压二极管
300	SJ 910—1974	３ＤＷ５０～２０２型硅半导体稳压二极管
301	SJ 911—1974	２ＤＷ２３０～２３６型硅平面温度补偿稳压二极管
302	SJ 934—1975	３ＤＤ１００型硅ＮＰＮ低频高反压大功率三极管
303	SJ 935—1975	3DD101、3DD102 型硅 NPN 低频高反压大功率三极管
304	SJ 936—1975	3DD103、3DD104 型硅 NPN 低频高反压大功率三极管

序号	标准编号	标准名称
305	SJ 966—1975	硅开关二极管反向击穿电压的测试方法
306	SJ/T 10031—1991	电子元器件详细规范 ２ＤＨ１～１４型电流调整（稳流）二极管
307	SJ/T 10033—1991	ＺＱＭ１－３２５／１６型氢闸流管
308	SJ/T 10049—1991	电子元器件详细规范 ３ＤＡ１１６２型硅ＮＰＮ高频放大管壳额定的双极型晶体管
309	SJ/T 10050—1991	电子元器件详细规范 ３ＤＡ１７２２型硅ＮＰＮ高频放大管壳额定的双极型晶体管
310	SJ/T 10051—1991	电子元器件详细规范 ３ＤＡ２６８８型硅ＮＰＮ高频放大管壳额定的双极型晶体管
311	SJ/T 10052—1991	电子元器件详细规范 ３ＣＤ５０７型硅ＰＮＰ低频放大管壳额定的双极型晶体管
312	SJ/T 10053—1991	电子元器件详细规范 ３ＤＤ３１３型硅ＮＰＮ低频放大管壳额定的双极型晶体管
313	SJ/T 10054—1991	电子元器件详细规范 ２ＣＺ５７型管壳额定硅整流二极管
314	SJ/T 10055—1991	电子元器件详细规范 ２ＣＺ５８型管壳额定硅整流二极管
315	SJ/T 10056—1991	电子元器件详细规范 ２ＣＺ５９型管壳额定硅整流二极管
316	SJ/T 10057—1991	电子元器件详细规范 ２ＣＺ６０型管壳额定硅整流二极管
317	SJ/T 10058—1991	电子元器件详细规范 ２ＣＺ１０３型环境额定硅整流二极管
318	SJ/T 10059—1991	电子元器件详细规范 ２ＣＺ１１６型环境额定硅整流二极管
319	SJ/T 10060—1991	电子元器件详细规范 ２ＣＺ１１７型环境额定硅整流二极管
320	SJ/T 10061—1991	电子元器件详细规范 ２ＣＶ３Ａ、２ＣＶ３Ｂ和２ＣＶ３Ｇ型硅肖特基势垒混频二极管
321	SJ/T 10062—1991	电子元器件详细规范 ＰＩＮ４０Ａ、ＰＩＮ４０Ｂ和ＰＩＮ４０Ｃ型硅微带ＰＩＮ开关二极管
322	SJ/T 10063—1991	电子元器件详细规范 ＰＩＮ６２Ａ、ＰＩＮ６２Ｂ、ＰＩＮ６２Ｃ和ＰＩＮ６２Ｄ型硅ＰＩＮ开关二极管
323	SJ/T 10064—1991	电子元器件详细规范 ＢＴ３２型ＰＮ硅单结晶体管（可供认证用）
324	SJ/T 10065—1991	电子元器件详细规范 ＢＴ３３型ＰＮ硅单结晶体管（可供认证用）
325	SJ/T 10066—1991	电子元器件详细规范 ＢＴ３７型ＰＮ硅单结晶体管（可供认证用）
326	SJ/T 10067—1991	电子元器件详细规范 ＢＴ４０型可调单结晶体管（可供认证用）
327	SJ/T 10696—1996	半导体分立器件 ＱＬ５０型机动车用九管桥式整流组件详细规范
328	SJ/T 10770—1996	电子元器件详细规范 ３ＤＧ１３０Ａ～３ＤＧ１３０Ｄ型环境额定高低频放大双极型晶体管（可供认证用）
329	SJ/T 10771—1996	电子元器件详细规范 3DG111B、3DG111C、3DG111E、3DG111F 型环境额定高低频放大双极型晶体管（可供认证用）
330	SJ/T 10772—1996	电子元器件详细规范 ３ＤＧ２０１Ｃ型环境额定高低频放大双极型晶体管（可供认证用）
331	SJ/T 10773—1996	电子元器件详细规范 ３ＤＫ１０６Ａ、３ＤＫ１０６Ｂ型开关用双极型晶体管（可供认证用）

序号	标准编号	标准名称
332	SJ/T 10779—1996	电子元器件详细规范　２ＣＮ４１型硅快开关整流二极管（可供认证用）
333	SJ/T 10788—1996	电子元器件详细规范　３ＤＧ７９型正向自动增益控制高频低噪声晶体管（可供认证用）
334	SJ/T 10789—1996	电子元器件详细规范　２ＣＬ２４、２ＣＬ２５、２ＣＬ２７、２ＣＬ２９型玻璃钝化封装高压硅堆（可供认证用）
335	SJ/T 10790—1996	电子元器件详细规范　３ＣＧ２１Ｂ、３ＣＧ２１Ｃ型高低频放大环境额定的双极型晶体管（可供认证用）
336	SJ/T 10791—1996	电子元器件详细规范　３ＣＸ２０１Ａ、３ＣＸ２０１Ｂ、３ＣＸ２０１Ｃ型高低频放大环境额定的双极型晶体管（可供认证用）
337	SJ/T 10792—1996	电子元器件详细规范　３ＤＸ２０１Ａ、３ＤＸ２０１Ｂ、３ＤＸ２０１Ｃ型高低频放大环境额定的双极型晶体管（可供认证用）
338	SJ/T 10807—1996	电子元器件详细规范　２ＣＬ６１、２ＣＬ６２、２ＣＬ６３、２ＣＬ６４、２ＣＬ６５、２ＣＬ６６、２ＣＬ６７、２ＣＬ６８型玻璃钝化封装高压硅堆（可供认证用）
339	SJ/T 10833—1996	电子元器件详细规范　３ＤＧ８０型高频放大环境额定双极型晶体管（可供认证用）
340	SJ/T 10834—1996	电子元器件详细规范　ＣＳ１１１、ＣＳ１１２、ＣＳ１１３、ＣＳ１１４、ＣＳ１１５、ＣＳ１１６型单栅结型场效应晶体管（可供认证用）
341	SJ/T 10835—1996	电子元器件详细规范　３ＤＫ１０５Ａ、３ＤＫ１０５Ｂ型开关用双极型晶体管（可供认证用）
342	SJ/T 10836—1996	电子元器件详细规范　３ＤＫ１０７Ａ、３ＤＫ１０７Ｂ型开关用双极型晶体管（可供认证用）
343	SJ/T 10837—1996	电子元器件详细规范　３ＤＧ１３１Ａ、３ＤＧ１３１Ｂ、３ＤＧ１３１Ｃ型高频放大环境额定双极型晶体管（可供认证用）
344	SJ/T 10838—1996	电子元器件详细规范　２ＣＺ２０１、２ＣＺ２０２、２ＣＺ２０３型开关整流二极管（可供认证用）
345	SJ/T 10885—1996	电子元器件详细规范　３ＤＡ１５０Ｂ、３ＤＡ１５０Ｃ型高频放大管壳额定双极型晶体管（可供认证用）
346	SJ/T 10886—1996	电子元器件详细规范　３ＤＤ２０１型低频放大管壳额定双极型晶体管（可供认证用）
347	SJ/T 10887—1996	电子元器件详细规范　３ＤＤ１０２Ｂ型低频放大管壳额定的双极型晶体管（可供认证用）
348	SJ/T 10892—1996	电子元器件详细规范　２ＣＮ３１Ｄ型硅开关整流二极管（可供认证用）
349	SJ/T 10949—1996	电子元器件详细规范　２ＣＺ３２１型环境额定硅整流二极管（可供认证用）
350	SJ/T 10950—1996	电子元器件详细规范　２ＣＺ３２２型环境额定硅整流二极管（可供认证用）

序号	标准编号	标准名称
351	SJ/T 10951—1996	电子元器件详细规范　２ＣＺ３３型环境额定硅整流二极管（可供认证用）
352	SJ/T 10952—1996	电子元器件详细规范　２ＣＺ３２３型环境额定硅整流二极管（可供认证用）
353	SJ/T 10953—1996	电子元器件详细规范　２ＣＺ３４Ｑ型环境额定硅整流二极管（可供认证用）
354	SJ/T 10955—1996	电子元器件详细规范　３ＤＧ１０７型高频放大环境额定双极型晶体管（可供认证用）
355	SJ/T 10956—1996	电子元器件详细规范　４ＣＳ１２２型硅高频双绝缘栅场效应晶体管
356	SJ/T 10957—1996	电子元器件详细规范　４ＣＳ１０３型硅高频双绝缘栅场效应晶体管
357	SJ/T 10958—1996	电子元器件详细规范　３ＣＴ３２０型管壳额定反向阻断三极晶体闸流管
358	SJ/T 10959—1996	电子元器件详细规范　３ＣＴ３１５型管壳额定雪崩三极晶体闸流管
359	SJ/T 10960—1996	电子元器件详细规范　３ＣＧ８４４型硅ＰＮＰ环境额定高频放大晶体管
360	SJ/T 10961—1996	电子元器件详细规范　３ＣＧ７７８型硅ＰＮＰ环境额定高频放大晶体管（可供认证用）
361	SJ/T 10962—1996	电子元器件详细规范　３ＤＡ１５１４型硅ＮＰＮ环境额定高频放大晶体管（可供认证用）
362	SJ/T 10963—1996	电子元器件详细规范　３ＤＧ２２７１型硅ＮＰＮ环境额定高频放大晶体管（可供认证用）
363	SJ/T 10964—1996	电子元器件详细规范　３ＤＤ４０１型硅ＮＰＮ管壳额定低频放大晶体管（可供认证用）
364	SJ/T 10965—1996	电子元器件详细规范　３ＣＤ５４６型硅ＰＮＰ管壳额定低频放大晶体管（可供认证用）
365	SJ/T 10966—1996	电子元器件详细规范　３ＤＤ１００Ｃ型硅ＮＰＮ管壳额定低频放大晶体管（可供认证用）
366	SJ/T 10967—1996	电子元器件详细规范　３ＤＤ２０３型硅ＮＰＮ管壳额定低频放大晶体管（可供认证用）
367	SJ/T 10968—1996	电子元器件详细规范　３ＤＤ２０５Ａ型硅ＮＰＮ管壳额定低频放大晶体管（可供认证用）
368	SJ/T 10969—1996	电子元器件详细规范　３ＤＧ２６３６型硅ＮＰＮ环境额定高频放大晶体管（可供认证用）
369	SJ/T 10970—1996	电子元器件详细规范　３ＤＧ３０７７型硅ＮＰＮ环境额定高频放大晶体管（可供认证用）
370	SJ/T 10971—1996	电子元器件详细规范　３ＤＤ２０４型硅ＮＰＮ管壳额定低频放大晶体管（可供认证用）
371	SJ/T 10972—1996	电子元器件详细规范　３ＤＤ２０７型硅ＮＰＮ管壳额定低频放大晶体管（可供认证用）

序号	标准编号	标准名称
372	SJ/T 10973—1996	电子元器件详细规范　３ＤＤ２００型硅ＮＰＮ低频放大管壳额定双极型晶体管（可供认证用）
373	SJ/T 10974—1996	电子元器件详细规范　３ＤＤ３２５型硅ＮＰＮ环境额定低频放大晶体管（可供认证用）
374	SJ/T 10975—1996	电子元器件详细规范　3DG1815 型硅ＮＰＮ环境额定高频放大晶体管（可供认证用）
375	SJ/T 10976—1996	电子元器件详细规范　ＱＬ６２型硅单相桥式整流器（可供认证用）
376	SJ/T 10977—1996	电子元器件详细规范　２ＣＫ１１１、２ＣＫ１１２、２ＣＫ１１３型硅开关二极管（可供认证用）
377	SJ/T 10978—1996	电子元器件详细规范　２ＣＣ２１、２ＣＣ２６型硅调谐变容二极管（可供认证用）
378	SJ/T 10979—1996	电子元器件详细规范　２ＣＣ２２、２ＣＣ２７型硅调谐变容二极管（可供认证用）
379	SJ/T 10980—1996	电子元器件详细规范　２ＣＣ２３、２ＣＣ２８型硅调谐变容二极管（可供认证用）
380	SJ/T 10981—1996	电子元器件详细规范　２ＣＣ２４、２ＣＣ２９型硅调频变容二极管（可供认证用）
381	SJ/T 10982—1996	电子元器件详细规范　２ＣＣ２５、２ＣＣ３０型硅频段转换变容二极管（可供认证用）
382	SJ/T 10982—1996	电子元器件详细规范　２ＣＣ２５、２ＣＣ３０型硅频段转换变容二极管（可供认证用）
383	SJ/T 10992—1996	电子元器件详细规范　２ＣＷ４１２～４７３型硅电压调整二极管（可供认证用）
384	SJ/T 10993—1996	电子元器件详细规范　２ＣＷ３８０～４１１型硅电压调整二极管（可供认证用）
385	SJ/T 11052—1996	电子元器件详细规范　３ＤＧ１６２型高频放大环境额定双极型晶体管（可供认证用）
386	SJ/T 11053—1996	电子元器件详细规范　３ＤＧ１８２型高频放大环境额定双极型晶体管（可供认证用）
387	SJ/T 11054—1996	电子元器件详细规范　３ＤＧ１４０型高频放大环境额定双极型晶体管（可供认证用）
388	SJ/T 11055—1996	电子元器件详细规范　４ＣＳ１１９型硅高频双绝缘栅场效应晶体管
389	SJ/T 11056—1996	电子元器件详细规范　４ＣＳ１１９１型硅高频双绝缘栅场效应晶体管
390	SJ/T 11057—1996	电子元器件详细规范　４ＣＳ１４２型硅高频双绝缘栅场效应晶体管
391	SJ/T 11058—1996	电子元器件详细规范　４ＣＳ１４２１型硅高频双绝缘栅场效应晶体管
392	SJ/T 11059—1996	电子元器件详细规范　ＣＳ４２２０Ａ型单栅Ｎ沟结型场效应晶体管（可供认证用）
393	SJ/T 11060—1996	电子元器件详细规范　３ＤＧ３１３０型高频放大环境额定双极型晶体管（可供认证用）

国外集成电路军用标准的发展概况

李 锟

摘 要 介绍了美军半导体集成电路在不同阶段制定的标准情况，QPL 认证模式与 QML 认证模式的区别。还介绍了我国军用半导体集成电路的标准情况。

关键词 美军半导体集成电路标准 QPL QML GJB

1 美军半导体集成电路标准的发展

1968 年美军发布实施 MIL-M-38510《微电路通用规范》，该通用规范到 1991 年发布 MIL-M-38510J 版，一共 10 个版本，从最初的 A、B、C 质量等级，发展到现在为人们所熟知的 B、S 级。MIL-M-38510 中所指“微电路（microcircuit）”包含了半导体集成电路和混合集成电路，该规范采用当时国际流行的合格产品目录（QPL）认证方式。

1989 年美军发布实施第二个关于的通用规范即 MIL-I-38535《集成电路（微电路）制造通用规范》，同年发布实施 MIL-H-38534《混合集成电路通用规范》，该两项规范均采用合格制造厂目录（QML）认证方式，半导体集成电路和混合集成电路也正式分离出来。

1994 年 MIL-I-38535 转变为 MIL-PRF-38535，PRF 意指“performance”，成为性能规范，文本结构发生了重大变化，不再强调“如何做”，而是强调“产品如何满足军方需求”。

这种变化是与美军标的改革密不可分的。

1994 年美国国防部（DoD）发布指令，全面改革军用规范和军用标准，要求在采办过程中更多地使用性能（performance）要求和民用要求，其目的是：1）促进军民工业生产一体化；2）降低成本；3）加大使用民用最新技术的力度。

美军半导体集成电路标准的改革可以说是技术发展所趋，集成电路技术在民用技术领域的飞速发展，低成本、高性能塑封器件的大量使用，民用计算机、内存和手机的飞速发展，都带动了集成电路技术的腾飞。

而在军事应用上，由于高可靠性的要求，在很多武器装备系统中，只能使用气密封装的陶瓷封装或金属封装的集成电路，而其用量又非常少。在自动化大批量生产的今天，QPL 认证模式下对单一产品的鉴定、合格维持不能适应技术发展的趋势，而随着人们对质量管理的认识，将更多的质量控制放入生产过程中，所以 QML 认证模式孕育而生。

国际电工委员会（IEC）采用鉴定批准（qualification approval）和能力批准（capability approval），在半导体集成电路领域，二十世纪六、七十年代采用鉴定批准模式发布了一系列的半导体集成电路规范；进入 90 年代后开始发布实施能力批准的 IEC-61739《集成电路生产线批准和质量管理程序》、IEC-61943《集成电路生产线批准应用指南》、IEC-61944《集成电路生产线批准　论证工具》等标准。

欧空局（ESA）在电子元器件领域，也分别采用鉴定批准和能力批准，即 ESCC 20100《宇航用电子元器件鉴定要求》和 ESCC24300《宇航用电子元器件技术能力/批准要求》。

鉴定批准基本是同美军的 QPL 认证模式相同的，而能力批准则是基本同美军的 QML 认证模式相同的。

所以 QML 认证是一种技术发展趋势。

2　MIL-PRF-38535 简述

MIL-PRF-38535 在美军已发布实施 20 年，现行版本是 2007 年发布的 H 版。

MIL-PRF-38535 是以过程基线为依据，评价承制方的制造过程，在认证的基线范围内，生产制造高质量的产品。它包含了 7 个质量等级即 QML 的 Q、V、N、T 级；QPL 的 B、S 级以及 M 级；Q 级为军用质量等级；V 级为宇航级，V 级器件预定用于航天应用中；N 级是塑封集成电路军用质量等级；T 级器件则是在 QML 生产线上制造的，并充分考虑用户要求的应用质量等级。M 级是制造厂未经 DSCC 认证，而自行宣称达到 MIL-STD-883 的方法 5004 和方法 5005 的要求的产品。其中 Q 级、V 级是和 QPL 的 B 级、S 级具有相同的质量保证水平。

MIL-PRF-38535 附录 A《微电路规范要求》内容以美军标 MIL38510 为技术参考依据，包含 QPL 内容。第一版的 MIL-I-38535 附录 A 为《B 级和 S 级微电路要求》，现已改为《微电路规范要求》。在美军转向 QML 体系后，MIL-M-38510 已停止更新，为了给仍执行 QPL 认证的制造厂以出路，所以在 38535 附录 A 保留了 38510 的内容。

MIL-PRF-38535 附录 B《航天应用》，是对 V 级宇航级器件的补充要求，规定了 V 级器件的筛选和技术一致性检验（TCI）程序。

MIL-PRF-38535 附录 C《辐射加固保证（RHA)》，是对供应 RHA 器件的承制方的补充要求，规定了 RHA 的 QML 认证要求，主要包括技术能力证明、现场审查、TCI 程序等内容。

MIL-PRF-38535 附录 D《统计抽样、试验与检验程序》，不论美军标 38535 的 TCI 程序还是 MIL-STD-883 中方法 5005“鉴定和质量一致性检验程序”都不再使用 LTPD 抽样检验，而改为固定样本抽样；不仅是半导体集成电路专业，美军的很多元器件专业都已采用固定样本抽样。

MIL-PRF-38535 附录 E《对海外加工生产线的认证和鉴定控制》，在 38535H 版中该部分已被删除。

MIL-PRF-38535 附录 F《对载带自动焊微电路的控制》，载带自动焊（TAB）是一种将集成电路安装和互连到柔性金属化聚合物载带上的组装技术。载带内引线键合到集成电路上，外引线键合到常规封装或印制电路板上，整个过程均自动完成。载带自动焊适用于超大规模集成电路的封装互连，主要用于集成电路自动化生产。

MIL-PRF-38535 附录 G《QML 体系》，本附录主要规定了质量管理大纲的内容、TRB 的职责、QM 计划，以及更改控制要素等。

MIL-PRF-38535 附录 H《认证和鉴定》，规定了 QML 认证鉴定程序，认证的主要内容是过程能力的证明，包括设计、晶圆制备、晶圆接收、组装和封装等内容。鉴定则是在认证合格后，用两种验证试样进行鉴定试验，通过后，可列入 QML。

MIL-PRF-38535 附录 J《技术一致性检验（TCI）和筛选要求》，具体给出了承制方进行筛选、技术一致性检验的要求：检验周期、检验样品等，是正文筛选和 TCI 的补充要求。

美军 QML 贯彻实施的中心内容是：鉴定机构对承制方的生产线认证，然后对其生产线的工艺、技术内容进行鉴定，鉴定合格后，该承制方的基线列入 QML，承制方可以在该基线范围内生产不同的产品，产品不再进行鉴定检验，只需进行技术一致性检验就可以供货，减少了费用昂贵的鉴定费用，适用于定制性强、批量小的产品；同样也可以促进新产品的应用。

截止 2009 年美军 QML 鉴定合格的制造厂有 42 家：其中 Q 级器件制造厂 23 家，Q 级和 V 级器件制造厂 19 家；鉴定合格生产线 457 条；从这些生产线生产的产品有 1 万 8 千余种：其中 SMD 产品 14175 个、M38510 产品 3666 个、QML 数据手册产品 626。

3 结束语

QML 认证方式与 ISO 9000 的质量管理内容有许多的相似之处，都强调过程管理，以满足用户需求为中心，不断的改进工作质量，以生产更高质量的产品。

半导体集成电路 QML 通用规范的发布实施，必然可以对我国的军工半导体的发展起到促进作用。

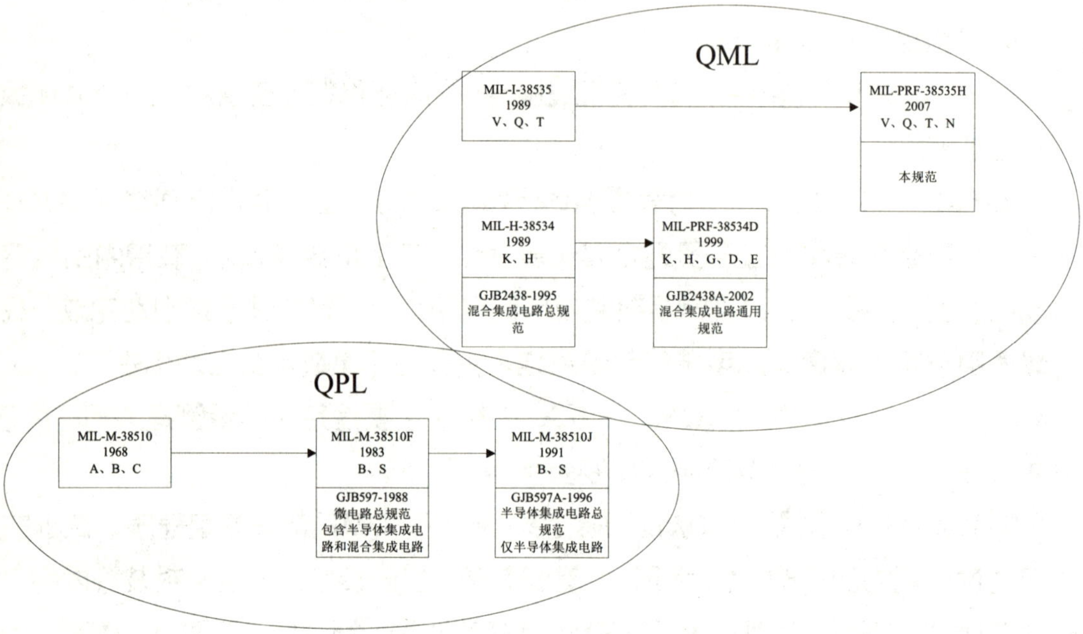

图 1　美军和我国微电路标准发展历程

电子元件篇

频率选择与控制元件国内外标准动态

李晓英

1　引言

频率选择与控制元器件，主要是指在电气电子设备中对频率选择或者进行控制的电子元器件，简称频率元件。主要包括谐振器、滤波器、振荡器、双工器等等。它们当中即有传统的石英晶体元件，又有新型的 MEMS 频率器件。这些元器件不仅遍布在无线移动通讯、家用电器等日常生活用品中，同时，在航天、航空、雷达、导航、通信等军事装备中也起着十分关键的作用。

伴随着频率选择与控制元器件产业的不断发展及生产技术水平的提高，国内外频率选择与控制元器件的标准化工作也在逐步展开。更多地了解国内外频率选择与控制元器件的标准动态，无论是对元器件的生产者和还是使用方都是十分有益的。

2　频率元件标准体系

频率元件标准体系基本分为基础和材料标准、元器件产品标准两大块，体系框图如图 1 所示：

3　民用标准

3.1　我国民用标准

我国的频率选择与控制元件的民用标准主要包括石英晶体元件、石英晶体振荡器、晶体滤波器、压电陶瓷谐振器和滤波器、声表面波谐振器和滤波器等，此外还有外壳、型号命名方法、测试方法等方面的国家标准和电子行业标准。此类标准由 SCA/TC182“全国频率控制和选择用压电器件标准化技术委员会”负责（对口 IEC/TC 49）。已发布或修订完成的频率元件相关国家标准及电子行业标准见表 1。

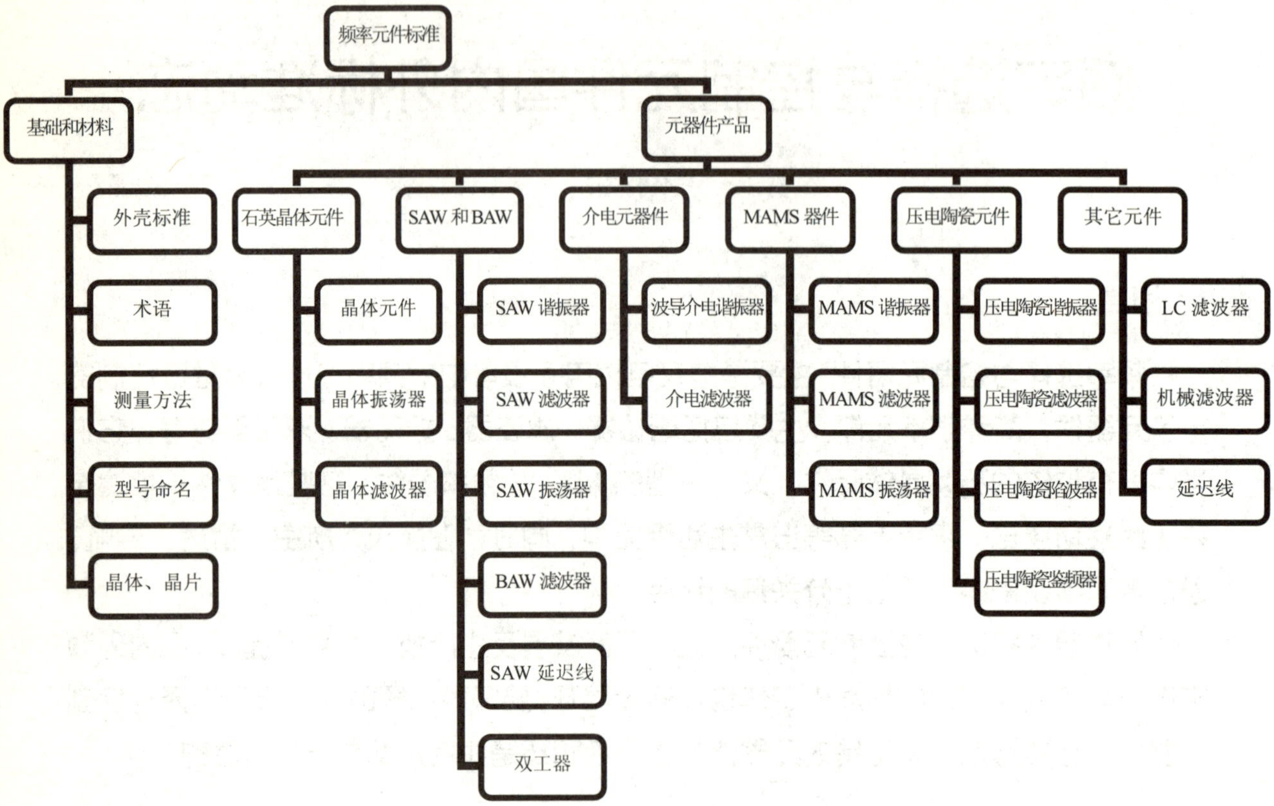

图 1　频率元件标准体系框图

表 1　国家标准和行业标准

序号	标准代号和编号	标　准　名　称
一、基础和材料标准		
1.1）壳座标准		
1	GB/T 8553－1987	晶体盒总规范
2	SJ/T 2816.1－1987	J1 型(锡焊)晶体盒详细规范
3	SJ/T 2816.2－1987	J1A 型(电阻焊)晶体盒详细规范
4	SJ/T 2816.3－1987*	J3 型(锡焊)晶体盒详细规范
5	SJ/T 2816.4－1987	J3A 型(电阻焊)晶体盒详细规范
6	SJ/T 2816.5－1987	J3B 型(冷压焊)晶体盒详细规范
1.2）术语标准		
1	SJ/T 10639－1995*	石英晶体元件术语
2	SJ/T 2179－1982*	压电滤波器术语和定义
3	SJ/T 1852－1981*	晶体振荡器名词术语
4	SJ/T 2569－1985*	声表面波滤波器术语和定义
5	SJ/T 2762－1987	声表面波振荡器名词术语
6	SJ/T 1750－1981	音叉音片谐振器名词术语
1.3）测量方法标准		
1	GB/T 11113－1989	人造石英晶体中杂质的分析方法
2	GB/T 11114－1989	人造石英晶体位错的 X 射线形貌检测方法
3	GB/T 22319.8－2008	表面贴装石英晶体元件的测试夹具
4	SJ/T 2052－1982*	30 兆赫以下石英谐振器和等效电路参数的测量方法-传输法
5	SJ/Z 9154.1－1987	用 π 型网络零相位法测量石英晶体元件参数　第 1 部分：用 π 型网络零相位法测量石英晶体元件谐振频率和谐振电阻的基本方法
6	SJ/Z 9154.2－1987	用 π 型网络零相位法测量石英晶体元件参数　第 2 部分：测量石英晶体元件动态电路的相位偏置法
7	SJ/Z 9154.3－1987*	用 π 型网络零相位法测量石英晶体元件参数　第 3 部分:利用有并电容 C0 补偿的 π 型网络相位法测量频率达 200MHz 的石英晶体元件两端网络参数的基本方法
8	SJ/T 11210　1999△	石英晶体元件参数的测量　第 4 部分:频率达 30MHz 石英晶体元件负载谐振频率和负载谐振电阻R_L的测量方法及其他导出参数的计算
9	SJ/T 11211－1999	石英晶体元件参数的测量 第 5 部分：采用自动网络分析技术和误差校确定等效电参数的方法
10	SJ/T 11212－1999	石英晶体元件参数的测量　第 6 部分:激励电平相关性(DLD)的测量
11	SJ/Z 9157－1987*	工作频率达 30MHz 的压电振子的标准定义和测量方法
12	SJ/T 2053－1982*	石英谐振器寄生响应测量方法

表 1（续）

序号	标准代号和编号	标准名称	
13	SJ/Z 9156－1987*	滤波晶体元件寄生谐振的频率和等效电阻的测量方法	
14	SJ/Z 9162－1987*	手表用 32KHz 石英晶体元件的测量方法和标准值	
15	SJ/Z 9158－1987*	石英晶体元件用温度控制装置	
16	SJ/T 10638－1995*	石英晶体振荡器测试方法	
17	SJ/T 10640－1995*	压电滤波器电性能测试方法	
18	SJ/Z 9159－1987	高机电耦合压电陶瓷的动态测量指南	
19	SJ/T 2570－1985*	声表面波滤波器性能测试方法	
20	SJ/T 3260－1989	音叉、音片谐振器电性能测试方法	
1.4）型号命名标准			
1	GB/T 6430－1986	晶体盒型号命名方法	
2	GB/T 6429－1986	石英谐振器型号命名方法	
3	GB/T 12275－1990	石英晶体振荡器型号命名方法	
4	GB/T 3351－1982	人造石英晶体的型号命名	
5	GB/T 6627－1986	人造石英晶体棒材型号命名方法	
6	GB/T 9532－1988	铌酸锂、钽酸锂、锗酸铋、硅酸铋压电单晶材料型号命名方法	已修订报批。名称改为：压电单晶材料型号命名方法
7	SJ/T 10184－1991	压电陶瓷谐振器型号命名方法	
8	SJ/T 10620－1995	压电滤波器型号命名方法	
9	SJ/T 10641－1995	声表面波滤波器型号命名方法	
10	SJ/T 1749－1981	音叉音片谐振器型号命名方法	
1.5）基础材料标准			
1	GB/T×××－××××	声表面波（SAW）器件用单晶晶片--规范与测量方法	（已报批）
2	GB/T 3352－1994	人造石英晶体	已合并修订报批。名称改为：人造石英晶体——规范与使用指南
3	GB/T 3353－1995	人造石英晶体使用指南	
4	GB/T 6628－1996	人造石英晶体制材	
二、元器件产品标准			
2.1）石英晶体类标准			
2.1.1）石英晶体元件标准			
1	GB/T 12273－1996（IEC 61178－1:1993）	石英晶体元件 电子元器件质量评定体系规范 第 1 部分:总规范	
2	GB/T 16516－1996（IEC 61178-2:1993）	石英晶体元件 电子元器件质量评定体系规范 第 2 部分:分规范-能力批准	

表 1（续）

序号	标准代号和编号	标 准 名 称	
3	GB/T 16517－1996（IEC 61178－3:1993）	石英晶体元件　电子元器件质量评定体系规范 第 3 部分:分规范-鉴定批准	
4	GB/T 15020－1994	电子设备用石英晶体元件 空白详细规范 电阻焊石英晶体元件 评定水平 E	已修订报批。名称改为：石英晶体元件 电子元器件质量评定体系规范 第 4-1 部分：空白详细规范　鉴定批准
5	GB/T 16516－1996	石英晶体元件 电子元器件质量评定体系规范 第 2 部分:分规范能力批准	
6	GB/T 16517－1996	石英晶体元件 电子元器件质量评定体系规范 第 3 部分:分规范鉴定批准	
7	SJ/T 10707－1996	石英晶体元件　电子元器件质量评定体系规范 第 2 部分:分规范-能力批准- 第 1 章:空白详细规范	
8	SJ/T 10708－1996	石英晶体元件　电子元器件质量评定体系规范 第 3 部分:分规范-鉴定批准- 第 1 章:空白详细规范	
9	SJ/Z 9152.1－1987*	频率控制和选择用石英晶体元件　第一部分:标准值和试验条件	
10	SJ/Z 9152.2－1987（IEC 60122－2:1988）	频率控制和选择用石英晶体元件　第二部分: 频率控制和选择用石英晶体元件使用指南	
11	SJ/Z 9152.3－1987*（IEC 60122－3:1988）	频率控制和选择用石英晶体元件第三部分:标准外形和插脚连接	
12	SJ/T 10015－1991**	JU38 型和 JU26 型钟表用 32KHz 音叉石英晶体元件技术条件	
13	SJ/T 9570.1－1995*	石英晶体元件质量分等标准	
2.1.2）石英晶体滤波器标准			
1	GB/T 22317.1－2008	有质量评定的压电滤波器 第 1 部分：总规范	
2	SJ/T 2182－1982*	压电滤波器总技术条件	
3	SJ/Z 9153.1－1987*	压电滤波器　第一部分:综合性资料,标准值和试验条件	
4	SJ/Z 9153.2－1987*	压电滤波器的第一次补充 第二章:压电滤波器使用指南	
5	SJ/Z 9153.3－1987*	压电滤波器的第二次补充 第二章:压电滤波器使用指南	
6	SJ/Z 9153.4－1987*	压电滤波器　第三部分: 标准外形	
7	SJ/T 2592－1985*	LSP 10.7MA(--E) 型石英晶体单片滤波器	
8	SJ/T 9570.2－1995*	石英晶体单片滤波器质量分等标准	
2.1.3）石英晶体振荡器标准			

表 1（续）

序号	标准代号和编号	标 准 名 称	
1	GB/T 12274－1990	石英晶体振荡器 总规范（可供认证用）	已修订报批（代替SJ/T11256-2001 及 GB 12274-1990）名称改为：石英晶体振荡器总规范 第 1 部分：总规范
2	SJ/Z 9155.2－1987	石英晶体振荡器 第二部分:石英晶体振荡器使用指南	
3	SJ/T11257－2001△	质量评定的石英晶体振荡器 第 5 部分：分规范 鉴定批准	
4	SJ/T11258－2001△	质量评定的石英晶体振荡器 第 5-1 部分：空白详细规范 鉴定批准	
5	SJ/T9570.3－1995*	石英晶体振荡器质量分等标准	
2.2）声表面波、声体波标准			
2.2.1）声表面波谐振器标准			
1	GB/T22318.1－2008	声表面波谐振器-第 1-1 部分:总则和标准值	
2	GB/T22318.2－2008	声表面波谐振器-第 1-2 部分:-试验条件	
2.2.2）声表面波滤波器标准			
1	GB/T××××－×××	声表面波滤波器 第 1 部分：总规范	已报批
2	GB/T××××－×××	声表面波滤波器 第 2 部分：使用指南	已报批
3	SJ/Z 9161.1－1987*	声表面波ＳＡＷ滤波器 第一部分：综合性资料、试验条件和试验方法	
4	SJ/Z 9161.2－1987*	声表面波滤波器 第三部分： 标准外形	
5	SJ/T 2968－1988*	电子设备用声表面波滤波器 总规范	
6	SJ/T 2969－1988*	声表面波滤波器 分规范 黑白广播电视中频电路用声表面波滤波器	
7	SJ/T 2970－1988*	声表面波滤波器 空白详细规范 黑白广播电视中频电路用声表面波滤波器	
8	SJ/T 2971－1988*	声表面波滤波器 分规范 彩色广播电视中频电路用声表面波滤波器	
9	SJ/T 2972－1988*	声表面波滤波器 空白详细规范 彩色广播电视中频电路用声表面波滤波器	
10	SJ/T 9572.1－1995*	彩色电视广播接收机中频电路用声表面波滤波器质量分等标准	
11	SJ/T 9572.2－1995*	黑白电视广播接收机中频电路用声表面波滤波器质量分等标准	
2.2.3）声表面波延迟线标准			
1	SJ/T 2974－1988*	YBL 型彩色广播电视接收机用亮度延迟线详细规范	
2	SJ/T 2975－1989*	YTS 型彩色广播电视接收机用色度延迟线详细规范	
3	SJ/T 9573.1－1995*	彩色电视广播接收机用亮度延迟线质量分等标准	
4	SJ/T 9573.2－1995*	彩色电视广播接收机用色度延迟线质量分等标准	

表 1（续）

序号	标准代号和编号	标 准 名 称	
2.2.4）声表面振荡器标准			
1	SJ/T 2763－1987*	声表面波振荡器外形尺寸	
2.3）介电元件标准			
2.4）MEMS 器件标准			
2.5）压电陶瓷元件			
2.5.1）压电陶瓷谐振器标准			
1	GB/T 12859－1991	电子设备用压电陶瓷谐振器总规范（可供认证用）	已修订报批。名称改为：电子设备用压电陶瓷谐振器总规范
2	GB/T 12860－1991	电子设备用压电陶瓷谐振器 分规范低频压电陶瓷谐振器	已合并修订报批。名称改为：电子元器件质量评定体系规范压电陶瓷谐振器第 2 部分：分规范-鉴定批准
3	GB/T 12862－1991	电子设备用压电陶瓷谐振器 分规范高频压电陶瓷谐振器	
4	GB/T 12861－1991	电子设备用压电陶瓷谐振器 空白详细规范 低频压电陶瓷谐振器评定水平 E	已合并修订报批。名称改为：电子元器件质量评定体系规范 压电陶瓷谐振器 第 2-1 部分：空白详细规范-评定水平 E
5	GB/T 12863－1991	电子设备用压电陶瓷谐振器 空白详细规范 高频压电陶瓷谐振器评定水平 E	
6	SJ/Z 9160－1987*	频率控制和选择用压电陶瓷谐振子和谐振器	
7	SJ/T 9571.1－1995*	低频压电陶瓷谐振器质量分等标准	
2.5.2）压电陶瓷滤波器标准			
1	GB/T 17190－1997	电子设备用压电陶瓷滤波器 电子元器件质量评定体系规范 第 1 部分：总规范 鉴定批准	
2	GB/T 12864－1997	电子设备用压电陶瓷滤波器 电子元器件质量评定体系规范 第 2 部分：分规范 - 鉴定批准	
3	GB/T 12865－1997	电子设备用压电陶瓷滤波器 电子元器件质量评定体系规范 第 2 部分：第一章:空白详细规范 - 评定水平 E	
4	SJ/T 2956－1988*	电子设备用压电陶瓷滤波器 总规范	
5	SJ/T 2957－1988*	电子设备用压电陶瓷滤波器 分规范电视伴音中频电路用压电陶瓷滤波器	
6	SJ/T 2958－1988*	电子设备用压电陶瓷滤波器 空白详细规范 电视伴音中频电路用压电陶瓷滤波器	

表 1（续）

序号	标准代号和编号	标准名称
7	SJ/T 2959－1988*	电子设备用压电陶瓷滤波器　详细规范 LT6.5MB 型压电陶瓷滤波器
8	SJ/T 10007－1991*	电子设备用压电陶瓷滤波器详细规范 LT48B 等型载波机用带通压电陶瓷滤波器
9	SJ/T 10008－1991*	电子设备用压电陶瓷滤波器详细规范 LT13.2M 型载波机用带通压电陶瓷滤波器
10	SJ/T 10009－1991*	电子设备用压电陶瓷滤波器详细规范 LT300B 等型载波机用带通压电陶瓷滤波器　评定水平 E
11	SJ/T 10010－1991*	电子设备用压电陶瓷滤波器详细规范 LT465K-2 型载波机用带通压电陶瓷滤波器　评定水平 E
12	SJ/T 10011－1991*	电子设备用压电陶瓷谐振器详细规范 XZT500 型载波机用压电陶瓷谐振器评定水平 E
13	SJ/T 11139－1997*	电子设备用压电陶瓷滤波器详细规范 ＬＴ４５５Ｗ型压电陶瓷滤波器 评定水平Ｅ
14	SJ/T 10634－1995*	电子设备用压电陶瓷滤波器 空白详细规范：调频无线电设备用压电陶瓷滤波器 评定水平Ｅ
15	SJ/T 10636－1995*	电子设备用压电陶瓷滤波器 分规范：调频无线电设备用压电陶瓷滤波器（可供认证用）
16	SJ/T 9571.1－1995*	低频压电陶瓷谐振器质量分等标准
17	SJ/T 9571.2－1995*	电视伴音中频电路用压电陶瓷滤波器质量分等标准
2.6）其它产品标准		
1	GB/T 15156－1994	压电陶瓷换能元件总规范
2	SJ/T 2960－1988**	电子设备用压电陶瓷陷波器 总规范
3	SJ/T 2961－1988**	电子设备用压电陶瓷陷波器 分规范 电视视频吸收回路用压电陶瓷陷波器
4	SJ/T 2962－1988**	电子设备用压电陶瓷陷波器 空白详细规范 电视机视频吸收回路用压电陶瓷陷波器 评定水平Ｅ
5	SJ/T 2963－1988*	电子设备用压电陶瓷陷波器 详细规范 ＸＴ６．５ＭＢ型压电陶瓷陷波器
6	SJ/T 2967－1988*	电子设备用压电陶瓷鉴频器 详细规范 ＪＴ６．５ＭＤ型压电陶瓷鉴频器
7	SJ/T 2964－1988**	电子设备用压电陶瓷鉴频器 总规范
8	SJ/T 2965－1988**	电子设备用压电陶瓷鉴频器 分规范 电视伴音中频鉴频电路用压电陶瓷鉴频器
9	SJ/T 2966－1988**	电子设备用压电陶瓷鉴频器 空白详细规范 电视伴音中频鉴频电路用压电陶瓷鉴频器

表 1（续）

序号	标准代号和编号	标 准 名 称
10	SJ/T 10709－1996**	压电陶瓷蜂鸣片总规范
11	SJ/T 9571.3－1995*	电视伴音中频鉴频电路用压电陶瓷鉴频器质量分等标准
12	SJ/T 9571.4－1995*	电视视频吸收回路用压电陶瓷陷波器质量分等标准
13	SJ/T 9571.5－1995*	压电陶瓷蜂鸣片质量分等标准
14	SJ/T 1751－1981	音叉音片谐振器标称频率系列
15	SJ/T 3259－1989	音叉、音片谐振器总技术条件

注：*为 2009 年行标清理时被建议为废止的标准。
**为 2009 年行标清理时被建议修订的标准。

截止 2009 年 12 月，我国共制定频率元件标准 129 个。其中国家标准 35 个（其中 4 个已修订并报批中，3 个新制定报批中，7 个分别被合并修订为 3 个），行业标准 94 个。自主制定标准 85 个，采用国际先进标准 44 个，占标准总数的 34%。80 年代制定标准 66 个，占标准总数的 51%，主要以行标为主；90 年代制定标准 54 个，占标准总数的 42%，其余 9 个是 2000 年以后近十年发布（含已报批）的标准，占标准总数的 7%。

由于我国频率元件专业的整体技术水平和生产能力仍落后于国外发达国家，因此，制修订标准基本处于采用国际标准的状态，只有个别技术要求上根据我国具体情况略有提高和修改。这些标准中除一部分等同或等效采用国际电工委员会 IEC/TC49 的标准外，主要集中在为配合彩电国产化而制定的一批产品标准、90 年代为部评优而制定的一批质量分等标准，此外，部分外壳标准是参照采用 MIL 晶体元件外壳标准制定，还有一些根据当时实际产品需求而制定的标准。

根据目前我国频率元件标准现状，可以看出，相当部分标准的技术内容陈旧，一些近年来发展起来的微波介质类器件、声体波及表面安装器件的标准存在一定缺失，标准技术内容已跟不上时代的发展；从标准体系和配套上看，由于种种原因，标准的配套性较差，行标和国标之间的关系很难一目了然，而且有些行标已升为国标，但行标却未进行及时清理和废止。

3.2 国际电工委员会 IEC/TC49 标准

3.2.1 IEC/TC49 背景介绍

国际电工委员会 IEC/TC49“频率控制与选择用压电和介电器件委员会”是专门负责开展频率控制与选择用压电和介电器件及相关材料的国际标准化组织。IEC/TC49 成立于 1960 年 11 月，在此之前，由 TC40-3“电子元件”分委员会负责管理开展石英晶体元件标准化工作。成立近半个世纪以来，随着相关工艺和产品的发展，如声表面波（SAW）器件、介电器件及 MEMS 器件的发展，TC49 委员会经历了四次名称演变过程（见表 2）。

表 2　IEC/TC49 委员会名称变化

阶段	时　间	名　称
1	1960 年～1970 年	压电晶体及其相关器件
2	1970 年～1989 年	频率控制与选择用压电器件
3	1989 年～2009 年	频率控制与选择用压电和介电器件
4	2009 年～	频率控制、选择与探测用压电、介电和静电器件及相关材料

随着委员会各阶段名称的变化，目前的工作范围也随之调整为：开展频率控制、选择与探测用压电、介电和静电器件，如：谐振器、滤波器、振荡器、传感器和相关产品（不包括 TC29 及 SC100B 涉及的压电传感器），以及相关材料的 IEC 国际标准。

2009 年起，TC49 委员会下设 8 个工作组（WG）各工作组业务范围见表 3。

表 3　IEC/TC49/WG 名称及范围

工作组	名 称	工 作 范 围
WG 1	压电晶体和压电陶瓷器件	开展石英晶体元件的 IEC 标准并配合 TC 机构开展 TC49 范围内的 IECQ 规范。
WG 5	频率控制与选择用材料	开展频率控制和选择用压电、介电和压电陶瓷材料标准
WG 6	测量方法	开展频率控制和选择用压电和介电和压电器件测量方法标准
WG 7	石英晶体控制振荡器	开展石英晶体可控振荡器的 IEC 标准
WG 9	外壳及相关工艺	修订和批准 TC49 范围内及与此有关的满足使用要求的外壳图纸
WG 10	声表面波（SAW）和介电器件	开展声表面波和介电器件的 IEC 标准
WG 11	术语	开展基于 TC49 所有工作组召集人所提供的 TC49 术语和定义标准，并依据当前技术发展水平进行更新。
WG 12	频率控制与选择用 MEMS 器件	开展频率控制与选择用 MEMS 器件的 IEC 标准

3.2.2　标准出版物及工作文件

截止目前 IEC/TC49 共有 70 个产品标准及基础标准正式出版物（见表 4）。6 个新工作项目（WP），8 个修订工作项目（*）。

表 4　IEC/TC49 标准清单

序号	IEC 标准号	标准名称
1	IEC 60122-1 (2002-08)	质量评定用石英晶体元件 第 1 部分：总规范
2	IEC 60122-2 (1983-01)	频率控制与选择用石英晶体元件　第 2 部分：石英晶体元件使用指南
3	IEC 60122-2-1 (1991-07) am1 (1993-09)	频率控制与选择用石英晶体元件　第 2 部分：石英晶体元件使用指南　第 1 节：微处理器时钟用
4*	IEC 60122-3 (2001-07)	质量评定用石英晶体元件　第 3 部分：外形尺寸和引出线
5	IEC 61178-2 (1993-03)	石英晶体元件　电子元件 IEC 质量评定体系（IECQ）规范 第 2 部分：分规范 能力批准、部分）
6	IEC 61178-2-1 (1993-03)	石英晶体元件　电子元件 IEC 质量评定体系（IECQ）规范 第 2 部分：分规范 能力批准、第 1 节：空白详细规范
7	IEC 61178-3 (1993-03)	石英晶体元件　电子元件 IEC 质量评定体系（IECQ）规范 第 3 部分：分规范 鉴定批准
8	IEC 61178-3-1 (1993-03)	石英晶体元件　电子元件 IEC 质量评定体系（IECQ）规范 第 3 部分：分规范 鉴定批准第 1 节：空白详细规范
9	IEC 60368-1 (2000-03) am1 (2004-08)	质量评定用压电滤波器　第 1 部分：总规范
10	IEC 60368-2-1 (1988-06)	质量评定用压电滤波器　第 2 部分：使用指南　第 1 节：石英晶体滤波器
11	IEC 60368-2-2 (1996-07)	质量评定用压电滤波器　第 2 部分：使用指南 第 2 节：压电陶瓷滤波器
12*	IEC 60368-3 (2001-07)	质量评定用压电滤波器 第 3 部分：外形尺寸和引出线
13	IEC 60368-4 (2000-08)	质量评定用压电滤波器　第 4 部分：分规范：能力批准
14	IEC 60368-4-1 (2000-11)	质量评定用压电滤波器 第 4-1 部分：能力批准空白详细规范
15	IEC 61261-1 (1994-03)	电子设备用用压电陶瓷滤波器 电子元件 IEC 质量评定体系（IECQ）规范　第 1 部分：总规范 鉴定批准
16	IEC 61261-2 (1994-03)	电子设备用用压电陶瓷滤波器 电子元件 IEC 质量评定体系（IECQ）规范 第 2 部分：分规范 鉴定批准、
17	IEC 61261-2-1 (1994-03)	电子设备用用压电陶瓷滤波器 电子元件 IEC 质量评定体系（IECQ）规范 第 2 部分：分规范 鉴定批准、第 1 节：空白详细规范 评定水平 E
18	IEC 60444-1 (1986-08) am1 (1999-08)	石英晶体元件参数测量方法 用 π 型网络零相位法测量石英晶体元件参数 第 1 部分: 用 π 型网络零相位法测量石英晶体元件谐振频率和谐振电阻的基本方法

表 4（续）

序号	IEC 标准号	标准名称
19	IEC 60444-2 (1980-01)	石英晶体元件参数测量方法 用π型网络零相位法测量石英晶体元件参数 第 2 部分：测量石英晶体元件动态电路的相位偏置法 用π型网络零相位法测量石英晶体元件参数
20	IEC/TR 60444-4 (1988-06)	石英晶体元件参数测量方法 用π型网络零相位法测量石英晶体元件参数 第 4 部分:频率达 30MHz 石英晶体元件负载谐振频率f_L和负载谐振电阻R_L的测量方法及其他导出参数的计算
21	IEC 60444-5 (1995-04)	石英晶体元件参数测量方法第 5 部分：采用自动网络分析技术和误差校 正确定等效电参数的方法
22*	IEC 60444-6 (1995-03)	石英晶体元件参数的测量　第 6 部分：激励电平相关性(DLD)的测量
23	IEC 60444-7 (2004-04)	石英晶体元件参数的测量　第 7 部分：激活性和频率下降的测量
24	IEC 60444-8 (2003-10)	石英晶体元件参数的测量 第 8 部分：表面安装晶体元件试验夹具
25	IEC 60444-9 (2007-02)	石英晶体元件参数测量方法第 9 部分：压电晶体元件假响应的测量
WP	IEC/TS 60444-10（NP）	频率控制和选择用压电和介电器件 石英晶体元件参数测量 GHz 频段等效电参数测量方法
WP	IEC 60444-11（CDV）	石英晶体元件参数测量 第 11 部分：使用自动网络分析技术测量负载谐振频率(fL)和等效负载电容(CLeff)方法及其修正
26	IEC 60483 (1976-01)	高机电耦合系数压电陶瓷动态测量指南
27	IEC 60642 (1979-01) am1 (1992-09)	频率控制与选择用压电陶瓷谐振器及谐振元件 第 1 篇：标准值和条件，第 2 篇：测量和试验条件
28	IEC 60642-2 (1994-02)	压电陶瓷谐振元件 第 2 部分：压电陶瓷谐和振元件的使用指南
29	IEC 60642-3 (1992-03)	压电陶瓷谐振器 第 3 部分：外形尺寸
30	IEC 61253-1 (1993-12)	压电陶瓷谐振器 电子元件 IEC 质量评定体系（IECQ）规范：第 1 部分：总规范 鉴定批准
31	IEC 61253-2 (1993-12)	压电陶瓷谐振器 电子元件 IEC 质量评定体系（IECQ）规范 第 2 部分：分规范 鉴定批准
32	IEC 61253-2-1 (1993-12)	压电陶瓷谐振器 电子元件 IEC 质量评定体系（IECQ）规范 第 2 部分：分规范 鉴定批准、第 1 节：空白详细规范 评定水平 E
33	IEC 60679-1 (2007-04)	质量评定用石英晶体振荡器　第 1 部分：总规范
34	IEC 60679-2 (1981-01)	质量评定用石英晶体振荡器　第 2 部分：使用指南

表 4（续）

序号	IEC 标准号	标准名称
35*	IEC 60679-3 (2001-07)	质量评定用石英晶体振荡器　第 3 部分：外形尺寸与引线连接
36	IEC 60679-4 (1997-11)	质量评定用石英晶体振荡器　第 4 部分：分规范：能力批准、
37	IEC 60679-4-1 (1998-02)	质量评定用石英晶体振荡器　第 4-1 部分：能力批准空白详细规范
38	IEC 60679-5 (1998-04)	质量评定用石英晶体振荡器　第 5 部分：分规范：鉴定批准、
39	IEC 60679-5-1 (1998)	质量评定用石英晶体振荡器　第 5-1 部分：鉴定批准空白详细规范
40*	IEC/PAS 60679-6 (2008-02)	质量评定用石英晶体振荡器　第 6 部分：石英晶体振器和 SAW 振荡器相位抖动测量方法
41	IEC 60689 (2008-11)	10 kHz～200 kHz 石英晶体元件音叉测量和试验方法及标准值
42	IEC 60758 (2008-11)	人造石英晶体　规范和使用指南
43	IEC 60862-1 (2003-05)	质量评定用声表面波（SAW）滤波器　第 1 部分：总规范
44	IEC 60862-2 (2002-05)	质量评定用声表面波（SAW）滤波器　第 2 部分：使用指南
45	IEC 60862-3 (2003-10)	质量评定用声表面波（SAW）滤波器　第 3 部分：外形尺寸
46	IEC 61019-1 (2004-11)	质量评定用声表面波（SAW）谐振器　第 1 部分：总规范
47	IEC 61019-2 (2005-05)	质量评定用声表面波（SAW）谐振器　第 2 部分：使用指南
48	IEC 61019-3 (1991-12)	质量评定用声表面波（SAW）谐振器　第 3 部分：外形尺寸
49	IEC 61080 (1991-12)	石英晶体元件等效电参数测量指南
50*	IEC 61240 (1994-12)	压电器件　频率控制与选择用表面安装器件（SMD）外形图的确定　一般原则
51	IEC 61337-1 (2004-11)	采用波导型介电谐振器的滤波器　第 1 部分：总规范
52	IEC 61337-2 (2004-07)	采用波导型介电谐振器的滤波器　第 2 部分：使用指南
53	IEC 61338-1 (2004-11)	波导型介电谐振器　第 1 部分：总规范
54	IEC 61338-1-3 (1999-11)	波导型介电谐振器　第 1-3 部分：基本信息和试验条件　介电谐振器材料微波频率复介电常数测量方法
55	IEC 61338-1-4 (2005-11)	波导型介电谐振器　第 1-4 部分：基本信息和试验条件：介电谐振器材料毫米波频率下复介电常数测量方法
WP	IEC/PAS 61338-1-5	波导型介电谐振器　第 5-1 部分：基本信息和试验条件：介电谐振器材料微波频率下导体与介质基体间界面电导率测量方法
56	IEC 61338-2 (2004-05)	波导型介电谐振器　第 2 部分：振荡器和滤波器使用指南
57	IEC 61338-4 (2005-03)	波导型介电谐振器　第 4 部分：分规范、
58	IEC 61338-4-1 (2005-03)	波导型介电谐振器　第 4-1 部分：空白详细规范
59*	IEC 61837-1 (1999-05)	频率控制和选择用表面安装压电器件　标准外形和引线连接　第 1 部分：塑料外壳

表 4（续）

序号	IEC 标准号	标准名称
60*	IEC 61837-2 (2000-08)	频率控制和选择用表面安装压电器件 标准外形和引线连接 第 2 部分：陶瓷外壳
61	IEC 61837-3 (2000-08)	频率控制和选择用表面安装压电器件 标准外形和引线连接 第 3 部分：金属外壳
62	IEC 61837-4 (2004-05)	频率控制和选择用表面安装压电器件 标准外形和引线连接 第 4 部分：复合外壳
63	IEC/TS 61994-1 (2007-08)	频率控制与选择用压电和介电器件 术语 第 1 部分：压电和介电谐振器
64	IEC/TS 61994-2 (2000-08)	频率控制与选择用压电和介电器件 术语 第 2 部分：压电和介电滤波器
65	IEC/TS 61994-3 (2004-03)	频率控制与选择用压电和介电器件 术语 第 3 部分：压电和介电振荡器
66	IEC/TS 61994-4-1 (2007-08)	频率控制与选择用压电和介电器件 术语 第 4-1 部分：压电材料 人造石英晶体
67	IEC/TS 61994-4-2 (2003-12)	频率控制与选择用压电和介电器件 术语 第 4-2 部分：压电和介电材料 压电陶瓷
68	IEC/TS 61994-4-3 (2008-02)	频率控制与选择用压电和介电器件 术语 第 4-3 部分：材料 介电器件用材料
69	IEC/TS 61994-4-4 (2005-05)	频率控制与选择用压电和介电器件 术语 第 4-4 部分：材料 SAW 器件用材料
70	IEC 62276 (2005-05)	SAW 器件用单晶片 规范和测量方法
WP	IEC 62575-2(CD)	质量评定用射频声体波(BAW)滤波器 第 2 部分：使用指南
WP	IEC 62604-2(CDV)	声表面波(SAW)和声体波(BAW)双工器 第 2 部分：使用指南
WP	IEC 62643-1(NP)	质量评定用 MEMS 振荡器 第 1 部分：总规范

3.2.3 IEC/TC49 标准现状及发展趋势

从表 2 可以看出，IEC/TC49 频率选择与控制元件的各类标准具有以下特点：

- 系统性较强，标准框架结构相对清楚。由于 IEC 标准的改革，IECQ 不独立作为一套规范形式出现，而是以相应产品的第 4 部分及第 4-1 部分：能力批准分规范及空白详细规范、第 5 部分及第 5-1 部分：鉴定批准分规范及空白详细规范的形式出现；
- 完善了压电器件用材料规范及测量方法标准；
- 单独制定了新的不同器件或材料用技术术语等标准；
- 产品标准预期结构的趋于统一，即：

  质量评定用×××产品　第 1 部分：总规范

第 2 部分：使用指南
第 3 部分：外形尺寸与引线连接
第 4 部分：分规范：能力批准
第 4-1 部分：能力批准空白详细规范
第 5 部分：分规范：鉴定批准
第 5-1 部分：鉴定批准空白详细规范
……

● 正在着手制定射频声体波(BAW)滤波器、声表面波(SAW)和声体波(BAW)双工器及 MAMS 振荡器等有关新技术产品标准。

4 军用标准

4.1 我国军用标准

4.1.1 概述

目前我国已制定频率元件的相关军用标准十余项，详见表 6。军用规范分为总规范和产品详细规范。主要作为军方采购电子元器件参考的重要标准依据。此类标准针对不同门类的产品及应用特点，给出产品所使用的材料、设计结构、外观、电气性能及环境适应性要求。与民用标准不同的是，军用标准有明确的质量保证规定，其中包括产品的鉴定检验、逐批检验、及周期检验的检验项目、抽样方案、失效判据及明确的电气测量方法相对严格的物理、机械、环境试验条件。

表 5　频率元件军用标准

产品类别	标准号	标准名称	适用范围
石英晶体元件	GJB 2138－1994	石英晶体元件总规范（已修订报批GJB2138A）	石英晶体谐振器（基频及泛音）、金属外壳、电阻焊及冷压焊
	GJB 1648－1993	晶体振荡器总规范（已修订报批GJB1648A）	产品类型：ZA 型：普通晶体振荡器（含钟振）、ZB 型：压控晶体振荡器、ZC 型：温补晶体振荡器、ZD 型：恒温控制晶体振荡器、ZE 型：温补压控晶体振荡器、ZF 型：温控压控晶体振荡器、ZG 型：微机补偿晶体振荡器、ZJ 型：铷—晶体振荡器。 制作工艺结构：1 类（分立元件结构）、2 类（混合集成结构）及 3 类（复合结构）。
信号滤波器	GJB 1508－1992	石英晶体滤波器总规范	500MHz 以内的分立、单片石英晶体滤波器及其它压电晶体滤波器
	GJB 1511－1992	压电陶瓷滤波器总规范	适用于由压电陶瓷振子构成的中频滤波器
	GJB 264－1987	机械滤波器总规范（正在修订报批）	适用于频率范围在 50Hz～500kHz 以内的由金属振子构成的低频机械滤波器
	SJ 20764－1999	介电滤波器总规范	适用于工作频率在 300MHz～40GHz 范围的微波介电无源滤波器
	GJB ××××	LC 滤波器通用规范（正在制定中）	由电感电容组成的射频信号滤波器
声表(体)波器件	GJB 2600A－2009	声表面波器件通用规范	适用于气密封装的带或不带无源阻抗匹配元件的声表面波器件。包括：带通滤波器、谐振器、卷积器、延迟线、展宽线、压缩线等无源声表面波器件。
	GJB 3158－1998	声体波微波延迟线总规范	用于工作频率 在 300MHz～18GHz 范围的声体波微波延迟线
	GJB 3515－1999	声表面波振荡器总规范	适用于声表面波振荡器
基础标准	GJB 3514－1999	声表面波器件电性能测试方法	声表面波器件主要电性能测试

4.1.2　军标分类

过去的军标分类号有：FL5955（晶体元件、晶体振荡器）、FL5999（声表面波器件）和 FL5915（滤波器）。考虑到国际电工委员会是将晶体、压电、介电、SAW 类等产品（谐振器、滤波器、振荡器）划归在 IEC/TC49“频率选择与控制元件”内，因此，按 GJB832A-2005《军用标准文件分类》，上述产品现在分类号为：FL6104。

但用于降低电源线与地间产生噪声的 LC 共模滤波器、除去让数字信号失真的高次谐波噪声成份的片式磁珠滤波器，夹持在电缆线上的噪声滤波器及其它电源滤波的 LC 抑制电磁干扰滤波器及穿心滤波电容器等属于 EMI 滤波器的产品则不属于本专业范畴。这些产品目前的分类号为：FL6103（过去为 FL5915）。

4.1.3 标准内容

所有军用标准均对相应产品的技术要求、试验方法、检验规则等内容进行了规定。其中技术要求主要对元件所使用的材料进行了一般性规定，此外，对产品的主要电性能、绝缘性能（耐电压、绝缘电阻）、引出端性能（可焊性、耐焊接热、引出端强度）、环境适应性能（温度冲击、振动、冲击、高低温度贮存、耐湿、稳态加速度、低气压、高温寿命、盐雾等）均做出了明确要求。而元件绝大多数试验方法（除电性能测试方法外），均采用 GJB360《电子及电气元件试验方法》。

4.2 国外军用标准

目前，涉及频率元件的国外军用标准主要为石英晶体元件、石英晶体振荡器、声表面波器件（滤波器）、LC、晶体及其它机电滤波器、无源延迟线等。并主要涉及美国军用 MIL 标准、美国航天中心 NASA 标准、欧洲航天中心 ESCC 标准等。

4.2.1 MIL 标准

截止目前为止，美军频率控制与选择元件主要集中在 FSC 5950、FSC 5915 和 FSC 5999 三个分类中，其中，各分类中的标准有：

- FSC 5955 晶体与振荡器：

  MIL-PRF-3098J：2007 石英晶体元件总规范。下属 94 个详细规范。覆盖频率范围 0.8 MHz～125MHz，其中包括控温型和非控温型。有泛音次数有基频、三次泛音和五次泛音。20MHz 以上的晶体基本是泛音倍频而成。工作温度围大部分在-55℃～105℃、-40℃～90℃。多数产品引出端结构与目前国内产品存在出入。

  MIL-PRF-55310E：2006 晶体振荡器总规范。下属 30 个详细规范。覆盖频率范围 50Hz～200MHz。所有振荡器全部为普通晶振（XO），没有一个温补、压控或恒温晶振。而且内部结构多数为 2 类结构（混合集成结构），标准中规定，即使是 1 类（分立结构）或 3 类（复合结构）结构，产品考核也全部应满足 2 类结构产品要求。这一要求相当严格。这些详细规范规定的贮存温度全部是-62℃～125℃，工作温度有三档温度稳定性对应：-20℃～70℃、-55℃～105℃、-55

℃～125℃。

每个详细规范规定的质量等级均为三个，S 级、B 级、C 级。但从 NASA 应用的产品中，只有一个详细规范中的产品达到了 S 级，且未规定耐辐照要求。

- FSC 5915 滤波器与滤波网络：

MIL-F-18327E：1981 高通低通带通带阻滤波器总规范。1994 年做了第 3 次更改后，在 1999 年宣布该标准对新设计不采用，只用于元件替代使用。该标准包括的产品对象有：LC 滤波器、压电滤波器、其它电磁滤波器。下属 77 个详细规范也已全部废止。

- FL5999 各类电子电气产品

MIL-S-49344：1984 声表面波器件总规范，1999 年废止且无替代标准。下属 1 个详细规范已废止。

PRF-PRF-83531C：2008 无源延迟线总规范。该标准 1987 制定第 1 版，之后进行了两次改版。国内尚未制定此产品总规范。该标准适用于带抽头或不带抽头无原延迟线。该标准从 1998 年开始出现质量等级。该标准规定了两个产品质量等级：一是高可靠性筛选 M 级，二是筛选取级 C 级。该标准规定，只要延迟线的性能参数相同，在得到采办机构同意后，经受 100%筛选试验的 M 级产品可以替代未经受 100%筛选试验的 C 级产品。C 级产品鉴定是建立在 B 级产品基础之上。在承制方要求下，对 C 级产品允许只对外壳按 B 级要求进行鉴定。有关产品在设计、设备、制造、工艺、材料应与最交付产品一致，并且达到 B 级要求。C 级产品的连续鉴定取决于 B 级产品的鉴定维持。C 级产品的 A 组检验由体系保证。下属仅有二个详细规范。

4.2.2 美国 NASA 和 GSFC 标准

目前美国航天局和航天飞行中心涉及频率元件只发现了两个文件及标准：

- NASA/EEE-INST-002《第 C3 章 晶体元件》、《第 C4 章 晶体振荡器》。

该文件主要对晶体元件及晶体振荡器的要求、筛选要求、附加的电气测量、鉴定试验要求、元件降额要求等内容做出了规定。该文件主要用于航天用晶体元件和振荡器的采购规范，其采购规范分为三个等级，各等级分别对 MIL 规范、规范控制图纸（SCD）及商用产品的应用给出明确要求，有直接采用的、有经过筛选、或鉴定后使用的。

- GSFC S-311-P-8（17）：1973“空间用晶体元件”专门针对空间用晶体元件做了规定。该标准与 MIL-PRF-3098 的规定有所区别，主要体现在晶体元件的筛选要求、试验条件及频率老化方式等内容。

4.2.3 ESCC 标准

欧洲宇航局（ESA）和所属各国家空间局，使用部门，通过欧洲和有代表性的元件制造商近年的努力，为改善和优化欧洲宇航元件的区域市场，于 2002 年 10 月 8 日在ESA总部巴黎成立了“欧洲宇航元件协调中心（**ESCC**）”。ESCC建立的目是要最大限度地利用其成员的资源和技术，以避免重复工作，鼓励其成员间的相互承认，改善其效率，并且，根据行业间对欧洲宇航局需求的快速反映能力，通过竞争以获取宇航用高可靠性电子元器件。

欧洲宇航元件协调中心（ESCC）是欧洲航天局、元器件使用者和元器件制造商的长期合作伙伴，它为航空航天工程提供适合的电子、电气和机电元件(简称EEE 元件)。

ESCC 规范系统包括基础规范、总规范和详细规范。其中：

- 基础规范：规定了适合于所有 ESCC 元器件的试验方法、鉴定方法和一般要求；
- 总规范：规定了不同门类元器件的筛选试验、周期试验、批接收试验及鉴定试验的要求；
- 详细规范：规定了个个不同元器件的具体性能要求。

在元件类 ESCC 总规范中，根据试验项目不同一般规定了 2 个级别的试验水平，它们的区别在于试验后是否要求电气性能变化值。同时根据检查项目不同规定了 3 个级别的批接收水平。

在 3 个批接收水平中， 1 级（LA1）为最高，它们的检查内容包括：

3 级（LA3）——电气性能检查；

2 级（LA2）——耐久性试验、电气性能检查；

1 级（LA1）——环境和机械试验、耐久性试验、电气性能检查。

通常，在所有类别的 ESCC 总规范中都对生产过程控制、最终产品检验、筛选和电气测量、鉴定批准和批接收试验及试验方法程序进行了明确规定。

ESCC 标准中涉及频率元器件总规范及配套的基础规范如表 6 所示：

表 6　ESCC 频率元器件标准

序号	ESCC 文件编号	文件或规范名称
1	2023501	石英晶体生产厂和生产线调查清单
2	2043501	石英晶体元件内部目检
3	2053501	石英晶体元件外部目检
4	2093501	石英晶体元件 X 射线检查
5	2263501	石英晶体元件评价试验程序
6	3501：2006	石英晶体元件总规范
7	3501/001～003、006、008、009、011～021	17 个详细规范（涉及 4.0MHz～140MHz、 2.5MHz～20MHz、0.8 MHz～50MHz、2.5MHz～300MHz、10MHz～30MHz、1.5MHz～30MHz、5MHz～160MHz 不同频率范围的若干产品）
8	2023502	声表面波(SAW)器件生产厂和生产线调查清单
9	2043502	声表面波(SAW)器件内部目检
10	2053502	声表面波(SAW)器件外部目检
11	2093502	声表面波(SAW)器件 X 射线检查
12	2263502	声表面波(SAW)器件评估试验程序
13	3502	声表面波(SAW)器件(滤波器)总规范
14	3502/001	工作频率范围为 10MHz～200MHz 的 SAW 带通滤波器
15	3102：2002	具有波导和同轴接口的波导滤波器和多路器总规范

5　标准应用指南

5.1　产品标准

在频率元件标准中，主要涵盖了由各种材料制成的谐振器、滤波器、振荡器这三大类产品标准。而这三大类标准基本由总规范、使用指南、外形尺寸和引出线（我国未规定）、能力批准分规范、能力批准空白详细规范、鉴定批准分规范、鉴定批准空白详细规范等部分组成。而且在各类产品标准中，其基本构成以及所规定的机械试验严酷度等级、外观检查、尺寸检查、机械和环境试验程序等内容基本一致。

频率元件标准中，除了一些基础标准外，几乎所有产品标准均由上述不同部分组成。有关的产品标准层次、主要项目、规定的主要内容及试验条件详见表 7。

表 7　产品标准层次、主要项目、规定的主要内容及试验条件

<table>
<tr><th>产品标准层次</th><th>主要项目</th><th>规定的主要内容</th><th colspan="2">试验条件</th></tr>
<tr><td rowspan="13">总规范</td><td>引用文件</td><td colspan="3">对标准正文中出现的试验方法标准及其它基础性标等准进行了列举。</td></tr>
<tr><td>术语定义</td><td colspan="3">对相关类别产品标准所涉及的电特性、产品特性、工作特性的名词、符号、公式及产品类别进行解释。</td></tr>
<tr><td rowspan="11">额定值和特性</td><td>工作温度范围及特征参数</td><td colspan="2">通常：①6 组以上的温度范围档别，不同产品其温度档划分不尽相同；②特征参数③工作条件（可选项）</td></tr>
<tr><td>气候顺序</td><td colspan="2">对应工作温度与湿度试验的天数，通常用“40/085/56”表示。其意代表工作温度范围：-40℃～85℃，湿热试验 56d。一般“20/085/21”仅用于塑料外壳</td></tr>
<tr><td>碰撞严酷度</td><td colspan="2">沿三个相互垂直轴的每一个方向在峰值加速度为 $400m/s^2$ 下碰撞(4000±10)次。脉冲持续时间为 6ms</td></tr>
<tr><td rowspan="4">正弦振动严酷度</td><td>10Hz～55Hz，位移幅值为 0.75mm（峰值）</td><td rowspan="2">三个相互垂直轴的每个方向上 30min，1oct/min</td></tr>
<tr><td>55Hz～500Hz 或者 55Hz～2000Hz，加速度幅值为 $100m/s^2$(峰值)</td></tr>
<tr><td>10Hz～55Hz，位移幅值为 1.5mm（峰值）</td><td rowspan="2">三个相互垂直轴的每个方向上 30min，1oct/min</td></tr>
<tr><td>55Hz～2000Hz，加速度幅值为 $200m/s^2$的（峰值）</td></tr>
<tr><td rowspan="3">随机振动严酷度</td><td>$(19.2m/s^2)^2/Hz$，20Hz ～ 2000Hz，$196m/s^2$</td><td rowspan="3">三个相互垂直轴的每个方向上 30min，1oct/min</td></tr>
<tr><td>$(48\ m/s^2)^2/Hz$，20Hz ～ 2000Hz，$314m/s^2$</td></tr>
<tr><td>$(19.2m/s^2)^2/Hz$，20Hz ～ 2000Hz，$62m/s^2$</td></tr>
<tr><td>冲击严酷度</td><td colspan="2">峰值加速度为 $1000m/s^2$，持续时间为 6ms，波形为半正弦波，沿三个相互垂直轴的每一个方向冲击三次。</td></tr>
</table>

表 7（续）

产品标准层次	主要项目	规定的主要内容	试验条件
		细漏率	10^{-1}Pa · cm^3/s(10^{-6}bar cm^3/s)； 10^{-3}Pa · cm^3/s(10^{-8}bar cm^3/s)
	质量评定程序	包括鉴定批准和能力批准程序。涉及相应产品的初始制造阶段的内容、批准程、筛选、返修等内容。	
	试验和测量程序	包括试验和测量条件、外观检查、尺寸检查、电气试验程序、机械和环境试验程序、寿命(老化）试验程序等内容。	引出端强度（拉力、弯曲）； 密封（细检、粗检）； 锡焊试验（可焊性、耐焊接热）； 液槽浸渍温度冲击（非破坏性）： 100℃/15s～1 ℃/5s，一个周期； 温度快速变化试验（非破坏性）： 极限温度/30min，5 次循环； 碰撞试验（破坏性）： 按“额定值”选取或按规定； 振动（破坏性）（可以有工作状态和非工作状态）：按“额定值”选取或按规定； 冲击试验（破坏性）： 1.1.1.3. 按“额定值”选取或按规定； 自由跌落（破坏性）： 1.1.1.5. 1000mmm 处，跌落次数 2 次； 稳态加速度（非破坏性）：按规定； 低气压（非破坏性）：30kPa； 高温（非破坏性）：16h； 交变湿热（破坏性）： 严酷度等级 b：55℃，6 个循环； 低温（非破坏性）：2h； 气候顺序（破坏性）： 高温：16h。 交变湿热：严酷度等级 b：55℃，第 1 个循环。 低温试验：2h。 交变湿热：严酷度等级 b：55℃，其余 5 个循环。 稳态湿热（破坏性）：56d 盐雾（破坏性）：严酷度等级 1

表 7（续）

<table>
<tr><th>产品标准层次</th><th>主要项目</th><th>规定的主要内容</th><th>试验条件</th></tr>
<tr><td>使用指南</td><td colspan="3">一般包括范围、产品特性、结构类型、技术性能描述、工作原理、具体应用指导意见以及产品详细规范中应规定的有关内容。通常，详细规范中应规定：①应用范围②说明性内容（外形、体积、端接、标志）、③工作条件（电源电压、工作温度范围、输入条件、贮存温度等）④电气要求（标称频率、主要和次要电气指标）⑤环境要求等内容</td></tr>
<tr><td>能力批准分规范</td><td colspan="3">能力批准是质量评定程序中的一种形式。主要是对制造商生产合格元件能力的鉴定。这种鉴定包括对涉及产品质量与可靠性的主要生产工艺的评价及工艺、设计和性能极限。其核心内容包括工艺/极限和设计/性能极限的试验方案、试验目的、试验抽样、试验项目、初始鉴定试验表格及能力批准维持周期试验表格（含：试验项目、试验条件、性能要求）。此鉴定是针对某类产品较大产品范围的一种生产能力的鉴定。但是，由于种种原因，这种鉴定在国内尚未开展。
分规范规定了总规范中适用的优先额定值和特性以及适用的试验和测量方法，给出了产品详细规范中采用的通用性能要求。分规范与总规范配套使用。
能力批准适用于以共有设计规则为基础，采用一组共有的加工工艺制造时且结构相似的产品鉴定</td></tr>
<tr><td>能力批准空白规范</td><td colspan="3">空白详细规范是分规范的补充文件，它规定了详细规范中的最少内容要求。主要包括：①额定值（通常包括：工作温度范围、气候类别、机械试验严酷度、其它）、②特性值（标称频率/范围、基准温度、频率允差等主要和次要电气参数项目）③用于逐批检验的检验表格（包括：100%筛选、A 组检验、B 组检验），其检验项目仅限于外观、尺寸、主要及次要电性能、密封等</td></tr>
<tr><td>鉴定批准分规范</td><td colspan="3">鉴定批准是质量评定程序中的另一种形式，主要针对产品的鉴定。其核心内容包括鉴定批准的样品选取方式、鉴定试验方案（试验项目、固定抽样方案及允许不合格数）及质量一致性检验——检验批的构成、逐批检验和周期试验表格（含：试验分组、试验项目、检查水平、AQL 值、检验周期等）。同样，由于种种原因，这种鉴定批准在国内尚未开展。
分规范规定了总规范中适用的优先额定值和特性以及适用的试验和测量方法，给出了产品详细规范中采用的通用性能要求。分规范与总规范配套使用。
鉴定批准适用于标准设计所生产的元件，并且已确立了生产过程并遵守相应的详细规范。是目前生产方编制企业产品详细规范的主要依据</td></tr>
<tr><td>鉴定批准空白规范</td><td colspan="3">鉴定批准详细规范在能力批准详细规范的基础上增加了 C 组周期检验。其它内容基本相同。它是目前生产方编制企业产品详细规范的直接依据。而产品详细规范也是使用方产品进厂的检验依据</td></tr>
</table>

4.3 产品的特征参数

在各种不同的频率元件中，由于各自的材料、工作模式、工作机理不同，所以其特征参数表征也不同。而各项参数的定义及测量方法，在相应产品的总规范均做了解释和规定。

同一个元件由于在不同的整机电路中应用，对产品的特性要求侧重点也就不同。因此，用户在选用产品时，对每种用途规定产品的全部参数是没有必要的，只需规定在特定场合具有重要意义的参数就够了，规定非关键性的参数及规定过严的公差都能导致成本太高。这是民品元件采购时不可回避的问题。

用户在选用产品时，可参照频率元件标准中有关“使用导则”中的说明。在这些“使用导则”中，基本列出了产品详细规范中有关的技术参数，有些还明确给出了任何场合都必须规定的“参数”（即强制性要求），而其它一些参数则可能仅适用于特殊情况的，也可能是在需要时给予规定的。

同样，在“使用导则”中，某些参数对产品应用的影响也进行了阐述。这不仅是生产方认真分析研究的问题，同样也是用户应予以关注的问题。

6 结束语

希望通过上述对国内外标准的介绍，能使国内频率元件行业的相关人员对本专业领域的标准化能有一初步认识，而且也希望我国企业通过提高科研生产实力，更多地参与频率元件的标准化工作，争取实质上参与国际标准活动，这也是 IEC/TC49 对我国同行的殷切希望，让我们共同为之努力。

敏感元器件和传感器产品的标准和产品评价方法概述

陈　勤

摘　要　介绍敏感元器件、传感器产品的国内外标准情况，还给出了详细的标准目录，对敏感元器件和传感器产品的评价方法进行探讨。

关键词　敏感元器件　传感器　国内外标准　评价方法

1　敏感元器件和传感器产品的发展趋势

在高度发展的现代工业中，现代测试技术向数字化、信息化方向发展已成必然发展趋势，而测试系统的最前端是传感器，它是整个测试系统的灵魂，被世界各国列为尖端技术，特别是近几年快速发展的 IC 技术和 MEMS 技术，为传感器的发展提供了良好与可靠的科学技术基础。使传感器的发展日新月益，且数字化、多功能与智能化是现代传感器发展的重要特征。

传感技术的发展从产品结构来说经历了由利用物理学中场的定律和运动定律等构成的结构型传感器，到利用物质法则构成的物性型传感器，再到如今采用微电子和微机械加工技术制造出来的新型 MEMS 传感器的几十年发展过。

MEMS 传感器是采用微电子和微机械加工技术制造出来的新型传感器。与传统的传感器相比，它具有体积小、重量轻、成本低、功耗低、可靠性高、适于批量化生产、易于集成和实现智能化的特点。同时，在微米量级的特征尺寸使得它可以完成某些传统机械传感器所不能实现的功能。目前各种不同类型的高性能 MEMS 传感器正在逐步取代部分传统的大体积传感器，目前采用微电子机械加工系统技术制造的传感器和微系统产品和正在研究中的微型传感器有：压力、力、力矩、加速度、速度、位置、流量、电量、磁场、温度、气体成分、湿度、pH、离子能度、微陀螺、触角传感器以及无线网络传感器。

MEMS 传感器的出现使传感器领域的标准化工作思路和技术路线发生了巨大变化，MEMS 传感器材料、技术加工方法的统一使产品的标准化、系列化程度大为提高，便于建立标准化技术平台。但是国际国内一直没有建立标准。

2 敏感元器件和传感器的国际标准化情况

敏感元器件和传感器标准化在国际电工委员会IEC的技术委员会TC中没有统一归口，标准化工作主要集中在TC40“电子设备用电阻器和电容器技术委员会”、TC47E“半导体分立器件技术委员会”、TC47F“微机电系统技术委员会”、TC86C“纤维光学通信系统和分系统技术委员会”几个技术委员会，主要标准见表1：

表1

序号	TC	标准编号	标准名称
1	TC40	IEC60738	直热式阶跃型正温度系数热敏电阻器　第1部分　总规范
2		IEC60738-1-1	直热式阶跃型正温度系数热敏电阻器　第1-1部分：限流用空白详细规范　评定水平EZ
3		IEC60738-1-2	直热式阶跃型正温度系数热敏电阻器　第1-2部分：加热元件用空白详细规范　评定水平EZ
4		IEC60738-1-3	直热式阶跃型正温度系数热敏电阻器　第1-3部分：浪涌电流用空白详细规范　评定水平EZ
5		IEC60738-1-4	直热式阶跃型正温度系数热敏电阻器　第1-1部分：敏感用空白详细规范　评定水平EZ
6		IEC62319-1	直热式阶跃型正温度系数有机热敏电阻器　第1部分：总规范
7		IEC62319-1-1	直热式阶跃型正温度系数有机热敏电阻器　第1-1部分：限流用空白详细规范　评定水平EZ
8		IEC60539-1	直热式负温度系数热敏电阻器　第1部分　总规范
9		IEC60539-2	直热式负温度系数热敏电阻器　第2部分　分规范　表面安装热敏电阻器
10		IEC601105-1	电子设备用压敏电阻器　第1部分　总规范
11		IEC601105-2	电子设备用压敏电阻器　第2部分　分规范　浪涌抑制压敏电阻器
12		IEC601105-2-2	电子设备用压敏电阻器　第2部分　空白详细规范　氧化锌压敏电阻器　评定水平Z
13	TC47E	IEC60747-14-1	半导体器件　第14-1部分：半导体传感器　总则和分类
14		IEC60747-14-2	半导体器件　第14-2部分：半导体传感器　霍耳传感器
15		IEC60747-14-3	半导体器件　第14-3部分：半导体传感器　压力传感器
16		IEC60747-14-4	半导体器件　第14-1部分：半导体传感器　加速度传感器
17	TC47F	IEC62047-1	半导体器件　MEMS器件　第1部分：术语和定义
18		IEC62047-2	半导体器件　MEMS器件　第2部分：薄摸材料的张力试验方法
19		IEC62047-3	半导体器件　MEMS器件　第3部分：用于张力试验的薄摸标准试验片

表 1（续）

序号	TC	标准编号	标准名称
20		IEC62047-4	半导体器件　MEMS 器件　第 4 部分：MEMS 总规范
21		IEC62047-5	半导体器件　MEMS 器件　第 5 部分：RF 开关
22		IEC62047-6	半导体器件　MEMS 器件　第 6 部分：薄摸材料轴向疲劳试验方法
23	TC86C	IEC61757-1	光纤传感器　第 1 部分：总规范

从 IEC 中敏感元器件和传感器的标准化情况可见，国际上敏感元器件和传感器的标准主要集中在热敏电阻器、压敏电阻器、半导体传感器和 MEMS 传感器方面，其中 MEMS 传感器的标准主要是材料方面的标准。从标准体系看，IEC 标准不够完善，与目前传感器的发展和需求具有很大距离，主要表现在：标准数量不多、标准门类不全、不能适应传感器技术的发展。

敏感元器件和传感器标准化在美军 MIL 标准体系中只有热敏电阻器、压敏电阻器的通用规范，分别为 MIL-PRF-23648《绝缘型热敏电阻器通用规范》、MIL-PRF-38530《压敏电阻器通用规范》，其他敏感元器件和传感器未见标准。

3　敏感元器件和传感器的国内标准化情况

我国民用敏感元器件和传感器标准主要是采用 IEC 标准，基本上已经将表 1 中大部分的 IEC 标准都等效采用为我国的国家标准，同时在积极采用 IEC 标准的情况下，也结合我国的产品发展情况，自主制定了一些行业标准，其中大部分标准是对 IEC 标准体系的补充完善。

我国民用敏感元器件和传感器标准体系也是采用 IEC 标准体系，除正温度系数热敏电阻器没有分规范的层次外，其他产品都采用基础标准、总规范、分规范/空白详细规范、产品详细规范的标准体系。现已制定有国家标准 14 项，电子行业标准 8 项，具体标准项目见表 2。

表 2

序号		标准名称	IEC 标准号
1	GB/T6663.1—2007	直热式负温度系数热敏电阻器 第 1 部分：总规范	IEC60539-1（2002）
2	GB/T 标准正制定中	直热式负温度系数热敏电阻器 第 2 部分：分规范　表面安装热敏电阻器	IEC60539-2（2003）
3	GB/T7153—2002	直热式阶跃型正温度系数热敏电阻器 第 1 部分：总规范	IEC60738-1（1998）
4	GB/T7154.1—2003	直热式阶跃型正温度系数热敏电阻器 第 1-1 部分：限流用空白详细规范　评定水平 EZ	IEC60738-1-1（1998）
5	GB/T7154.2—2003	直热式阶跃型正温度系数热敏电阻器 第 1-2 部分：加热元件用空白详细规范　评定水平 EZ	IEC60738-1-2（1998）
6	GB/T7154.3—2003	直热式阶跃型正温度系数热敏电阻器 第 1-3 部分：浪涌电流用空白详细规范　评定水平 EZ	IEC60738-1-3（1998）
7	GB/T7154.4—2003	直热式阶跃型正温度系数热敏电阻器 第 1-4 部分：敏感用空白详细规范　评定水平 EZ	IEC60738-1-4（1998）
8	GB/T10193—1997	电子设备用压敏电阻器 第 1 部分：总规范	IEC601051-1（1991）
9	GB/T10194—1997	电子设备用压敏电阻器 第 2 部分：分规范　浪涌抑制型压敏电阻器	IEC601051-2（1991）
10	GB/T10195.2—1997	电子设备用压敏电阻器 第 2-2 部分：空白详细规范　氧化锌浪涌抑制型压敏电阻器　评定水平 EZ	IEC601051-2-2（1991）
11	SJ/T10348—1993	电子元器件详细规范　浪涌抑制型压敏电阻器 MYG2 型过压保护用氧化锌压敏电阻器　评定水平 EZ	-
12	SJ/T10348—1993	电子元器件详细规范　浪涌抑制型压敏电阻器 MYG3 型过压保护用氧化锌压敏电阻器　评定水平 EZ	-
13	SJ/T11278—2002	电子设备用压敏电阻器 第 3 部分：分规范　防雷型压敏电阻器	-
14	SJ/T11279—2002	电子设备用压敏电阻器 第 3-1 部分：空白详细规范　指示型防雷压敏电阻器　评定水平 EZ	-
15	SJ/T11280—2002	电子元器件详细规范　MYS4、MYS5、MYS6、MYS8 防雷指示型过电压保护器　评定水平 EZ	-
16	SJ/T 报批稿	电子设备用压敏电阻器 第 4 部分：分规范　片式压敏电阻器	-

表 2（续）

序号		标准名称	IEC 标准号
17	SJ/T 报批稿	电子设备用压敏电阻器 第 4-1 部分：空白详细规范　片式压敏电阻器　评定水平 EZ	-
18	SJ/T 报批稿	电子设备用压敏电阻器 MYP 型片式压敏电阻器详细规范	-
19	GB/T20521—2006	半导体器件 第 14-1 部分：半导体传感器　总则和分类	IEC60747-14-1（2000）
20	GB/T20522—2006	半导体器件 第 14-1 部分：半导体传感器　压力传感器	IEC60747-14-3（2001）
21	GB/T 标准正制定中	半导体器件 第 14-1 部分：半导体传感器　霍尔传感器	IEC60747-14-2（2001）
22	GB/T 18901.1—2002	光纤传感器 第 1 部分:总规范	IEC61757-1（1998）

我国军用敏感元器件和传感器标准主要采用美军 MIL 标准体系，采用基础标准、通用规范、产品详细规范的标准体系，标准基本上是在需求牵引下，结合我国产品生产、研制情况自主制定的。现已制定有国家军用标准 18 项，电子行业军用标准 26 项。

4　敏感元器件和传感器质量评价方法

产品标准水平的高低，主要取决于性能水平和质量评定两方面。具体质量评定是指：在规定的质量保证体系（质量保证大纲）和/或生产线认证下，产品的筛选（适用时）、鉴定(或首件检验)与质量一致性检验的检验及其分组、项目设置与试验严酷度等级以及合格判据、抽样水平等的科学性、合理性与可操作性。

质量评定的前提或先决条件是建立并维持有效的质量保证手段，主要是通过规定质量保证体系（质量保证大纲）审核要求和/或生产线认证要求实现的。

电子元器件产品的认证方式，对于大多数电子元器件都采用产品认证（军用产品采用 QPL 认证）或能力认证（军用产品采用 QML 认证）方式、对于少数军用电子元器件或组件类产品不采用生产线认证方式，只采用首件检验方式。换而言之，对于产品认证（军用产品采用 QPL 认证）或能力认证（军用产品采用 QML 认证）方式，通过规定质量保证体系（质量保证大纲）审核要求和生产线认证要求实现，对于首件检验方式，首件检验只有质量保证体系（质量保证大纲）审核要求。产品认证（军用产品采用 QPL 认证）或能力认证（军用产品采用 QML 认证）、首件检验具体要求见表 3：

表 3

主题	产品认证（QPL 认证）	能力认证（QML 认证）	首件检验（仅军用）
运作主体	第三方	第三方	使用（采购）方
目的功能	通过生产线认证，对产品进行鉴定，鉴定检验的目的是以有代表性的样本（由若干个样品组成）按有关规范和/或标准规定的试验组、分组和项目及顺序进行的一系列完整的长时间或高复杂程度的评价试验，从而确定制造厂家是否有能力生产符合规范（通用规范和详细规范）要求的产品	通过生产线认证，对工艺、材料进行鉴定，鉴定检验的目的是对企业申请的工艺、材料范围的质量管理方案和质量控制的管理能力进行鉴定，符合鉴定的工艺、材料所覆盖范围的产品不再需要对每个产品进行大量的试验，这些试验的减少将由生产过程中的在线检验和统计过程控制 SPC 所替代	对产品进行首件检验
与合同的关系	先于并独立于任何采购或合同签定而按规范规定进行的长时间或高复杂程度的评价试验	先于并独立于任何采购或合同签定而按规范规定进行的长时间或高复杂程度的评价试验	首次检验结果直接支持合同签定
适用产品特点	长持续周期内能够稳定生产、连续供应的产品	技术发展变化快或品种繁多或用户设计从而使产品鉴定不切实际或费用太高的供应产品	整机、组件、不连续供应的产品

目前我国的军用电子元器件标准评价方式，除混合集成电路采用能力认证（军用产品采用 QML 认证）评价方式方式，组件、整机类产品部分采用首件评价方式，其他绝大部分产品采用产品认证（军用产品采用 QPL 认证）评价方式。

在电子元器件标准中，能力认证（军用产品采用 QML 认证）评价方式主要适用于互连组装件和工艺材料归一性较好的半导体器件，其工艺材料要求能够控制。此外，国际上 MIL 标准对于半导体产品的标准质量评价方式也呈现出从产品认证（军用产品采用 QPL 认证）评价方式向能力认证（军用产品采用 QML 认证）评价方式的发展趋势，近年来美军 MIL 标准已开始在单片集成电路、半导体分立器件中实施能力认证（军用产品采用 QML 认证）评价方式，例如：基于产品认证（军用产品采用 QPL 认证）评价方式的美国军用标准“MIL-M-38510 微电路总规范”遭到限用，基于能力认证（军用产品采用 QML 认证）评价方式的美国军用标准“MIL-M-38535 微电路制造总规范”则得到推广应用，就是一个很好的说明。

目前传统的传感器，由于产品的材料、结构呈现出多元化的状态，产品的评价体系是采用产品认证（军用产品采用 QPL 认证）。MEMS 起源于微电子技术，但与传统的半导体制造工艺又有较大区别；半导体现有的标准不完全适用于 MEMS 器件。MEMS 传感器的设计、制造和封装涉及到大量的科学和工程学科。主要科学和工程学科有：电波动力学、分子生物学、等离子物理学、量子物理学、分子物理学、电子工程、机械工程、材料工程等；MEMS 传感器产品是机械电子产品，通常有活动部件，并且在产品尺寸微小到一定数量级时，材料、结构的尺度效应表现较为明显，MEMS 传感器产品的封装形式与微电子不同，除少数产品是要求密封的外，大部分产品是不密封的，而且要求产品的封装部分与外界媒体充分接触，在工艺监测中，除电性能参数外，一些性能无法监测，只能在成品阶段进行监测。同时 MEMS 传感器产品具有技术发展变化快、品种繁多、供货批量小、用户定制的特点。

MEMS 传感器的复杂特征决定 MEMS 传感器的产品评定不是简单进行产品的评定。适合采用上述的能力认证（军用产品采用 QML 认证）认证方式，同时 MEMS 传感器在在工艺监测中，除电性能参数外，一些性能无法监测，只能在成品阶段进行监测，因此采用能力认证（军用产品采用 QML 认证）方式时，除工艺材料鉴定，产品成品的鉴定试验也必不可少。

MEMS 传感器在采用能力认证（军用产品采用 QML 认证）方式时，大部分工艺材料与半导体制造工艺材料相同，可以采用半导体工艺材料基线。其中体微机械加工、表面微机械加工、LIGA 工艺，UV-LIGA，X-ray，光刻，熔片工艺，牺牲层刻蚀,深反应离子刻蚀，感应耦合等离子体刻蚀，微型模具，STM 加工等工艺与微电路的工艺有较大差异，薄膜结构，微悬臂梁，微沟道，微镜，扫描镜，微开关，光学开关，微型钳子，微泵，微阀，集成质量流量计，微燃料电池，光电变换器为 MEMS 器件独特的元件，因此在建立工艺、材料评价时，重点将研究这些工艺的基线和元件材料的控制。

5 MEMS 传感器质量评定控制建议

在目前没有建立 MEMS 传感器标准的阶段，建议通用规范按照集成电路通用规范，并作以下处理和控制：

（1）生产线认证：除部分工艺、材料外，大部分工艺、材料与微电子兼容，因此在进行工艺、材料评价考核时，部分评价可借鉴或参考集成电路产品的考核方法，生产线认证采用能力认证（军用产品采用 QML 认证）方式时，根据 MEMS 传感器的特点，在集成电路材料的控制、工艺基线的基础上建立 MEMS 传感器材料的控制、工艺基线，增加产品鉴定检验项目，鉴定检验项目设置根据 MEMS 传感器的特点进行设置，重点是产品性能特性的考核和耐环境试验。鉴定试验样品数可以采用固定样本数的方法。

（2）测量和标定方法：测量和标定方法按照检测对象分类，参照有关 IEC、ISO 等国际标准制定成国家标准或国家军用标准，同时可以利用现有的传感器通用规范中的测量方法做到军民兼容。

（3）试验方法方面，环境试验方法采用电子元器件环境试验方法，例如：国家军用标准 GJB548、GJB360 等国军标的环境试验方法。

（4）未经生产线认证生产的产品：对于未经生产线认证生产的产品，应要求产品研制、生产单位进行 SPC 控制，同时加强筛选、鉴定检验，提高试验样品数。

电阻器军用标准的研究和使用指南

彭　伟

一、概述

电阻器是具有一定电阻值的电子元件，是电子电路中不可缺少的元件之一，它在电子设备中被广泛应，约占电子元件总数的30%以上。

从产品标准的分类来讲，无论是国外军用标准还是民用标准，电阻器的标准包括三类产品的标准，即固定电阻器、电位器（可变电阻器）和电阻网络。

从八十年代至今，我国的军用标准是在“认真研究，区别对待，积极采用国外先进标准”的方针指导下制定的，在此指导方针下，电阻器军用标准是在参照美国军用标准的技术内容和质量保证要求的基础上，结合我国同类现行产品的发展水平而制定的。由于美国军用标准在电阻器行业内是先进国际标准的代表者，因此我们今后还将继续对美国军用标准进行进一步深入研究，为今后电阻器标准的制定奠定良好的基础。

二、我国电阻器军用标准发展的状况

我国电阻器军用标准按其适用领域和有效范围分为三级，即国家军用标准，行业军用标准和企业军用标准。

电阻器标准的层次又分为基础标准和产品标准，产品标准又分为通用规范和详细规范。基础标准及通用规范一般均制定为国家军用标准，详细规范一般均定为行业军用标准和企业军用标准，但对于系列产品标准及通用的产品标准，有的详细规范也制定为国家军用标准。基础标准是指在电阻器专业内具有广泛指导意义的标准，如GJB/Z 37《电阻器、电位器、电阻网络系列型谱》。通用规范是指适用于电阻器一类产品，通常规定了这类产品通用的技术要求、质量保证规定、检查和试验方法、说明及包装、运输、储存等内容，如GJB244A-2001《有质量等级的薄膜固定电阻器总规范》等。通常适用于一个型号的产品，其规定了一个型号产品的外形结构、接口、安装及图和尺寸、规格参数、具体的技术要求和试验严酷等级的标准为详细规范，如SJ51432/6-2001《RMK5025型有可靠性指标的片式膜固定电阻器详细规范》等。

我国电阻器军用标准体系是从八十年代开始建立的，一开始是完全等效采用美国相应军用标准编写的。由于受到我国生产工艺、制造技术和检测设备的限制，完全按照国家军用标准生产产品还存在着许多困难。到了九十年代中期，电阻器标准体系已初具规模，而且国军标在参照美军标编写时，更注重考虑国情，使得标准更具有可操作性。到 2009 年止，电阻器产品通用规范已制定了 19 个，产品行业军用标准已制定了 59 个，电阻器军用标准体系基本上处于维持和完善阶段。

三、电阻器军用标准及其使用指南

为了能正确选择所使用的电阻器，使用者必须尽可能多地了解可供选择的各种电阻器、各种电阻器的优缺点、在多种环境下的性能、内部结构、电阻器对电路的影响和电路对于电阻器的影响、以及有关电阻器失效方面的知识。

电子设备中广泛使用的各类电阻器可归为“合成”型、“膜”型及“线绕”型三种基本类型。“合成型”是由电阻材料的混合物制成，并模压成相应的形状和阻值。“膜型”是在绝缘基体或丝上沉积/印刷/粘贴电阻膜构成。“线绕”型是在绝缘的骨架上绕电阻线制成。这些类型的电阻器的基本区别在于尺寸、成本、阻值范围、额定功耗及一般特性。就某一特性而言，有些类型电阻器比其他类型电阻器好，没有一种电阻器的所有性能都是最好的。因此，电阻器的选择取决于初始的和长期的要求、工作环境条件，以及设计者必须了解的各种其他多种因素。在最终决定使用何种电阻器时，设计者必须切实考虑到具体应用场合对电阻器的所有要求，并将各种电阻器的优缺点进行比较。

1、标准使用指南

电阻器专业较其它元器件专业的通用规范显得比较多，到目前为止，电阻器专业参照美国军用标准制定的通用规范有 19 个，制定的产品详细规范有 59 个。由于通用规范较多，本文对一些较常用的规范进行简要综合介绍，具体使用还需参考具体相应的标准。

1）固定电阻器通用规范

a) GJB244 有质量等级的薄膜固定电阻器总规范

RJK 产品为金属膜固定电阻器。这些电阻器包括密封型和非密封型，长时间使用后具有高稳定等级，且在严酷的环境条件下建立可靠性。当电路要求高稳定及对频率要求严格时，使用该电阻器，要比使用合成电阻器要好。从直流到交流 100MHz 可以安全工作。金属膜电阻器具有低温度系数，其最高的额定环境温度为 125℃，并能在 175℃的温度范围内进行降功耗使用，其电性能变化很小。这些电阻器的质量等级为：无失效率等级、有失效率等级（从五级到八级）和宇航级。失效率水平是以寿命试验为基础，置信水平为 60%。此规范可替代 GJB1929。

b) GJB1432 片式膜固定电阻器通用规范

RMK 产品为片式膜固定电阻器。这些电阻器主要用于混合电路中。当电路要求稳定、长寿命、可靠及精确时，需要设计使用该类电阻器。这些电阻器无外壳、无引线并在严酷环境条件下具有高稳定性。这此电阻器的最高额定温度为 70℃，最高使用环境温度为 150℃，10000 小时的寿命试验后阻值的相对变化量只有 2%。这些电阻器的质量等级为：无失效率等级、有失效率等级（从五级到八级）和宇航级。失效率水平是以寿命试验为基础，置信水平为 60%。

c) GJB1862 有可靠性指标的精密固定电阻器总规范

RJK 型电阻器为非密封型精密合金箔电阻器，RXK 型电阻器为精密线绕电阻器，这些电阻器长时间使用时，在较严酷的环境条件下具有很高的稳定性。在高频电路中，使用合金箔电阻器要比使用金属膜电阻器要好。合金箔电阻器电阻温度特性极小，在很宽的温度范围内使用，阻值漂移小。其缺点是体积大、成本高且阻值范围窄。线绕电阻器的缺点是阻抗较大。该类电阻器的质量等级有：无失效率等级和有失效率等级（从五级到八级）。失效率水平是以寿命试验为基础的，置信水平为 60%。

d) GJB6787 含宇航级零欧姆片式膜固定电阻器通用规范

RMZ 为宇航级、高稳定、工业用的零欧姆片式膜固定电阻器。这些片式膜固定电阻器主要用于表面安装设备中起导线的作用，其阻值均小于 150mΩ。GJB6787 规定了三个产品质量等级：进行 100%老炼筛选的宇航级产品；100%筛选、高稳定的“M”等级的产品；以承制方检验体系来保证一致性的“C”等级产品。

e) GJB2828 功率型线绕固定电阻器总规范

RXG 产品为功率型线绕固定电阻器。这些电阻器主要用于电气、通讯及相关设备中。此类电阻器可分为通用类和精密轴向引线类。通用类阻值允许偏差为 5%，25℃的额定功耗从 1W 至 210W,350℃功耗降为 0 功耗；精密轴向引线类的阻值允许偏差为:0.1%、0.5%、1%，25℃的额定功耗从 1W 至 3W,275℃功耗降为 0 功耗。当需使用大功率电阻器，其交流特性相对并不重要（如被用作分压器或在直流电源中作泄漏电阻，或用作系列衰减）时，频率在 20kHz 以内一般都可安全使用。

f) GJB6786 含宇航级的功率型线绕固定电阻器通用规范

此类电阻器为宇航级、有、无失效率等级的功率型线绕固定电阻器。这些轴向引线精密功率型线绕固定电阻器的环境工作温度为 25℃，在 250℃降为 0W 功耗。当要求大功率、对交流性能无特殊要求（如被用作分压器或在直流电源中或串联电路中作泄漏电阻）时，使用此类电阻器。即使要控制交流特性时，此类电阻器可在频率为20kHz内安全使用。不能超过额定功耗和连续额定工作电压。这些电阻器产品质量等级为：无失效率等级、有失效率等级（从五级到八级）和宇航级。失效率水平是以寿命试验为基础，置信水平为60%。可替代GJB2828。

g) GJB4154 散热器安装功率型线绕固定电阻器总规范

此类线绕固定电阻器为底盘安装功率型产品。他们利用了金属安装板散热原理。当安装在规定的底盘上时，这些电阻器能在25℃的环境温度下满负荷工作。对一给定的单元尺寸，当要使用比GJB2828所规定电阻器的功率大及功率变化大，而对交流特性无特殊要求（如被用作分压器或在直流电源中或串联电路中作泄漏电阻）时，使用这种电阻器。

2）电阻网络通用规范

a) GJB920 膜固定电阻网络、膜固定电阻和陶瓷电容的阻容网络通用规范

RN产品是膜固定电阻网络、陶瓷电容和膜固定电阻组成的阻容网络。这些网络主要是为要求稳定、长寿命、操作可靠和精密的电路而设计的。这些网络是小型化和易于安装的理想选择。当电路要求同阻值的一系列电阻时，这些网络是非常有用的。这些电阻网络产品质量等级有二个：一是为经过100%功率老炼的“M”等级；另一个是无功率老炼筛选的“C”等级产品。

b) GJB××××表面安装膜固定电阻网络通用规范

RNK产品是有、无失效率等级的表面安装膜固定电阻网络。这些电阻网络主要用于需考虑空间的表面安装设备中。这些电阻器即可以是密封的也可以是非密封的，全部是由膜固定电阻组成。这些电阻网络产品等级有：无失效率等级和有失效率等级（从五级到八级）。失效率水平是以寿命试验为基础，置信水平为60%。

3）电位器通用规范

a) GJB917 线绕预调电位器

当调节螺杆驱动装置时，这些电位器的动触点在整个电阻体上可均匀移动。这些电位器能够在最高环境温度为85℃下满负荷工作，适当降额时，可连续工作到最高环境温度150℃。在计算机、遥测及其它主要设备的电路中作匹配、平衡、调节作用。

b) GJB918 非线绕预调电位器总规范

WJ产品为非线绕预电位器。当调节螺杆驱动装置/转轴时，这些多圈和单圈非线绕电位器的动触点在整个电阻体上可产生均匀压力。这些电位器能够在最高环境温度为70℃和85℃下满负荷连续工作，适当降额时，可分别工作到最高环境温度125℃和150℃。在计算机、遥测及其它主要设备的电路中作匹配、平衡、调节作用。

c) GJB2149 有可靠性指标的线绕预调电位器总规范

这些电位器是有失效率等级的螺杆驱动线绕电位器。当调节电位器的螺杆驱动装置时，动触点以均匀的压力在电阻体上运行。这些电位器能够在最高环境温度为 85℃下满负荷工作（当使用最大阻值时），适当降额时，可在最高环境温度 150℃下连续工作。在计算机、遥测及其它主要设备的电路中作匹配、平衡、调节作用。这些电位器产品等级有：无失效率等级和有失效率等级（从五级至八级）。失效率水平是以寿命试验为基础，置信水平为 60%。可替代 GJB917。

d) GJB3015 有可靠性指标的非线绕预调电位器总规范

WJK 为有失效率等级的非线绕预电位器。当调节螺杆驱动装置时，动触点以均匀的压力在电阻体上运行。这些电位器能够在最高环境温度为 85℃下满负荷工作（当使用最大阻值时），适当降额时，可在最高环境温度 150℃下连续工作。在计算机、遥测及其它主要设备的电路中作匹配、平衡、调节作用。这些电位器的产品质量等级有：无失效率等级，有失效率等级（从五级至八级）。失效率水平是以寿命试验为基础，置信水平为 60%。可替代 GJB918。

e) GJB1523 精密线绕电位器总规范

精密线绕电位器是随其转轴角度变化，其电气输出（用输入电压的百分数表示）呈线性或非线性。这些电位器能够在最高环境温度为 70℃和 85℃下满负荷连续工作，适当降额时，可工作到最高环境温度为 125℃和 150℃。这些电位器的优点是输出稳定，噪声低，缺点是阻值输出有跳变性，使用频率有限。在要求精确电气和机械输出的伺服安装设备中使用。用于计算机、天线、飞行控制器及爆炸导航系统作为角位移或线位移传感器。

f) GJB1865 精密非线绕电位器总规范

WD 为精密非线绕电位器，其输出（用输入电压的百分数表示）相对于驱动轴的角度为线性或非线性。这些电位器的阻值允许偏差为±10%，能够在最高环境温度为 70℃下满负荷连续工作，适当降额时，可工作到最高环境温度 125℃。在要求电气和机械输出精确的伺服安装设备中使用。用于计算机、天线、飞行器控制及爆炸导航系统中作为角位移或线位移传感器。相对于线绕电位器而言，其温度系数大，耐湿性稍差。

h) GJB265 合成电位器通用规范

WS 为合成电位器。这些电位器具有弧形的合成电阻体，动触点压力均匀，当转动转轴时，使得动触点引出端与电阻任一引出端间产生阻值变化。此类电位器能够在最高环境温度为 70℃下满负荷工作（当使用最大阻值时），适当降额时，可连续工作到最高环境温度 120℃。适用于当初始稳定性要求不太严格及长期寿命稳定性要求不大于±20%的场合。

2、使用电阻器注意的事项

1）安装指南

不恰当的散热是引发电阻器失效的主要原因，因此应尽可能地使电阻器表面的温度保持最低。图 1 给出了固定电阻器在通风状态下散热的方式。热辐射强度的变化与距电阻器距离的平方成反比。各发热元件间应保持最大距离以减少热辐射效应，并更好地增强空气对流。为了不用散热器而达到最佳冷却效果，小型电阻器应有最少长度的大直径引线，且质量足够，以作为散热器。所有电阻器温度都不应超过最高环境温度。超过最高环境温度可能引起电阻器发生故障。电阻器的安装应使电阻器表面不出现异常热点。

安装时，电阻器不应与热绝缘表面接触。电阻器的安装应使其在振动环境的频谱范围内不产生共振。一些安装电阻器的方法会导致电阻器产生噪声。防电阻器的振动安装应做到在引出端与本体间产生最小牵引力或压力；对电阻器的任一关联表面产生最小的影响；电阻器主体无变形或扭曲。

紧密组装在一起的电阻器彼此间相互接触，对外部电流通道会产生短路路径（即使有很好的绝缘零件），这可能改变电路中的电阻。紧密组装电阻器很容易形成潮湿物和污垢，即使在通常湿度的大气中，潮气也会在污垢周围积累。潮湿物和污垢最终会形成腐蚀物质，从而导致电阻器和其它电子元件的性能下降。因此应考虑使元件的密集程度达到最小化。这样能很好地利用电子元件所占空间，减小组装尺寸，并能为元件提供足够的间隔。

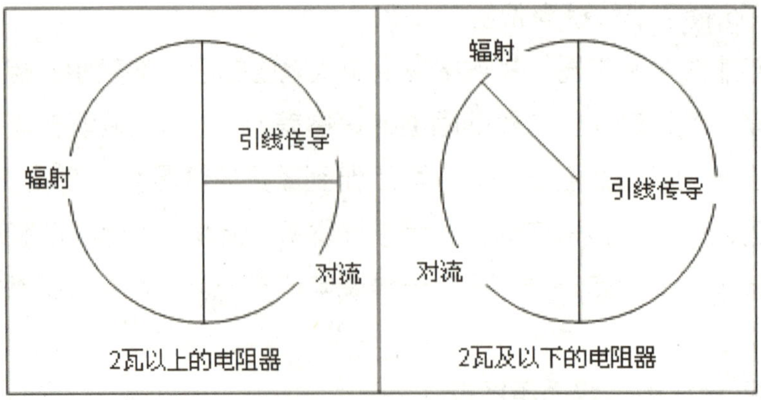

图 1　室温条件下电阻器的散热

在振动或冲击条件下，必须提供大尺寸电阻器的安装方法，否则，引线可能会出故障，并且引线支撑的质量越大，引线越容易出故障。即使振动或冲击不是重要问题时，为易于安装和替换，建议对大尺寸元件的安装方法进行定制。

为了更好地使用电阻器，其安装最好遵循如下准则：

a) 保持引线最短长度。引线可作为散热器。

注：当出现低温时，可稍微弯曲引线以减少冷收缩产生的影响。

b) 由于引线和配线的阻值可能构成电阻器阻值的一部分，因此使用阻值允许偏差小及阻值低的电阻器时应特别注意（如引线要短，焊接技术要好）。

c) 电阻器之间保持最大间距。

d) 对于串联安装的电阻器，要考虑通过引线传给电阻器的热量。

e) 大功率元件应安装在底盘上。

f) 不要在接线板或印制电路板上直接安装较大功率的元件。

g) 为达到最有效的操作及较好的热传递，应水平安装功率型电阻器。

h) 选择的安装材料不会炭化并能承受预期的膨胀。

i) 考虑邻近的热源及自热。

j) 应考虑会遇到的振动和冲击强度。当质量较大时，应抑制元件本体的运动。

2）阻值的选取

针对每一电路应用，阻值应从通用规范的类型和阻值系列中选取电阻器。确信设计电路所用电阻器的阻值在偏差、电压系数、温度系数及时间漂移这四者共同作用所设定的范围内。如果不考虑这些，对批量生产的军用装备则可能导致有些电路在极限条件下不能工作。在储存及工作期内，由于环境温度、湿度、压力或振动等环境的改变可能引起任一特性（如阻值、额定功耗、介质耐电压或尺寸）值的变化。由于环境应力所引起的特性变化可能是线性的或非线性的、可逆的或不可逆的（永久性的）、或几种情况的组合。当施加环境应力期间，元件特性呈线性变化，环境应力去除后可逆向呈线性变化，以至于特性恢复到初始值，特性值的变化率用系数命名，通常用百分数或 10-6/K 表示。

3）额定功耗与准确度

因为所有电阻器都具有电阻温度特性，所以工作条件下要使电阻器接近初始的阻值，就必须使电阻器保持冷却。对某一指定的额定功耗来说，精密电阻器比普通电阻器的外形尺寸要大。总之，对于任何电阻器，无论精密与否，当其工作时都应降额，以保证其阻值接近初始测量值。

4）额定功耗与寿命

如果要求电阻器的寿命长，且阻值偏移在某个极限内时，即便环境温度是适中的，且电阻器自身的准确度不重要时，通常需要对电阻器进行降额使用。当为需运行上千小时的设备选择电阻器时，可遵循的一个原则是降低到标称额定功耗的一半。例如电阻器自热是 1/3W，不要用 1/2W 的，而用 1W 的。这会使电阻器保持较低温度，减少长时间漂移，并减少温度系数的影响。对于不需长期运行但必须小尺寸的设备，此原则不适用，设计师应视具体情况而定。通常，温度低的电阻器比温度高的电阻器更能长久使用，并能提高抗瞬时过载能力。

5）脉冲条件和间歇负荷条件下的额定功耗

当电阻器被用于间歇性或以脉冲的方式获取功耗的电路中时，脉冲期间的实际功耗有时大于电阻器的最大额定值。对于短期脉冲，实际热量由占空比和消耗的峰值功率决定。在批准使用此类电阻器之前，设计师应该确定如下内容：

a) 脉冲期间对电阻器施加的最大电压不超过极限电压。

b) 连续过量的功耗通过电阻器，不造成电路的失效。

c) 消耗的平均功耗在电阻器的额定值范围内。

d) 施加到电阻器的连续急剧升降波不会引起任何意外的故障。

6）高频的使用

对于大多数的电阻器，阻值越低，高频时它所具有的总阻抗越小。频率高于 120Hz 时，一般是不测试电阻器的总阻抗，所以此特性是不受控的。好的高频电阻性能的决定性条件是：考虑几何尺寸和最低的介电损失。对于最好的高频性能，电阻器长度与横切面积之比应该最大。合理选择电阻器的基体材料可降低介电损失，并且当使用介电粘合剂时，他们的总损失会降到最低。

7）额定功耗与寿命

如果要求电阻器的寿命长，且阻值偏移在某个极限内时，即便环境温度是适中的，且电阻器自身的准确度不重要时，通常需要对电阻器进行降额使用。当为需运行上千小时的设备选择电阻器时，可遵循的一个原则是降低到标称额定功耗的一半。例如电阻器自热是 1/3W，不要用 1/2W 的，而用 1W 的。这会使电阻器保持较低温度，减少长时间漂移，并减少温度系数的影响。对于不需长期运行但必须小尺寸的设备，此原则不适用，设计师应视具体情况而定。通常，温度低的电阻器比温度高的电阻器更能长久使用，并能提高抗瞬时过载能力。

8）耐湿

潮湿是元件和电子设备的最大敌人。通常，只有在设备打开时，电阻器由于自身发热才会保持干燥。如果设备必须在潮湿且不加电的条件下长时间放置，设计师就要确定设备能否在“发热”及阻值已发生变化的条件下工作，设备是否能在升温过程的阻值恢复期间正常地工作。如果不能，必须保护电阻器不吸潮。如果电阻器的设计不是用于它所使用的地方，不能说明电阻器性能不好。这就需要设计师分析以使电阻器满足这些要求。

9）镀锡层

使用锡含量大于97%（质量百分比）的合金可能在生产后出现锡须生长的问题。锡须会在生产后的一天或几年内出现并生长。在可能长锡须的表面涂上涂层也不能防止锡须的形成。铅含量不低于3%（质量百分比）的锡铅合金可抑制锡须的生长。

10）绝缘或涂层

预定用于高可靠电子设备的所有电阻器必须有绝缘层保护。例如用模压的酚醛壳、环氧树脂涂层、陶瓷、玻璃套管等。功率型线绕电阻器用多种粘结剂和珐琅釉瓷涂层来保护绕线以达绝缘，并提供防潮保护。本文件引用的规范中均包含用来考核承制方产品涂覆层的试验。

11）高海拔

除了介质耐电压试验在低气下进行外，电阻器的所经受的环境都在环境大气条件下进行。当考虑将这些电阻器用于高海拔条件下时，必须考虑这种条件所造成的影响。

12）电阻体

电阻体应有足够的强度以抵抗可能遇到的任何操作。规范通过对工艺和包装的规定，要求承制方说明产品在运输过程中、储存期间、在普通的组装过程中不会有开裂、缺口或损坏现象。

13）电阻器的热量

来自临近的其它电阻器或其它发热元件的辐射，此数据不容易计算。值得注意的是在这种条件下每个电阻器获取的热量超过了I^2R。当发热量大时，例如在叠加的线绕电阻器中，设计师应在产品设计定型之前，测量通电的设备，观察电阻器发热情况，才可做好散热工作。高的环境温度下要根据允许温升的降低来降低电阻器的实际功耗。设计师还必须意识到“发热”的电阻器所产生的热量可毁坏其他元件。记住这点是非常重要的。电容器、二级管及其它电阻器通常过热时不会立即失效，但过多热量的影响可劣化并削弱元件的性能，使之在后期突然失效。对热问题严格关注，就很容易去除一些麻烦。

14）可燃性

当特殊的应用涉及到可燃性时，使用者应该考虑可燃性。

以上对电阻器军用标准的发展、军标的分类、主要军标的内容和产品的使用等进行了较全面的介绍。愿通过阅读此文，对军用电阻器标准及产品的使用有一个全面的理解，更好发挥电阻器在武器装备中所起作用。

中国继电器标准概况

王　珏

一、概述

继电器广泛地应用在电力系统保护、生产过程自动化及各类自动、远动、遥控、遥测和通讯等自动化装置中，是现代自动化系统中最基本的元器件之一。继电器在GB/T2900.63《电工术语　基础继电器》中定义，继电器是一种当控制该元器件的输入电路达到规定条件时，在其一个或多个输出电路中会产生预定跃变的元器件。

继电器最初于十九世纪问世，首先用于简易电讯装置中，随着整个工业的飞跃发展，继电器结构日益完善，技术指标提高，规格品种增多并形成系列化。特别是近一、二十年来，为了适应空间技术发展，出现力许多高灵敏、多触点、大负荷、长寿命、快动作、适用于自动化生产的小型通用电磁继电器和超小型耐高温、耐辐射、耐冲击的高可靠航天继电器，以及新型的固体继电器。

目前广泛应用的继电器主要有电磁继电器、固体继电器、延时继电器、舌簧继电器、温度继电器、真空继电器等。

从继电器的电路角度来看，继电器分为两个部分：一个是控制部分，即输入回路；一个是被控制部分，即输出回路。当继电器的控制部分输入一个达到某一定值的物理量（如电、磁、光、热、声等）时，它的被控制部分中的电参量就能发生跳跃式的变化。

作为控制元件，继电器主要有以下作用：

（1）扩大控制范围。例如，多触点继电器（多达十组左右触点组）控制信号达到某一定值时，可以按触点组的不同形式，同时换接、开断、接通几路甚至十几路电路。

（2）放大。例如，灵敏型继电器、中间继电器等，用一个很微小的控制量，可以控制很大功率的电路。

（3）综合信号。例如，当多个控制信号按规定的形式输入多绕组继电器时，经过比较综合，达到预定的控制效果。

（4）自动、遥控、监测。例如，自动车床上的继电器与其它电器一起，可以组成程序控制线路，从而实现自动化操作。

二、国外继电器标准概况

1、国际电工委员会中有或无继电器标委会编号是 TC94，其前身是 IEC/TC41/SC41A《继电器、继电保护及自动装置标准化技术委员会/有或无继电器标准化分技术委员会》，1991 年 10 月的马德里年会作出决议，并于 1992 年经 IEC 理事会批准，取消 IEC/TC41/SC41A，转化成立了 IEC/TC94《有或无电气继电器标准化技术委员会》。标委会的主要工作范围是制定适用于 IEC 覆盖的各种电子与电气工程领域中使用的有或无机电继电器标准。这些继电器，通常作为电子与机电元件而大量生产，并最终按抽样技术和质量保证要求提交。从这些继电器的设计、结构和工作原理等方面考虑，是属于“电子或机电元件”范畴，其标准的体制、结构服从于“国际电工委员会电子元器件质量评定体系（IECQ）”的要求。

目前 IEC/TC94 已经正式发布的标准有

1）IEC61810－1　基础机电继电器　第 1 部分：总则与安全要求

2）IEC61810－2　基础机电继电器　第 2 部分：可靠性

3）IEC61810－7　基础机电继电器　第 7 部分：试验与测试程序

4）IEC61811－1　有质量评定有或无基础机电继电器 第 1 部分：总规范

5）IEC61811－10　有质量评定基础机电继电器 第 10 部分：分规范-工业用继电器

6）IEC61811－11　有质量评定基础机电继电器 第 11 部分：空白详细规范-工业用继电器

7）IEC61811－50　有或无机电继电器 第 50 部分：分规范-有质量评定的有或无机电电信用继电器

8）IEC61811－51　有或无机电继电器 第 51 部分：空白详细规范-有质量评定的有或无机电电信用继电器-非标准形式和结构

9）IEC61811－52　有或无机电继电器 第 52 部分：空白详细规范-有质量评定的有或无机电电信用继电器-两组转换触点，底座 20mm × 10mm

10）IEC61811－53　有或无机电继电器 第 53 部分：空白详细规范-有质量评定的有或无机电电信用继电器-两组转换触点，底座 14mm × 9mm

11）IEC61811－54　有或无机电继电器 第 54 部分：空白详细规范-有质量评定的有或无机电电信用继电器-两组转换触点，底座 15mm × 7.5mm

12）IEC61811－55　有或无机电继电器 第 55 部分：空白详细规范-有质量评定

的有或无机电电信用继电器-两组转换触点，底座 11mm × 7.5mm

13）IEC61812－1　工业用时间继电器 第 1 部分：要求与试验

14）IEC62246－1　干簧触点 第 1 部分：通用规范

15）IEC62314　固体继电器

另外，相关的术语标准有：

I1）EC60050－444　电工术语 基础继电器

2）IEC60050－445　电工术语 有或无时间继电器

2、美国军用标准

美国军用标准是由军方组织制定和批准的，供军方与承制方签订合同时使用。美国军用标准在技术内容上具有先进性，体系上具有完整性，结构上具有严密性，因此不仅在军需物资的采购中作为技术规范性文件，而且对研制方的生产、检验和操作都具有指导作用。

目前继电器的 FSC 分类号为 5945，其标准体系的层次是按基础类标准、通用规范和详细规范划分的。主要通用规范见下表：

序号	标准号	标准名称
1	MIL-C-24010A	CONTACTOR, ELECTRIC POWER LINE, AIRCRAFT, GENERAL SPECIFICATION FOR
2	MIL-DTL-12109D SUP 1	SOLENOID, ELECTRICAL; GUN-FIRING MECHANISMS, GENERAL SPECIFICATION FOR
3	MIL-DTL-19648E	RELAYS, TIME DELAY, THERMAL, GENERAL SPECIFICATION FOR
4	MIL-DTL-26126C	RELAYS, ELECTRICAL, OVERVOLTAGE, DC, GENERAL SPECIFICATION FOR
5	MIL-DTL-83725C SUP 1	RELAYS, VACUUM, GENERAL SPECIFICATION FOR
6	MIL-DTL-83729B	CHOPPERS, ELECTROMECHANICAL, GENERAL SPECIFICATION FOR
7	MIL-F-26301F	FLASHER, SOLID STATE, AIRCRAFT NAVIGATIONAL LIGHT, GENERAL SPECIFICATION FOR
8	MIL-I-81663	INDICATORS, BUILT-IN-TEST (BIT), GENERAL SPECIFICATION FOR
9	MIL-PRF-28750D(3) SUP 1	RELAYS, SOLID STATE, GENERAL SPECIFICATION FOR
10	MIL-PRF-28776D SUP 1	RELAYS, HYBRID, ESTABLISHED RELIABILITY, GENERAL SPECIFICATION FOR
11	MIL-PRF-32085(1)	RELAYS, ELECTROMAGNETIC, 270 V DC, ESTABLISHED RELIABILITY, GENERAL SPECIFICATION FOR

序号	标准号	标准名称
12	MIL-PRF-39016F SUP 1	RELAYS, ELECTROMAGNETIC, ESTABLISHED RELIABILITY, GENERAL SPECIFICATION FOR
13	MIL-PRF-6106L(5)	RELAYS, ELECTROMAGNETIC, GENERAL SPECIFICATION FOR
14	MIL-PRF-83536B SUP 1	RELAYS, ELECTROMAGNETIC, ESTABLISHED RELIABILITY, 25 AMPERES AND BELOW, GENERAL SPECIFICATION FOR
15	MIL-PRF-83726C(3) SUP 1A	RELAYS, HYBRID AND SOLID STATE, TIME DELAY, GENERAL SPECIFICATION FOR
16	MIL-R-19523B	RELAYS, CONTROL
17	MIL-R-21093A	RELAYS, ARMATURE, GENERAL PURPOSE, GENERAL SPECIFICATION (S/S BY MIL-R-5757D)
18	MIL-R-25018(2)	RELAYS, MINIATURIZED, HERMETICALLY SEALED, AIRBORNE EQUIPMENT, GENERAL SPECIFICATION FOR (SUPERSEDES MML&R&5757 IN PART)
19	MIL-R-28769	RELAY, ELECTRICAL, PHOTOSENSITIVE, (FOR CONTROL AND COMMUNICATION TYPE EQUIPMENT), GENERAL SPECIFICATION FOR
20	MIL-R-5757H(3) SUP 1	RELAYS, ELECTROMAGNETIC, GENERAL SPECIFICATION FOR
21	MIL-R-83368(1)	RELAY, ELECTROMAGNETIC, EMI SUPPRESSED, GENERAL SPECIFICATION FOR
22	MIL-R-83372	RELAYS, ELECTROMAGNETIC, HYBRID, EMI SUPPRESSED, GENERAL SPECIFICATION FOR
23	MIL-R-83407B	RELAYS, REED (MERCURY WETTED), GENERAL SPECIFICATION FOR
24	MIL-R-83516A(3)	RELAYS, REED, DRY, GENERAL SPECIFICATION FOR
25	MIL-R-83520	RELAYS, ELECTROMECHANICAL, GENERAL PURPOSE, NON-HERMETICALLY SEALED, PLASTIC ENCLOSURE (DUST COVER), GENERAL SPECIFICATION F
26	MIL-R-83722	RELAY, TELEGRAPH, ELECTRO-MECHANICAL GENERAL SPECIFICATION FOR (S/S BY MIL-R-5757E)
27	MIL-S-4040F	SOLENOID, ELECTRICAL, GENERAL SPECIFICATION FOR
28	MIL-S-55433C	SWITCHES, REED, GENERAL SPECIFICATION FOR

三、国内继电器标准概况

1、我国有或无继电器标准化委员会代号是 TC217，其前身是 TC154/SC1“全国继电器、继电保护及自动装置标准化技术委员会/有或无继电器标准化分技术委员会”，由原机械工业部许昌继电器研究所总归口。在 IEC 标准化委员会发生变化后，我国对应的标准化组织也进行了相应的调整。1994 年根据原国家技术监督局“技监局标函（1994）156 号文”成立了国际上对口 IEC/TC94“有或无电气继电器标准化委员会”，由中国电子技术标准化研究所归口。

有或无电气继电器标准化委员会开展标准化活动以来，为我国有或无电气继电器专业的标准化工作、产品开展国内和国际质量认证（IECQ）、继电器技术赶超世界先进水平作出了积极的贡献。

目前标委会主要负责全国有或无电气继电器、机电继电器、干簧继电器、干簧管、水银湿簧继电器、水银湿簧管、真空继电器、定时继电器、固体继电器、混合继电器、机电斩波器、恒温继电器等专业领域的标准化工作，从事全国性标准化工作的技术工作组织，负责本专业技术领域的标准化技术归口工作。

为便于与国际标准接轨，我国的继电器标准体系基本参照 IEC 的标准体系。目前经国标委确认的国家标准共 7 项，另外有两项继电器名词术语的国家标准。

1）GB/T 14598.6－1993　电气继电器　第十八部分:有或无通用继电器的尺寸

2）GB/T 14598.5－1993　电气继电器　第十五部分:电气继电器触点的寿命试验试验设备的特性规范

3）GB/T 14598.4－1993　电气继电器　第十四部分:电气继电器触点的寿命试验触点负载的优先值

4）GB/T 18908.1－2002　工业用时间继电器　第 1 部分:要求和试验

5）GB/T 16608.1－2003　有质量评定的有或无基础机电继电器 第 1 部分：总规范

6）GB/T 14598.1－2002　电气继电器　第 23 部分:触点性能

7）GB/T 21711.1－2008　基础机电继电器　第 1 部分：总则与安全要求

另外两个继电器术语标准是

1）GB/T 2900.63－2003　电工术语 基础继电器

2）GB/T 2900.64－2003　电工术语 有或无时间继电器

此外，与 IEC 标准体系对应的 6 个标准已处于报批阶段：

1）GB/T ××××－200×　有或无机电继电器 第 50 部分：分规范-有质量评定的有或无机电电信用继电器

2）GB/T ××××－200×　有或无机电继电器 第 51 部分：空白详细规范-有质量评定的有或无机电电信用继电器-非标准形式和结构

3）GB/T ××××－200×　有或无机电继电器 第 52 部分：空白详细规范-有质

量评定的有或无机电电信用继电器-两组转换触点，底座 20mm × 10mm

4）GB/T ××××-200× 有或无机电继电器 第 53 部分：空白详细规范-有质量评定的有或无机电电信用继电器-两组转换触点，底座 14mm × 9mm

5）GB/T ××××-200× 有或无机电继电器 第 54 部分：空白详细规范-有质量评定的有或无机电电信用继电器-两组转换触点，底座 15mm × 7.5mm

6）GB/T ××××-200× 有或无机电继电器 第 55 部分：空白详细规范-有质量评定的有或无机电电信用继电器-两组转换触点，底座 11mm × 7.5mm

2、军用标准

我国的军用标准体系是在美国军用体系的基础上并根据我国继电器产品发展的实际情况建立起来的，为我国继电器的研制、生产、使用及发展都起到了重要作用。目前我国军用继电器体系的结构与美军标类似，按基础标准、通用规范、详细规范的结构框架。具体情况如下：

——专业基础标准：

（1）GJB/Z39.1－1993 军用继电器系列型谱 固体继电器

（2）GJB/Z52－1994 功率型密封电磁继电器系列型谱

（3）GJB/Z39.2－2001 军用继电器系列型谱 密封电磁继电器

——产品通用标准：

（1）GJB65B－1999 有可靠性指标的电磁继电器总规范

（2）GJB1042A－2002 电磁继电器总规范

（3）GJB1429－1992 热延时继电器总规范

（4）GJB1434－1992 真空继电器总规范

（5）GJB1436－1992 干簧继电器总规范

（6）GJB1439－1992 机电斩波器总规范

（7）GJB1461－1992 含可靠性指标的电磁继电器总规范

（8）GJB1513A－2009 混合和固体延时继电器总规范

（9）GJB1514－1992 水银湿簧继电器总规范

（10）GJB1515A－2001 固体继电器总规范

（11）GJB1517－1992 恒温继电器总规范

（12）GJB1930－1994 干簧管总规范

（13）GJB2449－1995 塑封通用电磁继电器总规范

（14）GJB2820－1997 舰用控制继电器通用规范

（15）GJB2888－1997 有可靠性指标的功率型电磁继电器总规范

（16）SJ20834－2002　气体和液体流量继电器总规范

（17）GJB××××-××　有可靠性指标的混合继电器总规范（

（18）GJB××××-××　有可靠性指标的射频继电器总规范

（19）GJB ××××-××　射频继电器通用规范

四、国内继电器产业情况

1、民用继电器的现状与发展

近年来国际继电器巨头几乎都增加了在华投资，外商独资化倾向趋强，力图掌控中国继电器产业发展主控权，如欧姆龙的深圳公司和上海欧姆龙的扩建及第四代通信继电器的商场都说明了这一点。投资规模不断扩大，呈现出投资目标战略化、投资结构产业化、投资产品系列化和投资配套化的新趋势。

从近几年的发展来看，继电器产品的主要市场正从传统的电子产品转向数字化产品：通讯、计算机、数字音视频设备以及信息家电等产品，继电器市场已出现多数传统产品供大于求的局面，多数继电器产品供大于求与高技术高附加值产品短缺矛盾并存，供求关系已由总量平衡转向结构性矛盾。我国程控交换机、网络终端设备、高级轿车等所需继电器市场可观，但这些继电器却全依赖进口或由内地外资企业生产供货。市场需求的广泛性、多样性，促使继电器发展呈多元化、多层次、个性化趋势，未来定制产品将日渐增多。

随着通信事业的发展和技术进步，第三代通信继电器已有逐步被第四代通信继电器更新替代的明显趋势，第四代通信继电器外形尺寸小，功耗低，质量轻，因此受到用户的青睐。由于我国汽车行业的发展尚处于散状竞争阶段，使得所用继电器也呈散状发展形态，技术与质量仍有相当差距。今后的发展方向是组合化，将传统的多线各路单功能控制扩展为继电器与微电子紧密结合的数线多路智能化组合式控制。

固体继电器由于其具有长寿命、高可靠、高灵敏、低功耗等优点，近年来在我国继电器行业的发展迅猛，技术、质量等方面提升都很快。良好的质量和更低的制造、销售成本的突破，是我国固体继电器发展的关键。另外，在今后的发展中还应重点开发适合于家电、汽车等消费类市场所需的小型化、低价位、高可靠的大功率、智能化及针对细分市场应用的固体继电器。

高频继电器、光电子继电器、微电子继电器等，由于高新技术产业的发展呈现日渐旺盛的市场前景，其应用将会提高并促进相关领域的技术进步，特别是医疗机械对微电子继电器有很大的需求，这些技术在国际上已有相当的突破和发展，但我国继电器行业与国际的差距还很大，这也是我国民用继电器发展的一个重点方向。

2、军用继电器的现状与发展

我国的军用继电器主要是为满足国内武器装备的使用需求而发展起来的。从最初的第一条军用继电器生产线的引进至今，我国的军用继电器已有近三十年的历史。最初产品的零部件几乎全部是进口，目前已经发展成为从外壳到内部零部件全部国产化，继电器产品的质量也与国外同类产品相同或接近，军用继电器产品的品种已多达五百多种,其中电磁继电器、固体继电器、混合和延时固体继电器在武器装备上使用的最为广泛，军用继电器具有技术要求高，制作难度大的特点。

在军用继电器的发展过程中，GJB/Z39.2－2001《军用继电器系列型谱　密封电磁继电器》、GJB/Z39.2－1993《军用继电器系列型谱　固体继电器》、GJB/Z52-94《功率型密封电磁继电器系列型谱》对产品的系列化、通用化、标准化都起到了指导性作用，为继电器研制、开发、生产及军用装备在优先选用系列和品种提供另基本依据。

军用继电器的发展目标是不断提高技术性能和性能价格比，不断缩小外形尺寸，不断进行结构和材料创新，提高可靠性。整机系统对功能元件的要求越来越高，希望多功能化、组合化、系统集成化、模块化、智能化，从单一开关功能的传统继电器转变为多功能的组合式继电器是军用继电器的一个发展方向，混合和延时继电器和模块化、智能化的固体继电器的需求也逐渐增多。另外，近几年大电流接触器的新品研制任务增多，多是仿制国外同类产品，这也显示出接触器在军用领域有一定的需求趋势。

关于阻容元件无失效率等级标准的探究

彭　伟

一、无失效率等级的内涵

在阻容元件的军用标准中涉及到无失效率等级的标准有二类：一类是只规定一种无失效率等级的标准；另一类是规定了有、无失效率等级（和宇航级）的标准，通常，后者规定的性能指标及考核条件要严于前者的规定。第一种无失效率等级产品的生产满足相应规范的全部要求即可，而第二种无失效率等级产品的生产是有条件的，通常，按照阻容元件的军用标准而言，是生产单位按军用规范生产了失效率等级为六级的基础上、在同一条生产线上（即采用已有的质量保证体系）生产、产品根据有失效率等级产品设计、而无需强制进行质量一致性检验和失效率等级评定的产品。按照美国军方在 1996 年电阻器标准协调会的说法是：无失效率等级的元件是一种采用与有失效率等级产品相同材料和工艺，并在鉴定合格产品生产线上生产的产品，该类产品不需经受质量一致性检验，制造商必须对同类产品的鉴定达到最低失效率等级六级。其目的就是为需方降低成本。

从以上陈述可以看出，第二种无失效率等级是有别于第一种无失效率等级的，其性能指标是与有失效率产品的性能指标应该是一样的，只是不进行质量一致性检验及定级评定，其目的是为降低成本。价格虽便宜，但使用者需冒一定风险。

二、无失效率等级标准的发展趋势

我国的军标体系是依据美军建立的，阻容元件的国家军用标准也不例外，美国军用标准改革进展已十多年，各类产品标准的状况如何？是否也像我国军用标准这样，无失效率等级涉及二份标准呢？2007 年月 11 月对阻容元件的美军标进行了收集，并将对应的国军标及相关国军标进行了列表比，详见表 a 和表 b。

表 a　电阻器美军标与国军标的对比

序号	对应的美标号及名称	国军标号及名称	无失效率等级生产的基线	小门类	美军标的时效性
1	MIL-PRF-32159 宇航级、高质量等级、工业级零欧姆片式膜固定电阻器通用规范	GJB×××× 含宇航级零欧姆片式膜固定电阻器通用规范	--	零欧姆片式	有效
2	MIL-PRF-55342H 有、无可靠性指标及宇航级的片式膜固定电阻器总规范	GJB 1432B－×××× 片式膜固定电阻器总规范	至少六级	表面安装	有效
3	MIL-PRF-914B 有、无可靠性指标的表面安装膜固定电阻网络总规范	SJ 表面安装膜固定电阻网络总规范	至少六级	表面安装	有效
4	MIL-PRF-55182H 有或无可靠性指标及宇航级膜固定电阻器总规范	GJB 244A－2001 有质量等级的薄膜固定电阻器总规范	至少六级	低功率	有效
5	MIL-R-10509H 高稳定薄膜固定电阻器总规范	GJB 1929－1994 高稳定薄膜固定电阻器总规范	--	低功率	废止
6	MIL-PRF-18546G 散热器安装功率型线绕固定电阻器总规范	GJB 4154－2001 散热器安装功率型线绕固定电阻器总规范	--	带散热器功率	废止
7	MIL-PRF-39009E 有或无可靠性指标的带散热安装功率型线绕固定电阻器总规范	---	至少六级	带散热器功率	有效
8	MIL-PRF-26G 功率型线绕固定电阻器总规范	GJB 2828－1997 功率型线绕固定电阻器总规范	--	功率	有效
9	MIL-PRF-39007J 有或无可靠性指标、宇航级的功率型线绕固定电阻器总规范	GJB 含宇航级功率线绕固定电阻器通用规范	至少六级	功率	有效

表 a（续）

序号	对应的美标号及名称	国军标号及名称	无失效率等级生产的基线	小门类	美军标的时效性
10	MIL-PRF-39035D 有或无可靠性指标的非线绕预调电位器总规范	GJB 3015－1997 有可靠性指标的非线绕预调电位器总规范	至少六级	非线绕预调	有效
11	MIL-PRF-22097J 非线绕预调电位器总规范	GJB 918－1990 非线绕预调电位器总规范	--	非线绕预调	有效
12	MIL-PRF-39015E 有或无可靠性指标的螺杆驱动线绕预调电位器总规范	GJB 2149－1994 有可靠性指标的螺杆驱动线绕预调电位器总规范	至少六级	线绕预调	有效
13	MIL-PRF-27208F 线绕预调电位器总规范	GJB 917－19 线绕预调电位器总规范	--	线绕预调	有效

表 b　电容器美军标与国军标的对比

序号	对应的美标号及名称	国军标号及名称	无失效率等级生产的基线	小门类	美军标的时效性
1	MIL-C-27287 塑料膜介质直流固定电容器总规范	SJ 20471－1994 塑料膜介质直流固定电容器总规范	--	有机	废止
2	MIL-PRF-55514F 有和无可靠性指标的塑料膜介质交直流固定电容器总规范	GJB 972A－2002 有和无可靠性指标的塑料膜介质交直流固定电容器总规范	至少六级	有机	有效
3	MIL-C-5F 云母介质电容器总规范	GJB1313－1991 云母电容器总规范	--	无机	废止
4	MIL-PRF-39001D 有可靠性指标和无可靠性指标的云母固定电容器总规范	GJB 191A－1997 有可靠性指标的云母固定电容器总规范	至少六级	无机	有效
5	MIL-PRF-49464B 有可靠性指标的单层片式瓷介电容器总规范	GJB 2442－1995 有可靠性指标的单层片式瓷介电容器总规范	--		有效

表 b（续）

序号	对应的美标号及名称	国军标号及名称	无失效率等级生产的基线	小门类	美军标的时效性
6	MIL-PRF-55681F 有和无可靠性指标的非密封多层片式瓷介电容器总规范	GJB 192A－1998 有可靠性指标的非密封多层片式瓷介电容器总规范	至少六级		有效
7	MIL-PRF-123D 高可靠瓷介固定电容器总规范	GJB 4157－2001 高可靠瓷介固定电容器总规范	--	瓷介	有效
8	MIL-PRF-20K 有可靠性指标的和没有可靠性指标的 I 类瓷介电容器总规范	GJB 468－1988 有可靠性指标的和没有可靠性指标的 I 类瓷介电容器总规范	至少五级	瓷介	有效
9	MIL-PRF-39014G 有、无可靠性指标的一般用途的瓷介电容器总规范	GJB 924－1990 有可靠性指标的 2 类瓷介电容器总规范	至少六级	瓷介	有效
10	MIL-C-11015D	GJB 1314－1991 2 类瓷介电容器总规范	--	瓷介	废止
11	MIL-PRF-39018F 有和无可靠性指标的铝电解电容器总规范	GJB 603－1988 有可靠性指标的铝电解电容器总规范	至少六级	铝	有效
12	MIL-C-62D 铝电解电容器总规范	GJB 3516－1999 铝电解电容器总规范	--	铝	废止
13	MIL-C-3965H 非固体电解质钽电容器总规范	GJB 1312A－2001 非固体电解质钽电容器总规范	--	液钽	废止
14	MIL-PRF-39006G 有可靠性指标的非固体电解质钽固定电容器总规范	GJB 733A－1996 有可靠性指标的非固体电解质钽固定电容器总规范	--	液钽	有效
15	MIL-PRF-49137C 非气密封固体电解质钽电容器总规范	GJB 1520－1992 非气密封固体电解质钽电容器总规范	--	固钽	有效
16	MIL-PRF-39003L 有可靠性指标的固体电解质钽电容器总规范	GJB 63B－2001 有可靠性指标的固体电解质钽电容器总规范	--	固钽	有效

表 b（续）

序号	对应的美标号及名称	国军标号及名称	无失效率等级生产的基线	小门类	美军标的时效性
17	MIL-PRF-55365F 有和无可靠性指标的片式固体电解质钽电容器总规范	GJB 2283－1995 有可靠性指标的片式固体电解质钽电容器总规范	至少六级	片钽	有效

通过表中我国军用标准与美国军用标准的名称及相关信息的对比可以看到：

1、美军标的有失效率等级的标准中正逐步增加无失效率等级的规定

表 a 中序号 10 和 12；表 b 中序号 17、19、22、24、30。

2、单一无失效率标准正逐步退出历史舞台

表 a 的序号 4 至 13 和表 b 所列的均是同一小门类的一组一组标准，从这些成对的标准中可以看到，美军标准中对单一失效率等级的标准大都废止，而只保留有、无失效率等级的标准（如：序号 4 和 5、6 和 7、14 和 15，16 和 17 等），而我国军标标准是这两种标准并存。

舍去单一的无失效率等级向着有失效率等级的标准发展，这恐怕是历史发展的必然，但这种情况是否适合我国当前国情的发展的呢？在电阻器行业的贯标产品中除金属膜电阻器及片式电阻器外，涉及有失效率等级标准的产品几乎少得可怜；在电容器专业中，贯有失效率等级的产品没有占到全部贯标产品的一半（固体钽和瓷介占多数）。这表明在我国当前的国情下要想舍去单一的无失效率等级标准，只保存有失效率等级的标准是不现实。因此说在目前的国情下，我国尚需保留单一的无失效率等级的标准。

两种无失效率等级标准的同时存在确实有点混淆视听，阻容元件有失效率等级标准中的无失效率等级的供货在当前我国国情的情况下是不太可能实现的，因此笔者认为标准中应舍去，但与此同时，考虑到美军标中增加这种无失效率等级以节约成本是一种发展的趋势，这种趋势也是我国阻容元件的发展的必然，所以现阶段两种无失效率等级的并存只能作为一个历史的过渡阶段。

三、生产无失效率等级的条件

在 2007 年所编制的阻容元件国军标中，无失效率等级的生产条件是有所区别的，电阻器按美标的要求在失效率等级为六级的基础上方可供无失效率等级的产品，而电容器要求是至少五级。为此笔者查阅了美军标中所有阻容元件中含有、无失效率等级的标准，美军电阻器标准协调会中已提到至少六级失效率，而在美军电容器标准中六

份标准中有五份明确规定是至少六级才可，有一份Ⅰ类瓷介电容器标准规定至少失效率五级才可以生产无失效率等级的产品。由此可以看出，生产无失效率等级是有条件的，一般情况，应满足至少生产失效率等级为六级的生产线。

机电组件和光电器件篇

我国射频连接器国际标准化综述

吴正平

摘　要　介绍我国近几年在射频连接器国际标准化方面取得的成就，分析了我国为什么要制定国际标准、以及国际标准对我国射频连接器行业产生的巨大影响。

关键词　射频连接器　国际标准

1　四年提出 13 项国际标准提案，我国已成为射频连接器国际标准的主导制定国

从 2005 年 1 月我国提出第一项射频连接器国际标准提案至今，我国已相继提出了 13 项射频连接器国际标准提案。目前已有 4 项成为正式的国际标准，5 项标准处在 CDV 阶段，即将成为正式标准，其它标准也在顺利进行中。

从 IEC SC46F《微波无源元件》的网站上可知，目前射频连接器的在研工作项目（Work Programme）共有 10 个，其中有 9 个是我国项目（见表 1）。因此，我国目前已成为射频连接器国际标准的主导制定国。在未来的几年里，我国还将有更多射频连接器国际标准项目要提出。

表 1　IEC SC46F“微波元源元件”网站中在研项目

序号	项目代号和名称	目前所处状态	提出国家
1	PT 61169-18 – SSMA 系列射频同轴连接器分规范	CDV	中国
2	PT 61169-19 - SSMB 系列射频同轴连接器分规范	CDV	中国
3	PT 61169-35 -2.92 系列射频同轴连接器分规范	CDV	中国
4	PT 61169-40 -2.4 系列射频同轴连接器分规范	2CD	中国
5	PT 61169-41 - CQA 系列快速锁紧射频同轴连接器分规范	CDV	中国
6	PT 61169-42 - CQN 系列快速锁紧射频同轴连接器分规范	CDV	中国
7	PNW 46F-152 Ed. 1.0 -IEC 61169-43 Ed 1.0: 射频连接器 – 第 43 部分: RBMA系列盲配射频同轴连接器分规范	NP	中国
8	PNW 46F-154 Ed. 1.0 -IEC 61169-44 Ed 1.0: 射频连接器 – 第 44 部分: SMP系列盲配射频同轴连接器分规范	NP	中国
9	PNW 46F-156 Ed. 1.0- IEC 61169-45 Ed 1.0: 射频连接器 – 第 45 部分: SQMA系列快速锁紧射频同轴连接器分规范	NP	中国

2　我国生产射频连接器基本情况

射频连接器作为微波接口元件，必须能传输高质量的射频信号，同时又具有高可

靠的连接机构。由于射频连接器对结构、设计和微波性能的高要求，使得射频连接器成为一种劳动密集性的高科技产品。具体表现在：

1）射频连接器的设计必须要有高科技人才。他们必须具有力学、化学、结构学等多科基础理论知识，有较强的微波传输理论和精密机械设计理论知识，还必须掌握计算机仿真优化技术、微波测试技术、微波补偿技术和精密加工工艺技术等，同时对用户的使用场合和应用环境要有较深入的了解和分析能力。

2）射频连接器的加工需要大量的精密加工设备和技术人才。随着整机设备要求的提高，对射频连接器提出了更高的要求，产品要更小，频率更高，损耗更小，传输功率更大，因此，产品的加工精度必须很高。目前射频连接器都是采用的精密数控机床设备加工，而操作这些精密数控机床又需要大量的精密加工技术人才。

3）射频连接器的组装还不能实现自动化，需要大量的有经验的装配技术工人。每个射频连接器都有许多零部件，这些零部件在组装成射频连接器的过程中需要精密制作，并精心调试，最后才能组装成一个完整的射频连接器。目前国内外都没有实现射频连接器的全自动化生产和/或装配，射频连接器的组装需要大量的有经验的装配技术工人。

4）射频连接器的测试也需要高精密高频率的测试设备和相关的专业测试技术人员。目前射频连接器的最高使用频率达 100GHz，而要精确测量射频连接器在这些频率下的传输性能、扰干扰性能，需要高精密的测试手段，同时也需要能很好操作这些高精密测试设备的测试技术人员。

这些条件在我国现阶段较容易实现，首先，随着我国近些年经济实力的增强，企业都得到了快速发展，一些精密的数控机床和相应的测试手段通过资金都能解决，目前,国内大多数射频连接器生产厂家都是采用的数控机床加工生产，相应的测试手段也基本配套。有些企业采用的数控机床甚至是目前世界上顶尖的设备，部分企业的测试手段频率达 65GHz，这些先进的设备大大地促进了我国射频连接器的发展。

人力资源则是我国射频连接器行业最大的优势，我国射频连接器经过几十年的发展，不仅具有较高水平的射频连接器的生产基础，同时也培养了大批具有较高水平的射频连接器设计人员、有经验的测试、精密加工和装配技术工人，同时，随着一大批国际射频连接器跨国公司，如 RADIALL、Rosenberger 和 Amphenol、TYCO 等等企业都在国内投资办厂，这些企业不仅为我国带来大量的先进技术、设备和先进的管理，同时也为我国培养了更多的射频连接器国际型人才。这些射频连接器人才是我国的宝贵财富，他们不仅促进了我国射频连接器的快速发展，同时也加速了国外企业向中国转移的步伐。

3 我国射频连接器产业正处在快速发展时期

3.1 射频连接器的需求不断提高

射频同轴连接器的发展历史虽然仅有短短的几十年，但因其具有良好的宽带传输特性及多种方便的连接方式，使其在卫星、雷达、无线和有线通信、航空、航天和航海诸多领域的运用越来越广泛，在许多场合，代替了波导。人们普遍使用的广播、电视、手机、电脑、汽车等，其音视频信号的发射和接收设备都要用到射频连接器。射频连接器的标准化是各类音视频信号发射和接收设备互联、互通、互操作的基础。

世界著名的连接器市场研究公司（Bishop& Associates）的一份研究报告全面分析了世界射频同轴连接器市场。该报告称在商用和军用市场以及电讯和数据通讯市场中的移动和无线通讯需求增长的推动下，世界范围内射频同轴连接器市场自 2002 年以来年均增长率达到 10.8%。2006 年至 2008 年射频同轴连接器市场及分布情况如表 2 所示。2007 年世界射频同轴连接器市场总计 18.79 亿美元，比 2006 年的 17.49 亿美元，增长了 7.5%。欧洲消费的射频同轴连接器首次超过北美。中国和其它地区的增速是最快的，与 2006 年相比，2007 年的销售额分别增长了 16.8%和 17.5%。

2008 年是射频微波连接器工业表现极为出色的一年，在经济危机肆虐全球的不利条件下，在其它电子元件普遍遭受打击而萎缩的情况下，世界射频同轴连接器却逆势上扬，排除用于 CATV 的 F 型射频连接器，总的市场销售额达到 19.825 亿美元，比 2007 年的 18.790 亿美元增长 5.5%（见表 3），大大高于 2008 年世界连接器整体市场 2.7%的增长率。RF 同轴连接器占世界连接器整个市场的份额由 2007 年的约 4.08%微升到 2008 年的约 4.5%。世界 RF 同轴连接器自 2002 年以来年均增长率超过了 10%。预计，至 2012 年世界射频同轴连接器市场的年均增长率为 8.1%，年销售额将达 30 亿美元，中国市场将达 7.624 亿美元。

表 2 2006 年～2008 年世界各大区射频连接器市场（亿美元）

地区	2006年	2007年	同比增幅	2008年	同比增幅
北美	4.557	4.439	-2.6%	4.335	-2.3%
欧洲	4.267	4.779	12.0%	5.162	8.0%
日本	2.451	2.561	4.5%	2.722	6.3%
中国	3.132	3.657	16.8%	4.011	9.7%
亚太	1.977	2.057	4.0%	2.164	5.2%
其它地区	1.104	1.297	17.5%	1.433	10.5%
世界合计	17.488	18.790	7.5%	1.9825	5.5%

3.2 出口量逐年增加

我国射频连接器产业经过二十多年的采用国际标准和国外先进标准，目前我国所生产的产品都是国际通用系列的产品，且部分企业生产的通用射频连接器产品（2 级）能达到国外先进企业同类产品的水平，也能达到国际标准（IEC）和美国军用标准（MIL）标准的水平，并能与国外产品互配互换。而由于我国射频连接器产品的成本和价格优势，使得我国射频连接器产品在国际市场上有较大的竞争力，产品出口量逐年增加。表 2 是部分射频连接器企业（近几年主要参入 IEC 标准提案的起草单位）的产量及出口情况。

表 3　近 3 年我国部分企业的售销及出口情况

单位：万元人民币

企业名称	2006 年		2007 年		2008 年		2009 年第 1 季度	
	总销量	出口量	总销量	出口量	总销量	出口量	总销量	出口量
西安富士达科技股份有限公司	11880	1181	10534	3515	11868	4789	3919	214
陕西华达科技有限公司	18542	0	17581	0	17792	237	5795	143
宁波吉品信息	7098	415	9669	1059	15406	2237	4630	629
镇江蓝箭	6300	500	7500	800	8300	1200	2100	380
江苏捷士通科技股份有限公司	11750	160	16550	410	23750	860	10960	480
苏州市吴通通讯器材有限公司	11000	450	15800	550	21900	1460	6800	50

3.3　生产已走向规模化、专业化

随着我国射频连接器生产规模的扩大，竞争的加剧，我国射频连接器已开始走向专业化和细分化的生产模式。许多射频连接器生产厂只专门生产某几个品种，以规模和质量来占领市场，还有许多企业转向生产专用零部件，例如：垫圈、插针或插孔、簧片（圈）、专业电镀、射频连接器盖帽等，其中江苏一家生产 F 型射频连接器的企业，仅 F 型射频连接器的产值就达 3 亿元人民币、广东一家专门生产射频连接器盖帽的企业，仅生产的射频连接器盖帽，其产量就达几亿只。专业化生产和产业细分，不仅提高了射频连接器的生产效率和质量，形成规模化效应，同时也进一步扩大了我国射频连接器产品的国际竞争力。

3.4　企业成长快，资源整合已开始出现

据保守估计目前仅国内的射频连接器企业已达600百余家，还不断有一些企业新进入到射频连接器行业。年产值已在亿元以上的射频连接器企业已有十几家，虽然这些企业与国外跨国公司相比还比较弱小，但这些企业成长速度很快，以西安富士达公司为例：该公司从1998年的2万元起步，经过10年的发展，目前已成为年产值达2亿，年出口创汇达4000多万元的规模化企业。同时这些企业相对比较集中，仅西安地区就有一百多家，镇江地区也有一百多家。还有一些新生的企业不断出现，这就为我国资源整合创造了有利条件。2007 年由西安西京电气集团公司牵头在地方政府的大力支持下，已实现地方整合的雏形，成立了西安电连接器产业基地，旗下汇集了110多家射频连接器生产企业。资源的有效整合为做大做强我国射频连接器奠定了基础，创造了条件，必将增强我国企业与跨国公司的竞争力，相信在不远的将来我国将会出现与跨国公司同样强大的企业。

4　技术创新打破了国外专利垄断，提升了我国产品的国际竞争力

以前我国射频连接器产品主要以仿制为主，许多产品都是泊来品，自主开发的产品相对较少。随着我国射频连接器产业的快速发展，近些年来，国外跨国集团为了保持其霸主地位，专利垄断越来越突出，最有代表性的是国外 RADIALL 公司和HUBER+SUHNER公司为了满足快速连接的使用需求，联合开发出的QMA和QN型快速连接型射频连接器，他们不仅这这些产品申请欧洲、美国等众多的专利，还联合成立了快速连接组织（QLF）、制订了组织内部专用的QMA和QN产品标准（即QLF标准）及其加盟办法。只有加盟该组织的企业才能使用其专利、标准和商标（QLF®）。随后Rosenberger和Amphenol等国际跨国公司也陆续加盟。

QN和QMA的主要结构尺寸分别与标准N型和SMA型螺纹式射频连接器基本相同，但与N型和SMA型射频连接器相比，具有1）能快速连接，更容易装配；2）安装更方便、更可靠，特别是安装速度能提高10倍；3）插合后可360°旋转，使电缆组件容易布线，不会产生机械应力或造成电气性能的降低等优点，使得这些产品受到国际上许多用户的青睐，在许多应用场合已用来分别代替传统的螺纹连接机构的N型和SMA型连接器。

这些专利及其联盟组织对我国射频连接器企业及及整机用户单位的影响是非常大的：对我国射频连接器企业来说，申请加盟该组织除需一次性支付较大的费用外，每生产一个产品都需要交纳专利费。这对我国相对弱小的射频连接器企业来说将是承重的负担，但如果仿制这些专利产品又将会面临专利纠纷。特别是在知识产权越来越受重视的今天，我国已成为WTO的成员国，必须遵守WTO有关知识产权的规定，

一旦被发现未经许可就仿制有专利的产品，就必然面临国际专利官司及其巨额的专利赔偿费，同时企业名誉也受到损失。对我国广大的整机用户单位来说，使用国外专利产品不仅造成成本的提高，也对我国整机设备带来隐患。由于 QN 和 QMA 产品拥有众多专利保护，是垄断性产品，因此产品价格很高，使用这些产品必然造成整机设备成本的提高。如果在战争时期，可能还会遭到了国外封锁。因为 QN 和 QMA 产品是一种接口元件，一旦在整机设备上（无论军用还是民用）推广使用 QN 和 QMA 型产品，就必然要大量使用该类产品，而由于这些产品受到专利保护，国内企业大多不敢生产这些产品，只有依赖进口，一旦遇到国外封锁，必然给我国整机单位甚至整个国家造成巨大损失。

为应对国外多家跨国公司联盟的专利封锁，我国射频连接器企业坚决走自主创新之路，不仅打破了国外的专利封锁，相继开发出了下列可以与国外专利产品媲美的并用于代替国外专利产品的快速连接型射频连接器，同时，也扩充了我国快速连接器的品种系列，大大提高了我国射频连接器的国际竞争力：

1）CQA 和 CQN 型快速连接型射频连接器。为应对国外专利封锁，我国西安富士达公司和陕西华达科技有限公司在国内相关专家的支持和帮助下相继分别自主研发出 CQA 和 CQN 等系列快速连接型射频连接器，其中，CQA 型射频连接器主要用于代替国外 QMA 专利产品，CQN 主要用于代替国外 QN 专利产品。CQA 和 CQN 连接器产品不论在结构、还是在性能方面与相应的国外专利产品相比，都有一定的优势。为了提高这些产品的国际竞争力，我国不仅对这些产品申请了国内外专利，同时也向 IEC 申请制定了相应的国际标准。IEC61169-41《射频连接器 第 41 部分：CQA 系列射频连接器分规范》和 IEC61169-42《射频连接器 第 42 部分：CQN 系列射频连接器分规范》。目前该两个国际标准得到了大多数国家的支持，目前已进入 CDV 阶段，预计 2010 年能成为正式的国际标准。

2）除此之外，中国电子科技集团公司第四十研究所自主研发的 CQM 型快速分离、大功率射频连接器，满足了整机拆装快速、高效的要求。填补了国内外无大功率快速连接型射频连接器的空白。我国也于 2007 年提交该产品国际标准提案，该标准的提出，受到了国外专家的广泛关注，国际标准在 NP 阶段就被某个国家快速地转化为其国家标准。目前该标准已于 2009 年成为正式的国际标准 IEC 61169-39《射频连接器 第 39 部分：CQM 系列射频连接器分规范》。随着该国际标准的制订与发布，该系列产品会逐步成为国际通用的产品，应用领域会越来越广泛，市场前景会越来越广阔。

5 技术创新和产业的快速发展需要国际标准作支撑

5.1 射频连接器产品必须实现国际通用，才具有生命力

射频同轴连接器是一种传输射频信号(频率在200MHz以上)的微波接口元件，广泛地应用在器件与器件、组件与组件、系统与子系统之间形成电气连接和射频信号的传递，它在微波电路中起着连接或分断同轴电缆、微带电路、传输射频信号的作用。若果把军用和民用整机设备或系统的各个器件、各个组件、各个部件和子系统比作人体的大大小小的不同器官的话，射频连接器就是人体各器官之间的连接关节。该连接关节不仅要起到牢固的连接作用，还需要具有准确无误地系统指令的作用。因此射频连接器的性能、质量和可靠性直接决定了设备或系统的功能是否能正常运转，而其标准化、通用化和互配互换性则直接决定了各器件、各组件、各部件、各子系统、各设备和系统的互联、互操作。特别是经济和技术发展全球化的今天，射频连接器必须实现国际标准化才能有生命力。

5.2 国外跨国公司经济、技术和营销能力强，可成为事实上的国际标准

以前，射频连接器国际标准主要由欧美等发达国家所垄断，一些具有技术引导性的公司开发出新型射频连接器后，首先制定成IEC标准，使这些产品很快成为国际通用产品，以达到推广应用的目的，因此射频连接器国际标准在2000年前一直非常活跃的专业领域。

现在，国外跨国公司更关心用专利进行垄断，因为这些跨国公司经济和技术实力强大，产品开发能力和营销能力都很强，已不需要制定国际标准来宣传产品，其产品一经研发出来，就能很快成为事实上的国际标准产品，被各国所仿制。特别是跨国公司的联合开发、联合标准和联合专利垄断，已成为国际上射频连接器发展的新趋向。最典型的事例就是前面提到的RADIALL公司和HUBER+SUHNER公司联合开发的QMA和QN型射频连接器及其专利和QLF（Quick lock formula）快速连接组织。

5.3 我国自主研发的产品应提交国际标准提案，实现国际通用，才具有生命力

由于我国射频连接器企业相对比较弱少，其整体技术实力、产品推广力量与国外跨国集团相比,非常薄弱，再加上这些企业缺乏国际知名度，使得我国企业研制的产品不可能成为事实上的国际标准。而由于射频连接器是接口元件，需要与其它产品互配互换，若果没有相应的国家标准或国际标准，推广应用非常困难。典型的事例是，西安富士达科技股份有限公司自主研制开发的STWX8型射频连接器，该产品具有推拉自锁装置，连接可靠稳定，解决了传统连接器在狭小空间难于安装、无法高密度安装的问题，提高了连接可靠性，不仅大大缩短了整机设备的拆装时间，满足军队快速

作战、转战和更换的需要，同时也缩小了模块尺寸，降低了整机设备生产成本，受到用户的好评，但由于该产品只有西安富士达科技股份有限公司一家生产，没有对应的国际标准和国外先进标准，是一个非标产品，许多整机单位不敢使该产品，使得该产品一直没有得到很好地推广应用。

2005年1月我国提交了STWX8型射频连接器国际标准提案，这也是我国提出的第一项国际标准提案，目前已成为正式的国际标准IEC61169-37：2007《射频连接器第37部分：STWX8系列射频连接器分规范》。随着该国际标准的成功制定，使该产品成为国际通用性产品，在民用市场上的应用也越来越大。

6　国际标准加速了我国射频连接器企业的国际化进程

标准说到底是一种游戏规则。谁掌握了标准的制定权，谁的技术成为标准，谁就掌握了市场的主动权，在国际市场上更是如此。因此，从某种意义上说，“得标准者得天下”。通常情况下，专利影响的只是一个或若干个企业，标准影响的却是一个产业，甚至是一个国家的竞争力。以前我国在射频连接器行业的技术力量相对薄弱，在国际标准化方面主要采取的是跟随战略，以采用国际标准为主，但这种以采用为主的策略只能使我国企业永远处于劣势，处于仿制为主的被动局面。在知识产权越来越受世界重视的今天，我国企业必须走自主创新之路，不仅要研发出市场需要的更好的产品，还要将这些产品主导制定成国际标准，使之成为国际通用的产品。因为在经济全球化的今天，并不是有了好的产品就有了市场，而是谁掌握了国际标准的制定权，谁就抢占了市场的制高点，我国主导制定的这些国际标准充分地说明了这一点：

1）国际标准提高了我国射频连接器企业和产品的国际知名度

STWX8型射频连接器是我国西安富士达公司自行研制的拥有我国自主知识产权的技术含量较高的产品，该产品的国际标准（IEC 61169-37：2007）提出后，西安富士达公司立即引起了世界多个国家的关注，德国、法国、美国等国的相关企业主动与西安富士达公司联系合作、代销事宜，使企业和及其产品的国际知名度与竞争力大大提高，在国内外市场的某些项目上打败了美国、日本等国际上强劲的竞争对手。目前该企业已成为我国射频连接器的主要出口单位之一，仅2007年出口创汇达4000万元，产品销往美国、德国、英国、法国、芬兰、丹麦、日本等，并在国外有许多合作企业。

TMA型射频连接器是我国陕西华达科技技术有限公司自行研制的拥有我国自主知识产权的技术含量较高的产品，该产品插头为一固定安装的连接器，插座为一浮动安装连接器，浮动安装连接器内、外两个外壳之间有一个弹簧机构，可以实现产品轴向及径向的浮动。固定安装连接器和浮动安装连接器的径向不对准最大可达0.51mm，轴向应保证 1.52mm 以上的浮动量，可实现多个产品同时插拔，是整机系统模块化使用的理想连接器产品之一。该产品的国际标准（IEC 61169-38：2008《射频连接器　第38 部分：TMA 系列射频连接器分规范》）的成功制定，使得其应用也越来越大，产品的售销额逐年增加，从 2006 年的 80 万元，提高到 2008 年 300 万元。

7-16 型射频连接器是我国出口的主打产品之一，在江浙地区有许专业厂家专业批量生产 7-16 型射频连接器，该国际标准（IEC 61169-4：2008）的提出，不仅提高了我国该类产品的质量和水平，同时也提高了我国该类产品的国际声誉，使得该类产品的出口产量，仅 2007 年已达上亿元。

CQM、CQN 和 CQA 等系列快速连接型射频连接器是我国专门为应对国外拥有众多专利的 QN 和 QMA 型快速连接型射频连接器及其多家世界级跨国集国联盟组织（QLF 快速连接组织）而研发的产品，在国内起草这些产品的国际标准过程中，就已惊动了 QLF 组织的成员单位，这些跨国公司在国内的分公司纷纷要求加入到这些国际标准的制定中，以了解我国快速连接型射频连接器国际标准的制定进程，并意图找到这些产品与其专利产品的相似之处。这些国际标准提案在 IEC/SC46F（微波无源元件）分标委员会上一提出，也震动整个世界的射频连接器企业，并受到一些同样深受 QLF 组织及其专利产品封锁的其它国家的支撑和帮助，使得我国的这些提案在 NP 投票中顺利通过。

2）国际标准提高了企业参与国际标准和国际竞争的积极性和信心

长期以来，我国射频连接器行业一直是以仿制为主，某公司研制出了一项新产品，并制定了 IEC 标准，我国立即进行仿制生产，而 IEC 标准主要由其它国家主导制定，我国只能被动地参与、采用，时间比较滞后，因而连接器产品的技术和水平相对比较落后，高性能的产品较少，自行研制开发的产品更少，产品只能占领低端射频连接器市场，缺乏国际竞争力。

近几年来,随着我国射频连接器整体水平的提高,开始自行开发研制了一些拥有自主知识产权的产品,但由于射频连接器是接口元件,需要与其它产品互配互换,这些产品由于没有相应的国家标准或国际标准,又缺乏知名度，只能算是非标产品,因而推广应用很困难。自 2005 年以来，我国成功提出了 13 项射频连接器国际标准提案，特别是能将一些拥有我国自主知识的产品制定成国际标准并成为射频连接器国际标准的主导制定国。不仅提高了我国企业参与 IEC 标准化工作的积极性和信心，也提高了我国企业参与国际竞争的积极性和信心，许多企业跃跃欲试，均希望能加入到国际标准的制修订工作，将自主研发的产品制定成国际标准，以提高企业产品的国际竞争力。目前国内已有近十家射频连接器企业加入到射频连接器国际标准的制定中，还将有更多的企业加入到国际标准的制定中。

3）国际标准提高了我国在射频连接器国际标准化工作的地位

13 项国际标准的成功提出，不仅向世界展示了我国在射频连接器方面的技术和产品的实力，也向世界展示了我国在射频连接器国际标准化方面的实力，我国再也不会象十多年前那样在国际标准化方面没有话语权，而只能追随国际标准的脚步制定我国的标准。在国际标准化方面不仅能听到我国响亮的声音，而且能见到许多我国自主研发的拥有我国自主知识产权的产品及其标准。随着我国能力和水平的提高，在射频连接器国际标准化方面我国将更有话语权。

4）国际标准丰富了我国制定国际标准的经验，锻炼了一批国际标准化队伍

13 项国际标准的成功提出，也丰富了我国参与制定国际标准的经验，我国已形成了一整套制定射频连接器国际标准的模板和宣传这些标准的行之有效的程序和办法，这些模板和办法不仅提高了我国制定国际标准的质量、速度和效率，也为这些标准顺利成为国际标准打下了坚实的基础。

射频连接器国际标准的制定为我国制定其它相关专业的国际标准摸索到一条成功的路，为我国成功制定其它国际标准打下了坚实的基础，继我国连接器标准成功之后，我国又相继申请了 11 项射频电缆 IEC 标准提案，其中已有 3 项进入 CD 阶段，另有 8 项进入 NP 阶段(详见附件 2)。

国际标准的制定也为我国培养了一批即懂技术又懂国际标准的综合性国际人才队伍，这批队伍不仅是我国制定更多国际标准的主要技术力量，也是让企业进入国际市场，提升企业竞争力的重要力量。

7 结束语

通过我国射频连接器行业的共同努力，在国际标准化方面我国取得了令世界瞩目的成功，国际标化化带来的经济和社会效益已或正在逐渐显现。

尽管我国射频连接器企业与国外跨国公司相比，在技术、规模和质量上还存在一定的差距，但从发展的眼光来看，我国的射频连接器企业成长很快，再加上我国拥有发展射频连接器的有利条件及成功制定多项射频连接器国际标准的经验，我们有理由相信，通过我们整个行业的共同努务，通过积极开展国际标准化工作，定能为我国射频连接器打开更为广阔的国际市场，我们的目标不仅是成为射频连接器国际标准的主导国，更希望能成为射频连接器国际标准的秘书处所在国，成为世界射频连接器研发和生产基地。

附件 1：

我国 13 项射频连接器国际标准提案的进展情况

序号	标准编号	标准名称	主要起草单位	产品专利情况	相关过程文件	目前进展
1	IEC61169-37：2007	射频连接器第 37 部分：STWX8 系列射频连接器分规范	西安富士达科技股份有限公司和中国电子技术标准化研究所	我国自主研发产品，有专利，但专利免费使用	46F/24/NP 46F/28/RVN 46F/44/CDV	2007 年成为正式 IEC 标准
2	IEC61169-4：2008	《射频连接器第 4 部分:外导体内径为 16mm(063in)、特性阻抗为 50 Ω、螺纹连接的射频同轴连接器(7-16 型)》	中国电子技术标准化研究所	国际通用产品，无专利	46F/40/NP 46F/45/RVN 46F/60/CDV 46F/71/RVC	2008 年成为正式 IEC 标准
3	IEC61169-38：2008	射频连接器第 38 部分：TMA 系列射频连接器分规范	陕西华达科技有限公司和中国电子技术标准化研究所	我国自主研发产品，没有申请专利	46F/58/NP 46F/68/RVN 46F/70/CD 46F/75/CDV 46F/90/RVC	2008 年成为正式 IEC 标准。
4	IEC61169-39	射频连接器第 39 部分：CQM 系列射频连接器分规范	中国电子科技集团公司第四十研究所和中国电子技术标准化研究所	我国自主研发产品，没有申请专利	46F/81/NP 46F/87/RVN 46F/88/CD 46F/107/CDV	2009 年成为正式的 IEC 标准
5	IEC61169-40	射频连接器第 40 部分:2.4 系列射频连接器分规范	西安富士达科技股份有限公司和中国电子技术标准化研究所	国际通用产品，没有专利	46F/84/NP 46F/89/RVN 45F/105/CD 46F/129A/CC 46F/132/CD	2CD 阶段
6	IEC61169-35	射频连接器第 35 部分：2.92 系列射频连接器分规范	陕西华达科技有限公司和中国电子技术标准化研究所	国际通用产品，没有专利	46F/99/NP 46F/123A/RVN 46F/131/CD 46F/149/CC 46F/150/CDV	CDV 阶段

序号	标准编号	标准名称	主要起草单位	产品专利情况	相关过程文件	目前进展
7	IEC61169-18	射频连接器第 18 部分：SSMA 系列射频同轴连接器分规范	宁波市吉品信息科技有限公司和中国电子技术标准化研究所	国际通用产品，没有专利	46F/95/NP, 46F/119/RVN 46F/120/CD 46F/136/CDV	CDV 阶段
8	IEC61169-19	射频连接器第 19 部分：SSMB 系列射频同轴连接器分规范	镇江蓝箭电子有限公司和中国电子技术标准化研究所	国际通用产品，没有专利	46F/97/NP 46F/121/RVN 46F/122/CD 46F/138/CDV	CDV 阶段
9	IEC61169-41	射频连接器第 41 部分：CQA 系列射频连接器分规范	西安富士达科技股份有限公司和中国电子技术标准化研究所	我国自主研发产品，有专利，但专利免费使用	46F/101/NP 46F/124/RVN 46F/125/CD 46F/140/CDV	CDV 阶段
10	IEC61169-42	射频连接器第 42 部分：CQN 系列射频连接器分规范	陕西华达科技有限公司和中国电子技术标准化研究所	我国自主研发产品，有专利，专利不免费	46F/103/NP 46F/126/RVN 46F/127/CD 46F/142/CDV	CDV 阶段
12	IEC61169-43	射频连接器第 43 部分：BMC 型射频连接器分规范	宁波市吉品信息科技有限公司和中国电子技术标准化研究所	我国自主研发产品,有我国专利，但专利免费使用	46F/152/NP	NP 阶段
11	IEC61169-44	射频连接器第 44 部分:SMP 系列射频连接器分规范	西安富士达科技股份有限公司和中国电子技术标准化研究所	国际通用产品，无专利	46F/154/NP	NP 阶段
13	IEC61169-45	射频连接器第 XX 部分：SQMA 型快速连接型射频连接器分规范	常州凤市通信设备有限公司和中国电子技术标准化研究所	我国自主研发产品,有我国专利，专利不免费	46F/156/NP	NP 阶段

附件 2：

我国 11 项射频电缆国际标准提案的进展情况

序号	标准编号	标准名称	主要起草单位	产品专利情况	相关过程文件	目前进展
1	IEC61196-8	同轴通信电缆 第 8 部分：聚四氟乙烯绝缘半柔电缆分规范	深圳市金信诺电缆技术有限公司和中国电子技术标准化研究所	国际通用产品，无专利	46A/878/NP 46A/902/RVN 46A/919/CD 46A/934/CC 46A/944/CD	2CD 阶段
2	IEC61196-8-1	同轴通信电缆 第 8-1 部分：聚四氟乙烯绝缘半柔电缆空白详细规范	江苏通光电子线缆有限公司和中国电子技术标准化研究所	国际通用产品，无专利	46A/879/NP 46A/903/RVN 46A/920/CD 46A/935/CC 46A/945/CD	2CD 阶段
3	IEC61196-8-2	同轴通信电缆 第 8-2 部分：50-047 型聚四氟乙烯绝缘半柔电缆详细规范	江苏通光电子线缆有限公司和中国电子技术标准化研究所	国际通用产品，无专利	46A/880/NP 46A/907/RVN 46A/947/NP	2NP 阶段
4	IEC61196-8-3	同轴通信电缆 第 8-3 部分：50-086 型聚四氟乙烯绝缘半柔电缆详细规范	江苏通光电子线缆有限公司和中国电子技术标准化研究所	国际通用产品，无专利	46A/881/NP 46A/908/RVN 46A/948/NP	2NP 阶段
5	IEC61196-8-4	同轴通信电缆 第 8-4 部分：50-141 型聚四氟乙烯绝缘半柔电缆详细规范	深圳市金信诺电缆技术有限公司和中国电子技术标准化研究所	国际通用产品，无专利	46A/882/NP 46A/908/RVN 46A/949/NP	2NP 阶段
6	IEC61196-8-5	同轴通信电缆 第 8-5 部分：50-250 型聚四氟乙烯绝缘半柔电缆详细规范	深圳市金信诺电缆技术有限公司和中国电子技术标准化研究所	国际通用产品，无专利	46A/883/N 46A/910/RVN 46A/950/NP	2NP 阶段

序号	标准编号	标准名称	主要起草单位	产品专利情况	相关过程文件	目前进展
7	IEC61196-8-6	同轴通信电缆 第 8-6 部分：75-047 型聚四氟乙烯绝缘半柔电缆详细规范	江苏通光电子线缆有限公司和中国电子技术标准化研究所	国际通用产品，无专利	46A/884/NP 46A/911/RVN 46A/951/NP	2NP 阶段
8	IEC61196-8-7	同轴通信电缆 第 8-7 部分：75-086 型聚四氟乙烯绝缘半柔电缆详细规范	江苏通光电子线缆有限公司和中国电子技术标准化研究所	国际通用产品，无专利	46A/885/NP 46A/912/RVN 46A/953/NP	2NP 阶段
9	IEC61196-8-8	同轴通信电缆 第 8-8 部分：75-141 型聚四氟乙烯绝缘半柔电缆详细规范	深圳市金信诺电缆技术有限公司和中国电子技术标准化研究所	国际通用产品，无专利	46A/886/NP 46A/913/RVN 46A/954/NP	2NP 阶段
10	IEC61196-8-9	同轴通信电缆 第 8-9 部分：75-250 型聚四氟乙烯绝缘半柔电缆详细规范	深圳市金信诺电缆技术有限公司和中国电子技术标准化研究所	国际通用产品，无专利	46A/887/NP 46A/914/RVN 46A/955/NP	2NP 阶段
11	IEC 61196-1-308	同轴通信电缆 第 1-308 部分：机械试验方法-铜包金属的抗张强度和伸长率试验	中电 23 所和中国电子技术标准化研究所	试验方法标准	46A/943/CD	CD 阶段

低频连接器产业及标准发展和现状介绍

陈　奥

摘　要　本文主要介绍低频连接器国际国内的产业情况及标准发展，并根据我国产业情况提出了连接器的发展对策。

关键词　电连接器　产业　标准

1　概述

在各类通信设备和电子设备中，电连接器是构成一个完整系统所必不可少的基本元件。连接器是一种传输信号的接口元件，主要用在元器件与元器件、组件与组件、控制板与面板、面板与机柜、机柜与机柜、系统与子系统之间形成电气连接信号的传递。电连接器的作用就像人体的关节一样，人体的关节将人的四肢、躯干等各个部分有效的连接起来，保证人成为一个有机的整体；电连接器将电子系统的各个硬件模块有效连接起来，保证电子系统的完整性和运转。没有电连接器，也就不存在电子系统，无法产生模块化设计的概念，存在的只能是一个个孤立的模块。

电连接器的使用特点决定它比 IC、光器件等任何元器件的关联技术和行业都多，与它有关的技术包括电子系统的设计、硬件、测试、工艺、结构、可靠性、应用等等，与它有关的行业包括电缆、PCB、IC 等所有与其形成物理电连接关系的产品。以上任何技术和行业的变化都会对电连接器产业产生影响。

电连接器一般由插头、插座组成，插头也称自由连接器，插座也称固定连接器；自由连接器和固定连接器也是相对的，也有插座是自由连接器。电连接器（插头或插座）又由接触件、绝缘安装板、外壳和附件等构成。

2　国际方面

2.1　产业发展趋势

满足电子整机和系统发展需求是电连接器发展的源动力，与电连接器相关的 IC 等器件、电子结构、生产工艺直接影响电连接器产品形式，新材料、新设备、新工艺不断出现保证电连接器设计和制造水平不断提高。

电子整机和系统的发展趋势是小型化、数字化、宽带化，因此电连接器也在向小型化和高速率发展；小型化发展体现在接触对间距不断减小，接触对间距发展趋势是5.08、2.54、2.00、1.27、1.00、0.80、0.63、0.50、0.40、0.30，整个连接器外形尺寸减小；高速率发展体现在电连接器传输信号由低频模拟向高速数字发展，带宽在不断拓展，发展趋势为 0-3MHz 模拟信号，0-600Mbit 数字信号，0-1Gbit 数字信号，0-2.5Gbit 数字信号，0-5Gbit 数字信号，0-10Gbit 数字信号。

电连接的上游器件是 IC，IC 的发展向高速、低驱动电压、低功耗发展，高密度引出线封装，要求电连接器的传输速率高速发展；驱动电压在由 12V、5V、3.3V、1.85V、1.2V 不断降低，要求电连接器的接触对设计和制造能满足低电压下可靠接触，满足 EMC 的要求，同时，在一定的功率下，低电压驱动带来大电流供电的需求，促使大电流连接器的发展。

在全球电子产品快速发展今天，电子结构（IEC/SC48D）委员会很难及时总结和推广出相应的小型化电子结构规范，原来以系统、机柜、插箱、单板构成总线式电子设备模块化的结构模式已经不能满足现有电子设备小型化的需求，现有的电子设备已经发展到在以前的最小模块单元“单板”上进行模块化功能设计，由平面向立体空间发展，以便于电子产品标准化设计、规模化生产、快速升级维护，需要电连接器完成不同形式的 PCB 和 PCB 之间平行方式连接，促使这类板间连接器的快速发展，最为显著的是手机产品，基带板、键盘板直接的连接都是采用板间平行连接的方式。

电子设备装联工艺以焊接为主，包括插件波峰焊接、表面贴装（SMT）两种主要形式，SMT 工艺对于提高电子产品的 PCB 板的设计密度和生产自动化程度有更大的优势，因此，出现多种表面贴装形式的连接器，插件波峰焊接的速度不断加快，要求连接器引脚需要有更优良的可焊性，环保要求的无铅焊，整个装联的温度提高 70℃，要求连接器整体耐焊接热升高，对连接器的耐高温提出更严格的要求。

LCP 等材料耐高温，机械性能优良，介电常数稳定，为高速率连接器提供良好的绝缘和结构材料；新的模块化模具设计思想，先进的模具加工设备，保证小型连接器各种零件质量的稳定性；专用装配设备提高了小间距连接器装配的生产效率，保证产品质量稳定、一致。

国际上一些技术先进的引导连接器发展方向的生产厂家主要分布在美国、日本、及德国等发达国家和地区。

2.2 国际标准现状

由于连接器是接口元件，因而国际上大多数企业采用 IEC 国际标准设计、制造产品，还有很大一部分是各企业、公司标准。IEC 标准往往是滞后的，而国际各大公司联盟制定的标准，更多的占领市场份额为目的。

IEC/SC48B 是国际电工委员会的电子设备用连接器标准化分技术委员会，目前已制定的连接器国际标准有 200 多项。标准目录详见附录 A。

1）标准基本分类

———IEC 60352——无焊连接的一般要求、试验方法和使用导则系列标准

———IEC 60512——电子设备用连接器－试验和测量系列标准

———IEC 60130——频率低于 3MHz 的连接器 无线电接收机和伴音设备用连接器系列标准

———IEC 60603——频率低于 3MHz 的印制板用连接器系列标准

———IEC 60760——扁平式快速连接端接件

———IEC 60807——频率低于 3MHz 的矩形连接器系列标准

———IEC 61076——直流和低频模拟及数字式高速数据处理设备用连接器系列标准

上述七个部分，其中前二个系列是试验方法，后五个系列是产品规范。目前 IEC 61076 标准对应的产品是连接器发展的前沿产品，该系列产品包括圆形、矩形、印制板连接器三大系列，也是我国未来发展的趋势。

2）国际标准由欧、美发达国家垄断

国际标准主要由国际各大公司联盟制定的标准，更多的占领市场份额为目的。使这些产品很快成为国际通用产品，并得到广泛应用，另一方面，由于制定成 IEC 标准后，各国企业纷纷效仿，很快研制出同样的产品，影响了其垄断地位。因此，为了保持技术垄断，这些企业又通过申请各种专利来达到限制别的企业发展的目的。在低频连接器的标准中更为突出。由于技术先进，试验手段和设备先进，使得国际标准大量由美国、日本、及德国等发达国家垄断。

3 国内方面

中国大陆本土电连接器行业产品与欧美先进企业和亚洲其他国家、地区都有很大的差距，主要体现在技术的先进性无法与欧美企业相比，工艺的稳定性和批量生产管理能力无法与亚洲其他国家和地区相比，既无推出新产品的技术能力，成熟的产品在质量稳定性和价格上又无法与亚洲其他国家和地区竞争，处于非常尴尬和危险的境地。造成这种现象的主要原因有三个方面：1、电连接器行业无法及时、全面、准确的获取客户需求信息以及相关行业的发展信息；2、电连接器行业从业人员知识面狭窄，难以用客户及相关行业语言与之进行透明的沟通，不能将客户需求体现在产品设计上；3、专用设备开发制造能力不足，产品的生产效率和质量的一致性无法保证。

3.1 分析主要原因

3.1.1 电连接器行业信息量不足

电连接器行业不能清楚地了解其客户电子设备行业的现状及发展趋势，对电子设备系统、硬件、所用其他元器件、测试、结构、生产、工艺、应用都无法做到全面、时时跟踪和了解。因此无法清楚的知道在以上各个方面对连接器品种及应用的具体需求。无法依据客户的需求设计出技术先进的产品，即使对成熟标准的连接器产品进行仿制，也因不能掌握应用方面关键指标，经常走弯路。比如 IEC 60603-2 产品单板用插件焊接 PCB 连接器，其引脚尺寸标准规定为 2.6～3.2mm，这一尺寸在早期手工焊接工艺使用效果良好，随着高速插件波峰焊接工艺的发展，这一尺寸已经不能适应新的工艺使用要求，会出现焊接桥连问题，依据 PCB 板厚 1.6mm 和 2.0mm 两种规格，引脚长度应为 PCB 板厚加 0.7mm，才能符合新的工艺要求，引脚长度应为 2.3mm 和 2.7mm 两种形式。总之，对客户需求不了解，就不能及时提出新的连接器产品思路。

3.1.2 电连接器行业人员知识面狭窄

电连接器行业人员的知识面大多集中在电接触理论、机械制造、表面处理行业，实际上与电连接相关的行业和技术非常广阔。电连接器行业的设计、制造、管理、市场营销人员的知识面，与电子设备系统设计人员、硬件开发人员、测试、生产、工艺和工程应用人员无法产生沟通的共同语言；系统设计人员对 IEC 60603-2 连接器的应用语言是“采用 VME 总线结构”，硬件设计人员对 D 型 9 芯或 25 芯连接器的应用语言是“物理接口为 RS-232”。随着宽带化、数字化发展，电子系统产品的设计开发将使用各种仿真软件进行，未来电连接器产品推向客户必须首先提供作为元器件的仿真模型，没有电连接器的仿真模型，无法参与电子产品的前期仿真设计，产品根本就没有机会进入客户，目前具备仿真模型知识并能提供电连接器仿真模型的仅仅是欧美少数几个连接器企业。不了解连接器上游器件接口 IC 和总线驱动 IC 的现状和发展趋势，就无法真正了解和实现连接器核心功能。不了解电缆和 PCB 现状和发展趋势，就无法设计出合理的端接技术方案，满足连接器端接要求。总之，狭窄的知识面，直接影响电连接器的产品的设计方案。

3.1.3 专用生产设备开发能力不足

全球化给中国的电连接器行业带来了国外先进的材料、模具加工设备，解决了材料问题和零件大批量加工问题，但是，随着电连接器小型化和高速化的发展，装配和测试工艺成为电连接器制造的最重要的工序，决定电连接器批量生产效率和质量稳定性。装配和测试工艺设备都是专用设备，在欧美先进企业，都是依托其先进的电子、电气行业基础订制出来。国内缺乏相关理论和实际经验，只能做简单的装配和测试工装，其精度和效率比国外相差很远。

总之，专用设备开发能力不足，直接影响电连接器的制造水平。

3.2 电连接器生产厂家与分布

中国大陆电连接器生产厂家形式多样，有欧美、亚洲及台湾地区在中国大陆的生产工厂，将其稳定的制造工艺和装配、测试设备转移到中国大陆，利用国内廉价的劳动力，制造产品全球化销售，获得高额利润，这些工厂大部分集中在长江三角洲和珠江三角洲地区，山东、东北、北京地区也有一定的数量；有早期中国军工电子行业配套的工厂和研究所，隶属各个部委。有江浙地区为代表的民营企业。

全球电连接器行业基本格局，欧美企业掌握先进的设计思想和制造技术，但其成本较高，价格竞争力不足，对中国市场的技术支持和服务不足，因此，这些企业纷纷向中国大陆转移，基本上欧美大电连接器企业都在中国设有生产工厂和技术服务机构。亚洲尤其是台湾地区的电连接器行业，基本采用仿制欧美企业成熟、标准产品，利用其规模化生产的管理经验，靠低价格取胜，PC 行业的快速发展，需要大量的 PC 行业用电连接器，为这些企业的发展提供商机，近三年来，由于 PC 行业的衰退、竞争的加剧、利润的降低，逐渐转向通讯行业用连接器生产制造。中国军工电子行业配套的电连接器工厂，既没有欧美企业的先进设计和制造技术，也没有亚洲、台湾地区的规模生产优势，除少量的企业产品在通讯及其他领域有一定的拓展外，大部分都依靠原有的行业配套，保持已有的市场和产品，发展缓慢，在技术和规模两个方面都无法取得突破性进展。江浙地区为代表的民营企与台湾地区的企业发展有一定的类似性，中国电视、音响等消费类电子的快速发展，需要大量的条型插座和音视频（A/V）连接器，为这些企业的发展提供商业机会，手机、数码相机、MP3 等消费电子产品的逐步国产化也为他们提供后期发展的巨大市场。我国连接器专业化生产始于二十世纪 60 年代中期，当时为解决国内所需的连接器，国内全面展开了 Q6 等系列连接器所有品种规格的集中设计工作，形成一整套国内集中设计的连接器。进入 80 年代，在积极采用国际标准和国外先进标准方针的指导下，连接器行业全面展开采用国际标准和国外先进标准的标准化工作，国内企业也开始积极开发和研制国际通用连接器，例如：YH101 型、N 型、TNC 型、SMA 型等，使我国连接器逐步向国际标准靠拢。

特别是从上个世纪 90 年代开始，连接器国际市场格局正在发生巨大变化，连接器的国际市场需求量每年达到 20%左右的增长速度，国内市场也随着我国民用通讯、卫星电视系统及宽带网络的开通和普及，用量大幅度上涨。巨大的需求也带来竞争的加剧，美、日等发达国家集中力量发展高科技产品，追求高额利润，放弃了自动化程度较低，属劳动密集型产业的连接器的生产，把它的生产推向中国及东南亚地区。这使得世界连接器行业进行了新的市场结构的调整，世界连接器巨头纷纷在东南亚、北非等地建厂，据 2003 年统计，世界连接器制造商 100 强中已有近 40%进入我国内地投资办厂。美、日等国家由原来的出口大国转变为进口国，从而给我国连接器的发展和出口提供了良好的机遇。一些有实力的公司纷纷到国外设立办事处，便于产品的出口和服务；江浙、深圳等地区的很多企业专门为一些外企加工连接器出口；一些国外中间商也纷纷到国内采购连接器再转买到其他国家。可以说国内连接器行业正处在高速发展期，不断有一些新企业进入连接器行业，一些有实力的公司已不满足于以前的跟踪战术，开始自主研制开发一些有自主知识产权的产品。

3.3　国内标准现状

我国连接器民用标准基本上是采用 IEC 标准制定的。但由于多种原因，目前我国采用 IEC 标准的比例并不高，采标的比例只有 25%。已经制定的国家标准，基本是等同 IEC 标准。而我国生产的产品基本属对应 IEC 标准中比较落后的产品，如：GB/T1517 标准是等同 IEC 60603 的 2.0 间距印制板连接器规范。技术比较先进的标准，我国又没有生产，分析其主要原因如下：

1）没有我国自主知识产权的产品标准，国内基本是接口仿制国外产品，如 2.0 间距印制板连接器,国内有二条生产线,基本供华为技术有限公司和中兴通讯类电子设备用。

2）由于我国产品研发能力有一定的局限性，国外技术壁垒，造成先进技术离我国有一定距离。

4　对策

鉴于目前国际、国内连接器发展形势，建议如下：

1）走系列化的道路

对于低频连接器，由于产品接口复杂，设计开发技术性强，对生产工艺，生产过程控制要求比较高。所以应该走系列化的道路，才是我国连接器厂家的最大出路。如果老是一个一个的学人家，一味仿制，跟着人家跑，永远也提高不了质量。只有搞好系列化，把精力放在优化设计、工艺、提高质量方面。才是我国连接器的根本出路。

2）集中优势力量，合并重组，强强联合

在我国生产连接器的厂家多至上百家，民营企业、国有企业，私营企业。产品竞争激烈，连接器是一种接口元件，其最重要的作用就是连接，因此产品必须能与其他同类产品互连、互配、互换。产品才有生命力。我国生产连接器的厂家目前形成各自为政，互相仿制，重复生产，如果能合并重组，强强联合，优势互补，打出我国自已品牌，才是最理想的局面。目前一些国际知名公司联合开发连接器产品。由于这些国际知名公司都有一些自已的客户群体，产品被联合开发后，共同推向市场，做大市场，能很快使这些产品成为事实上的国际通用产品，使其制定的标准成为事实上的国际标准，他们再通过各种专利等来限制其他企业进入，从而达到共同垄断市场的目的。我国要想在连接器市场上有一席之地，应强强联合，合并重组。

我国连接器企业近几年虽然发展较快，一些企业已具备开发新型产品的条件和能力，部分企业目前已开发出拥有自主知识产权的连接器产品，并得到用户的认可和好评，但由于企业规模相对较小，市场推广能力有限，使得这些产品只能是非标产品，被有限的几家用户使用，用量也有限。因此对于我国连接器企业来说，集中优势力量，联合开发一些新产品，共同打造市场，做大市场，将是我国连接器自主开发新产品的关键。

积极参与国际标准和国内标准的制修订工作

国际标准和国内标准是国际市场和国内市场的通行证，对于我国企业来说，由于企业知名度、规模和经济能力有限，开发的新产品要想打开国内市场和国际市场，最经济最有效的办法就是制定国内标准和国际标准，让更多的用户通过国内标准和国际标准来认识产品，按标准要求研发产品和推广应用，达到共同分享和扩大市场的目的。

5 结束语

总之，借连接器上游和下游产业迅速发展的大好时机，利用我国劳动力成本低的优势，通过合并重组，强强联合，提高连接器企业的产品整体质量，逐步淘汰一些低质低价的企业，联合开发拥有我国自主知识产权的产品，共同做大市场，为我国连接器的崛起出谋献策。使我国的连接器产业在未来发展更为迅猛，使我国连接器产品更有国际竞争力，最终使我国成为世界最大的连接器生产基地。

附录 A

IEC/SC48B 标准目录

IEC 60068-2-42(2003-05)

环境试验－第 2－42 部分：试验－试验 Kc：接触件和连接件的二氧化硫试验

IEC 60068-2-43(2003-05)

环境试验－第 2－43 部分：试验－试验 Kd：接触件和连接件的硫化氢试验

IEC 60068-2-46(1982-01)

环境试验－第 2 部分：试验。试验 Kd：接触件和连接件的硫化氢试验导则

IEC 60068-2-49(1983-01)

环境试验－第 2 部分：试验。试验 Kc：接触件和连接件的二氧化硫试验导则

IEC 60130-2(1965-01)

频率低于 3MHz 的连接器。第 2 部分：无线电接收机和伴音设备用连接器

IEC 60130-2-修改 1(1969-01)

修改 1－频率低于 3MHz 的连接器。第 2 部分：无线电接收机和伴音设备用连接器

IEC 60130-3(1965-01)

频率低于 3MHz 的连接器。第 3 部分：电池连接器

IEC 60130-4(1966-01)

频率低于 3MHz 的连接器。第 4 部分 ：螺纹连接多芯圆形连接器

IEC 60130-4A(1970-01)

频率低于 3MHz 的连接器。第 4 部分：螺纹连接多芯圆形连接器－第 1 次补充

IEC 60130-5(1966-01)

频率低于 3MHz 的连接器。第 5 部分：刀形接触件多芯矩形连接器

IEC 60130-6(1965-01)

频率低于 3MHz 的连接器。第 6 部分：刀形接触件多芯小型矩形连接器

IEC 60130-7(1971-01)

频率低于 3MHz 的连接器。第 7 部分：卡口或推拉连接多芯圆形连接器

IEC 60130-8(1976-01)

频率低于 3MHz 的连接器。第 8 部分：无线电接收机内音频电路用连接器

IEC 60130-9(200-05)

频率低于 3MHz 的连接器－第 9 部分：无线电和伴音设备用圆形连接器

IEC 60130-10(1971-01)

频率低于 3MHz 的连接器。第 10 部分：便携式文娱设备外接低压电源用连接器

IEC 60130-12(1976-01)

频率低于 3MHz 的连接器。第 12 部分：接线和测试用连接器

IEC 60130-16(1976-01)

频率低于 3MHz 的连接器。第 16 部分：间距 2.54mm(0.1in)接触件和接线端 2 排交错排列的印制电路板装连接器

IEC 60130-17(1998-02)

频率低于 3MHz 的连接器。第 17 部分：可充电电池用可多向插配的互连装置详细规范

IEC 60352-1(1997-08)

无焊连接－第 1 部分：绕接连接－一般要求、试验方法和使用导则

IEC 60352-1 勘误 1(1998-10)

勘误 1－无焊连接－第 1 部分：绕接连接－一般要求、试验方法和使用导则

IEC 60352-2(1990-05)

无焊连接－第 2 部分：无焊压接连接－一般要求、试验方法和使用导则

IEC 60352-2 修改 1(1996-11)

修改 1－无焊连接－第 2 部分：无焊压接连接－一般要求、试验方法和使用导则

IEC 60352-2 修改 2(2002-02)

修改 2－无焊连接－第 2 部分：无焊压接连接－一般要求、试验方法和使用导则

IEC 60352-3(1993-02)

无焊连接－第 3 部分：可接触无焊绝缘位移连接－一般要求、试验方法和使用导则

IEC 60352-3 堪误 1(1995-11)

无焊连接－第 3 部分：可接触无焊绝缘位移连接－一般要求、试验方法和使用导则

IEC 60352-4(1994-09)

无焊连接－第 4 部分：不可接触无焊绝缘位移连接－一般要求、试验方法和使用导则

IEC 60352-4 修改 1(2000-07)

修改 1－无焊连接－第 4 部分：不可接触无焊绝缘位移连接－一般要求、试验方法和使用导则

IEC 60352-5(2003-12)第 2.1 版

无焊连接－第 5 部分：无焊压入式连接－一般要求、试验方法和使用导则

IEC 60352-5 修改 1(2003-10)

修改 1－无焊连接－第 5 部分：无焊压入式连接－一般要求、试验方法和使用导则

IEC 60352-6(1997-08)

无焊连接－第 6 部分：刺穿绝缘连接－一般要求、试验方法和使用导则

IEC 60352-7(2002-08)

无焊连接－第 7 部分：弹簧夹连接－一般要求、试验方法和使用导则

IEC 60512-1(2001-01)

电子设备用连接器－试验和测量－第 1 部分：总则

IEC 60512-1-1(2002-02)

电子设备用连接器－试验和测量－第 1－1 部分：一般检查－试验 1a：外观检查

有效保持期：2007

IEC 60512-1-2(2002-02)

电子设备用连接器－试验和测量－第 1－2 部分：一般检查－试验 1b：尺寸和重量检查

IEC 60512-1-3(1997-07)

电子设备用机电元件－基本试验规程及测量方法－第 1 部分：一般检查－第3篇：试验 1c－电啮合长度

IEC 60512-1-4(1997-07)

电子设备用机电元件－基本试验规程及测量方法－第 1 部分：一般检查－第4篇：试验 1d：接触件防护效果(防斜插)

IEC 60512-1-4 勘误 1(2000-11)

勘误 1－电子设备用机电元件－基本试验规程及测量方法－第 1 部分：一般检查－第 4 篇：试验 1d：接触件防护效果(防斜插)

IEC 60512-1-100(2001-01)

电子设备用连接器－试验和测量－第 1－100 部分：总则－适用标准

IEC 60512-2(1985-11)

电子设备用机电元件－基本试验规程及测量方法。第 2 部分：一般检查、电连续性和接触电阻测试、绝缘试验和电压应力试验

IEC 60512-2 修改 1(1994-08)

修改 1－电子设备用机电元件－基本试验规程及测量方法。第 2 部分：一般检查、电连续性和接触电阻测试、绝缘试验和电压应力试验

IEC 60512-2-1(2002-02)

电子设备用连接器－试验和测量－第 2－1 部分：电连续性和接触电阻测试－试验 2a：接触电阻－毫伏法

IEC 60512-2-2(2003-05)

电子设备用连接器－试验和测量－第 2－2 部分：电连续性和接触电阻测试－试验 2b：接触电阻－规定试验电流法

IEC 60512-2-3(2002-02)

电子设备用连接器－试验和测量－第 2－3 部分：电连续性和接触电阻测试－试验 2c：接触电阻变化

IEC 60512-2-5(2003-05)

电子设备用连接器－试验和测量－第 2－5 部分：电连续性和接触电阻测试－试验 2e：接触故障

IEC 60512-2-6(2002-02)

电子设备用连接器－试验和测量－第 2－6 部分：电连续性和接触电阻测试－试验 2f：外壳的电连续性

IEC 60512-3(1976-01)

电子设备用机电元件－基本试验规程及测量方法。第 3 部分：载流容量试验

IEC 60512-3-1(2002-02)

电子设备用连接器－试验和测量－第 3－1 部分：绝缘试验－试验 3a：绝缘电阻

IEC 60512-4(1976-01)

电子设备用机电元件－基本试验规程及测量方法。第 4 部分：动态应力试验

IEC 60512-4-1(2003-05)

电子设备用连接器－试验和测量－第 4－1 部分：电压应力试验－试验 4a：耐电压

IEC 60512-4-2(2002-02)

电子设备用连接器－试验和测量－第 4－2 部分：电压应力试验－试验 4b：局部放电

IEC 60512-4-3(2002-02)

电子设备用连接器－试验和测量－第 4－3 部分：电压应力试验－试验 4c：预绝缘压接筒耐电压

IEC 60512-5(1992-05)

电子设备用机电元件－基本试验规程及测量方法。第 5 部分：撞击试验(自由元件)、静负荷试验(固定元件)、寿命试验和过负荷试验

IEC 60512-5-1(2002-02)

电子设备用连接器－试验和测量－第 5－1 部分：载流容量试验－试验 5a：温升

IEC 60512-5-2(2002-02)

电子设备用连接器－试验和测量－第 5－2 部分：载流容量试验－试验 5b：电流与温度降额曲线

IEC 60512-6(1984-08)

电子设备用机电元件－基本试验规程及测量方法。第 6 部分：气候试验和锡焊试验

IEC 60512-6-1(2002-02)

电子设备用连接器－试验和测量－第 6－1 部分：动态应力试验－试验 6a：稳态加速度

IEC 60512-6-2(2002-02)

电子设备用连接器－试验和测量－第 6－2 部分：动态应力试验－试验 6b：碰撞

IEC 60512-6-3(2002-02)

电子设备用连接器－试验和测量－第 6－3 部分：动态应力试验－试验 6c：冲击

IEC 60512-6-4(2002-2)

电子设备用连接器－试验和测量－第 6－4 部分：动态应力试验－试验 6d：振动(正弦)

IEC 60512-6-5(1997-10)

电子设备用机电元件－基本试验规程及测量方法－第 6 部分：动态应力试验－第 5 篇：试验 6e：随机振动

IEC 60512-7(1993-08)

电子设备用机电元件－基本试验规程及测量方法。第 7 部分：机械操作试验和密封性试验

IEC 60512-8(1993-04)

电子设备用机电元件－基本试验规程及测量方法。第 8 部分：连接器、接触件及接线端的机械试验

IEC 60512-9(1992-05)

电子设备用机电元件－基本试验规程及测量方法。第 9 部分：其他试验

IEC 60512-10-4(2003-08)

电子设备用连接器－试验和测量－第 10－4 部分：撞击试验(自由元件)、静负荷试验(固定元件)、寿命试验和过负荷试验－试验 10d：电过负荷(连接器)

IEC 60512-11-1(1995-11)

电子设备用机电元件－基本试验规程及测量方法－第 11 部分：气候试验－第 1 篇：试验

11a－气候序列

IEC 60512-11-2(2002-02)

电子设备用连接器－试验和测量－第 11－2 部分：气候试验－试验 11b：低温、低气压和湿热顺序

IEC 60512-11-3(2002-02)

电子设备用连接器－试验和测量－第 11－3 部分：气候试验－试验 11c：稳态湿热

IEC 60512-11-4(2002-02)

电子设备用连接器－试验和测量－第 11－4 部分：气候试验－试验 11d：温度快速变化

IEC 60512-11-5(2002-02)

电子设备用连接器－试验和测量－第 11－5 部分：气候试验－试验 11e：长霉

IEC 60512-11-6(2002-02)

电子设备用连接器－试验和测量－第 11－6 部分：气候试验－试验 11f：盐雾腐蚀

IEC 60512-11-7(2003-05)

电子设备用连接器－试验和测量－第 11－7 部分：气候试验－试验 11g：流动混合气体腐蚀试验

IEC 60512-11-8(1995-11)

电子设备用机电元件　基本试验规程及测量方法－第 11 部分：气候试验－第 8 篇：试验 11h－砂尘

IEC 60512-11-9(2002-02)

电子设备用连接器－试验和测量－第 11－9 部分：气候试验－试验 11i：高温

IEC 60512-11-10(2002-02)

电子设备用连接器－试验和测量－第 11－10 O 部分：气候试验－试验 11j：低温

IEC 60512-11-11(2002-02)

电子设备用连接器－试验和测量－第 11－11 部分：气候试验－试验 11k：低气压

IEC 60512-11=12(2002-02)

电子设备用连接器－试验和测量－第 11－12 部分：气候试验－试验 11m：循环湿热

IEC 60512-11-13(2002-02)

电子设备用连接器－试验和测量－第 11－13 部分：气候试验－试验 11n：无焊绕接连接的气密性

IEC 60512-11-14(2003-07)

电子设备用连接器－试验和测量－第 11－14 部分：气候试验－试验 11p：流动单一气体腐蚀试验

IEC 60512-12-6(1996-01)

电子设备用机电元件－基本试验规程及测量方法－第 12 部分：锡焊试验－第 6 篇：试验 12f：封焊处耐焊剂和清洁剂

IEC 60512-12-7(2001-01)

电子设备用连接器－试验和测量－第 12－7 部分：锡焊试验－试验 12g：可焊性，润湿比较法

IEC 60512-13-1(1996-11)

电子设备用机电元件－基本试验规程及测量方法－第 13 部分：机械操作试验－第 1 篇：试验 13a：啮合和分离力

IEC 60512-14-7(1997-10)

电子设备用机电元件－基本试验规程及测量方法－第 14 部分：密封性试验－第 7 篇：试验 14g：水冲击

IEC 60512-15-8(1995-11)

电子设备用机电元件－基本试验规程及测量方法－第 15 部分：接触件和接线端机械试验－第 8 篇：试验 15h－接触件固定机构耐工具使用性

IEC 60512-16-20(1996-07)

电子设备用机电元件－基本试验规程及测量方法－第 16 部分：接触件和接线端机械试验－第 20 篇：试验 16t：无焊连接接线端机械强度

IEC 60512-19-3(1997-07)

电子设备用机电元件－基本试验规程及测量方法－第 19 部分：耐化学腐蚀试验－第 3 篇：试验 19c－耐液体

IEC 60512-20-2(2000-04)

电子设备用机电元件－基本试验规程及测量方法－第 20－2 部分：试验 20b 易燃性试验－防火性

IEC 60512-23-3(2000-12)

电子设备用机电元件－基本试验规程及测量方法－第 23－3 部分：试验 23c：连接器和附件的屏蔽效果

IEC 60512-23-3 勘误 1 (2003-04)

勘误 1 －电子设备用机电元件－基本试验规程及测量方法－第 23－3 部分：试验 23c：连接器和附件的屏蔽效果

IEC 60512-23-4(2001-06)

电子设备用连接器－试验和测量－第 23－4 部分：屏蔽和滤波试验－试验 23d：传输线反射性－时域法

IEC 60512-25-1(2001-07)

电子设备用连接器－试验和测量－第 25－1 部分：试验 25a－串音系数

IEC 60512-25-2(2002-03)

电子设备用连接器－试验和测量－第 25－2 部分：试验 25b－衰减(插入损耗)

IEC 60512-25-3(2001-07)

电子设备用连接器－试验和测量－第 25－3 部分：试验 25c－上升期衰变

IEC 60512-25-4(2001-07)

电子设备用连接器－试验和测量－第 25－4 部分：试验 25d－传导延迟

IEC 60512-25-5(2004-07)

电子设备用连接器－试验和测量－第 25－5 部分：试验 25e－反射损耗

IEC 60512-25-6(2004-05)

电子设备用连接器－试验和测量－第 25－6 部分：试验 25f－目测图形及跳动

IEC 60603-1(1991-06)

频率低于 3MHz 的印制板用连接器－第 1 部分：总规范－一般要求和编制有质量评定要求详细规范的导则

IEC 60603-1-修改 1(1992-06)

修改 1－频率低于 3MHz 的印制板用连接器－第 1 部分：总规范－一般要求和编制有质量评定要求详细规范的导则

IEC 60603-2(1995-09)

频率低于 3MHz 的印制板用连接器－第 2 部分：有质量评定具有通用安装特征、

基本网格为 2.54mm(0.1in)的印制板用两件式连接器详细规范

IEC 60603-2 修改 1(2000-08)

修改 1－频率低于 3MHz 的印制板用连接器－第 2 部分：有质量评定具有通用安装特征、基本网格为 2.54mm(0.1in)的印制板用两件式连接器详细规范

IEC 60603-3(1987-03)

频率低于 3MHz 的印制板用连接器－第 3 部分：具有接触件中心间距为 2.54mm(0.100in)及同样间距交错排列接端的印制板用两件式连接器

IEC 60603-4(1987-03)

频率低于 3MHz 的印制板用连接器－第 4 部分：具有接触件间距为 1.91mm(0.075in)及同样间距交错排列接端的印制板用两件式连接器

IEC 60603-5(1987-06)

频率低于 3MHz 的印制板用连接器－第 5 部分：间距为 2.54mm(0.1in)双面印制板用边缘插座连接器和两件式连接器

IEC 60603-6(1987-12)

频率低于 3MHz 的印制板用连接器－第 6 部分：标称厚度为 1.6mm(0.063in)单或双面印制板用接触件间距为 2.54mm(0.1in)的边缘插座连接器和印制板连接器

IEC 60603-7(1996-11)

频率低于 3MHz 的印制板用连接器－第 7 部分：有质量评定的具有通用插合特征包括固定和自由连接器的 8 位连接器详细规范

IEC 60603-7-1(2002-01)

电子设备用连接器－第 7－1 部分：有质量评定的具有通用插合特征 8 通道屏蔽的自由和固定连接器详细规范

IEC 60603-7-7(2002-04)

电子设备用连接器－第 7－7 部分：频率达 600MHz(类型 7、屏蔽的)数据传输用 8 通道　屏蔽的自由和固定连接器详细规范

IEC 60603-8(1991-01)

频率低于 3MHz 的印制板用连接器－第 8 部分：具有 0.63mm×0.63mm 方形阳接触件基本网格为 2.54mm(0.1in)的印制板用两件式连接器

IEC 60603-9(1990-11)

频率低于 3MHz 的印制板用连接器－第 9 部分：基本网格为 2.54mm(0.1in)的印制板、背板和电缆连接器用两件式连接器

IEC 60603-10(1991-11)

频率低于 3MHz 的印制板用连接器－第 10 部分：反装型基本网格为 2.54mm(0.1in)印制板用两件式连接器

IEC 60603-11(1992-03)

频率低于 3MHz 的印制板用连接器－第 11 部分：同轴连接器(自由连接器和固定连接器的尺寸)详细规范

IEC 60603-12(1992-06)

频率低于 3MHz 的印制板用连接器－第 12 部分：集成电路用系列插座的设计尺寸、一般要求和试验的详细规范

IEC 60603-13(1995-01)

频率低于 3MHz 的印制板用连接器－第 13 部分：有质量评定的具有不可接触绝缘位移接端(ID)自由连接器，基本网格为 2.54mm(0.1in)的印制板用两件式连接器详细规范

IEC 60603-14(1998-02)

频率低于 3MHz 的印制板用连接器－第 14 部分：音频、视频和音像设备用低音频及视频圆形连接器详细规范

IEC 60760(1989-12)

扁平式快速连接端接件

IEC 60760－修改 1(1993-07)

修改 1－扁平式快速连接端接件

IEC 60807-1(1991-10)

频率低于 3MHz 的矩形连接器－第 1 部分：总规范－一般要求和编制有质量评定要求的连接器详细规范的导则

IEC 60807-2(1992-11)

频率低于 3MHz 的矩形连接器－第 2 部分：具有梯形金属外壳和锡焊型圆形接触件的有质量评定要求的系列连接器详细规范

IEC 60807-2-修改 1(1996-01)

修改 1－频率低于 3MHz 的矩形连接器－第 2 部分：具有梯形金属外壳和锡焊型圆形接触件的有质量评定要求的系列连接器详细规范

IEC 60807-3(1990-07)

频率低于 3MHz 的矩形连接器－第 3 部分：具有梯形金属外壳和封闭式压接筒的后插/后松可拆卸压接型圆形接触件，有质量评定要求的系列连接器详细规范

IEC 60807-6(1988-05)

频率低于 3MHz 的矩形连接器－第 6 部分：具有定位导向件和 20 号(7.5A)固定锡焊型圆形接触件的系列矩形连接器详细规范

IEC 60807-7(1991-12)

频率低于 3MHz 的矩形连接器－第 7 部分：具有定位导向件或插拔螺杆和具有封闭式压接筒的 16 号(13A)后插/后松可拆卸压接型圆形接触件，有质量评定要求的系列连接器详细规范

IEC 60807-8(1992-01)

频率低于 3MHz 的矩形连接器－第 8 部分：具有 4 个信号接触件和电缆屏蔽用接地接触件的连接器详细规范

IEC 60807-9(1993-04)

频率低于 6MHz 的矩形连接器－第 9 部分：电视机外围用系列连接器详细规范

IEC 61076-1(1995-07)

有质量评定的直流和低频模拟及数字式高速数据处理设备用连接器－第 1 部分：总规范

IEC 61076-1 勘误 1(1995-11)

勘误 1－有质量评定的直流和低频模拟及数字式高速数据处理设备用连接器－第 1 部分：总规范

IEC 61076-1 修改 1(1996-06)

修改 1－有质量评定的直流和低频模拟及数字式高速数据处理设备用连接器－第 1 部分：总规范

IEC 61076-1 修改 2(2001-06)

修改 2－有质量评定的直流和低频模拟及数字式高速数据处理设备用连接器－第 1 部分：总规范

IEC 61076-2(1998-12)

直流和低频模拟及数字式高速数据处理设备用连接器－第 2 部分：有质量评定的圆形连接器－分规范

IEC 61076-2-001(2001-10)

电子设备用连接器－第 2－001 部分：圆形连接器－空白详细规范

IEC 61076-2-101(2004-04)

电子设备用连接器－第 2－101 部分：低电压设备用具有 M8 螺纹或弹簧锁紧，M12 螺纹锁紧的圆形连接器详细规范

IEC 61076-2-102(2002-06)

电子设备用连接器－第 2－102 部分：有质量评定的圆形连接器－外接低压电源用插塞和插孔详细规范

IEC 61076-2-103(2004-03)

电子设备用连接器－第 2－103 部分：圆形连接器－“ＸＬＲ”型多芯系列连接器详细规范

IEC 61076-3(1999-11)

直流和低频模拟及数字式高速数据处理设备用连接器－第 3 部分：有质量评定的矩形连接器－分规范

IEC 61076-3-001(1999-11)

直流和低频模拟及数字式高速数据处理设备用连接器－第 3－001 部分：有质量评定的

矩形连接器－空白详细规范

IEC 61076-3-100(1999-11)

直流和低频模拟及数字式高速数据处理设备用连接器－第 3－100 部分：有质量评定的

矩形连接器－具有梯形外壳和 1.27mm 双排不可拆卸带状接触件屏蔽的系列连接器详细规范

IEC 61076-3-101(1997-09)

有质量评定的直流和低频模拟及数字式高速数据处理设备用连接器－第 3 部分：矩形连接器－第 101 篇：具有梯形外壳和中心线为 1.27mm × 2.54mm 不可拆卸矩形接触件屏蔽的系列连接器详细规范

IEC 61076-3-103(2003-11)

电子设备用连接器－第 3－103 部分：矩形连接器－具有间距为 1.25mm 不可拆卸带状电缆接触件单排高速串行数据用连接器(HSSDC)详细规范

IEC 61076-3-104(2003-04)

电子设备用连接器－第 3－104 部分：矩形连接器－频率至少达 600MHz 数据传输用８通道屏蔽的自由和固定连接器详细规范

IEC 61076-4(1995-09)

有质量评定的直流和低频模拟及数字式高速数据处理设备用连接器－第 4 部分：印制板连接器－分规范

IEC 61076-4-001(1996-08)

有质量评定的直流和低频模拟及数字式高速数据处理设备用连接器－第 4 部

分：印制板连接器－第 001 篇：空白详细规范

IEC 61076-4-100(2001-10)

电子设备用连接器－第 4－100 部分：有质量评定的印制板连接器－网格为 2.5mm 的印制板和背板用两件式组合连接器详细规范

IEC 61076-4-101(2001-09)

电子设备用连接器－第 4－101 部分：有质量评定的印制板连接器－符合 IEC 60917 的基本网格为 2.0mm 印制板和背板用两件式组合连接器详细规范

IEC 61076-4-101 勘误 1 (2003-11)

勘误 1 －电子设备用连接器－第 4－101 部分：有质量评定的印制板连接器－符合 IEC 60917 的基本网格为 2.0mm 印制板和背板用两件式组合连接器详细规范

IEC 61076-4-102(1997-04)

有质量评定的直流和低频模拟及数字式高速数据处理设备用连接器－第 4 部分：印制板连接器－第 102 篇：符合 IEC 60917 具有公制网格、有预定中心、编码件及预插合特性，用

于多联插入单元的两件式单芯连接器详细规范

IEC 61076-4-103(1999-02)

直流和低频模拟及数字式高速数据处理设备用连接器－第 4－103 部分：有质量评定的印制板连接器－具有屏蔽罩及基本网格为 2.5mm 的两件式组合连接器详细规范

IEC 61076-4-104(1999-03)

直流和低频模拟及数字式高速数据处理设备用连接器－第 4－104 部分：有质量评定的印制板连接器－基本网格为 2.0mm，接端网格为 0.5mm 倍数的两件式组合连接器详细规范

IEC 61076-4-105(1995-06)

有质量评定的直流和低频模拟及数字式高速数据处理设备用连接器－第 4 部分：印制板连接器－第 105 篇：供包括通信设备中广泛使用的具有 3～8 个接触件的 9 mm 圆形连接器详细规范

IEC 61076-4-107(2001-08)

电子设备用连接器－第 4－107 部分：有质量评定的印制板连接器－基本网格为 2.0mm,固定元件具有用于印制板的锡焊和压入式接端，自由元件具有不可接触绝缘和压接接端，屏蔽的两件式连接器详细规范

IEC 61076-4-108(2002-02)

电子设备用连接器－第 4－108 部分：有质量评定的印制板连接器－符合 IEC 60917-1 基本网格为 2.5mm，适用于横向组装密度为 15mm，组件间距为 25mm，具有全屏蔽功能的电缆至板连接器详细规范

IEC 61076-4-110(2001-12)

电子设备用连接器－第 4－110 部分：有质量评定的印制板连接器－基本网格为 2.0mm,具有全屏蔽和锁紧功能的电缆锁紧连接器装置详细规范

IEC 61076-4-111(2002-02)

电子设备用连接器－第 4－111 部分：有质量评定的印制板连接器－符合 IEC 60917-1 具有基本网格为 2.5mm 和预插合特性的印制板和背板用组合的两件式功率连接器详细规范

IEC 61076-4-113(2002-11)

电子设备用连接器－第 4－113 部分：印制板连接器－网格为 2.54mm 印制板和背板总线用 5 排的两件式连接器详细规范

IEC 61076-4-114(2003-02)

电子设备用连接器－第 4－114 部分：印制板连接器－网格为 1mm × 1.5mm 具有全屏蔽功能的两件式连接器详细规范

IEC 61076-4-115(2003-02)

电子设备用连接器－第 4－115 部分：印制板连接器－宽带(InfiniBand)设备用背板连接器

IEC 61076-5(2001-03)

直流和低频模拟及数字式高速数据处理设备用连接器－第 5 部分：有质量评定的直插式插座－分规范

IEC 61076-6(2004-01)

电子设备用连接器－第 6 部分：散件接触件－分规范

IEC 61076-7(2000-12)

直流和低频模拟及数字式高速数据处理设备用连接器－第 7 部分：有质量评定包括鉴定和能力批准的电缆导管－分规范

IEC 61076-7-001(2004-07)

电子设备用连接器－第 7－001 部分：电缆导管附件－空白详细规范

IEC/TS 61586(1997-03)

电连接器的可靠性预计

IEC 61984(2001-06)

连接器的安全要求和试验

IEC/PAS 60603-7-3(2004-11)

电子设备用连接器－第 7－3 部分：频率达 100MHz 的数据传输用 8 通道屏蔽的自由和固定连接器详细规范

IEC/PAS 61076-3-109(2001-12)

电子设备用连接器－第 3－109 部分：在恶劣工业环境中符合 IEC 60529 防护等级 IP67 的高速数据处理设备用两件式电缆至板连接器详细规范

IEC/PAS 61076-3-110(2002-01)

电子设备用连接器－第 3－110 部分：频率达 600MHz 的 8 通道连接器详细规范

IEC/PAS 61076-3-111(2002-06)

电子设备用连接器－第 3－111 部分：频率达 250MHz 的工业环境用 8 通道屏蔽和非屏蔽的自由及固定连接器详细规范

纤维光学民用标准化浅析

王　毅

摘　要　简述纤维光学国内外民用标准和我国民用标准体系情况，提出了纤维光学民用标准化服务行业和光纤通信技术及其应用方面的看法。

关键词　纤维光学　国内外标准　民用标准体系

1　概述

2009 年，得益于光纤通信的应用，华裔科学家高锟因在“有关光在光导纤维中的传输以用于光学通信方面”取得了突破性成就而获得了本年度的诺贝尔物理学奖。这既是对高锟本人在光纤通信领域不懈努力做出突破性成就的嘉奖，同时，从另一个侧面又充分反映了光纤通信领域内技术、产品和应用取得非常可喜成就，并得到了快速发展。

光纤通信自问世以来，给整个通信领域带来了一场革命，它使高速率、大容量的通信成为可能。光纤通信因其具有的损耗低、传输频带宽、容量大、体积小、重量轻、抗电磁干扰、不易串音等优点，备受业内人士青睐，发展非常迅速。目前，光纤通信已经覆盖有线通信的各个领域，包括邮电通信、广播电视通信、电力通信和军事通信等领域。

纤维光学元器件作为光纤通信系统和设备的技术基础和重要资源，依附甚至超前于光纤通信技术和应用发展。这些元器件涉及光纤和光缆、光纤连接器、纤维光学无源耦合器、纤维光学开关、纤维光学衰减器、纤维光学波分复用/解复用器、纤维光学滤波器、光纤放大器、光纤传感器、光发射/接收器以及光分插复用器等。

2　纤维光学标准

纤维光学标准在光纤通信技术和应用领域内起到技术基础和支撑保障作用，其主要工作是负责光纤通信系统、光纤通信设备模块、光纤通信系统和设备用光纤光缆、纤维光学互连器件、纤维光学无源器件和纤维光学有源器件等（简称纤维光学元器件）标准的研究、标准制定和修订，以及标准的贯彻应用等。

2.1　国际和国外标准

纤维光学国际和国外标准主要涉及国际电工委员会（IEC）标准、国际电信联盟（ITU-T）标准、Telcordia（原 Bellcore）公司标准等。从对这些标准的初步分析来看，IEC 标准相对配套并标准体系完整，基本覆盖了纤维光学元器件的产品门类。ITU-T 则主要侧重于光纤通信系统和网络互通、互连、互操作的基本要求，对其配套纤维光学元器件入网要求以技术建议书形式作出规定。这些建议书主要规定了配套元器件的基本技术性能参数和相关技术要求，未涉及产品环境适应性、质量评定程序等内容，因此还不能算是完整的产品标准（规范）。Telcordia 作为国外公司先进标准，极为重视纤维光学元器件在配套系统和设备中的实际应用，关注产品制造的过程控制以及产品失效机理等基础研究，明确给出相应产品技术性能、环境适应性和可靠性等方面的要求以及相应的验证用测量和试验方法。

IEC 作为非政府性的国际标准化机构，以促进电工、电子标准的国际统一，加强电气、电子工程领域中标准化及有关方面的国际合作，增进国际间的相互了解和交流为宗旨，紧紧跟踪和适应技术、产品和产业的发展，重视和开展相关领域内的国际标准化工作，以利于技术的国际交流和产品的国际贸易。IEC 中的纤维光学标准不仅体系完整，配套性强，基本覆盖纤维光学元器件的产品门类，而且标准制修订工作卓有成效，曾获得 IEC 的嘉奖，因此，这里对其相关情况做一简单介绍。

IEC 具体负责纤维光学标准化工作的是纤维光学技术委员会（TC86），TC86 技术委员会主要负责用于系统和设备的光纤通信系统、光纤模块、纤维光学元器件标准的制修定工作。工作范畴涉及名词术语、特性、试验方法、校准、测量方法、功能接口、光学传输性能、环境性能、机械性能要求等基础标准和相关门类产品规范等。TC86 纤维光学委员会中下设三个分技术委员会，其中，SC86A 为光纤光缆分技术委员会；SC86B 为纤维光学互连器件和无源器件分技术委员会；SC86C 为纤维光学系统和有源器件分技术委员会。技术委员会和各个分技术委员会中又设若干工作组进行具体标准的制定工作。相关工作组按各自委员会所负责的具体专业技术和产品发展动态及其相应标准制定情况而成立、调整或取消，其存在是动态的。

截止到 2009 年 12 月，TC86 纤维光学委员会制定涉及纤维光学名词术语、纤维光学图形符号、检测用仪器设备校准、纤维光学器件分类以及光路板产品性能等正式国际标准 13 项；SC86A 光纤光缆分技术委员会制定的标准主要有光纤测量和试验程序标准（IEC60793-1 系列）、光纤产品规范及其相应门类规范（IEC60793-2 系列），光缆总规范（IEC60794-1 系列）、光缆产品规范及其相应门类（IEC60794-2 系列），以及指导实际使用的应用指南方面的技术报告和技术规范等，正式国际标准达 75 项；SC86B 纤维光学互连器件和无源器件分技术委员会现阶段制定标准大体为纤维光学互连器件和无源器件基本试验和测量程序系列标准（IEC61300 系列）、纤维光学互连器件和无源器件性能标准（IEC61753 系列）、光纤光缆连接器接口标准（IEC61754 系列）、纤维光学互连器件和无源器件光接口标准（IEC61755 系列）、纤维光学互连器件和无源器件可靠性标准（IEC62005 系列）以及纤维光学互连器件和无源器件各个门类产品的总规范、分规范（空白详细规范和详细规范）等。SC86B 是 TC86 中最活跃，工作成效显著的分技术委员会，已经颁布实施的正式国际标准 261 项；SC86C 纤维光学系统和有源器件分技术委员会现阶段制定标准情况为纤维光学系统基本试验程序（IEC61280 系列）、纤维光学系统规范（IEC61281 系列）、纤维光学通信系统设计指南（IEC61282 系列）、光纤放大器基本试验方法（IEC61290 系列）、光纤放大器规范（IEC61291 系列）、光纤放大器技术报告（IEC61292 系列）、光纤系统用半导体光电器件基础标准（IEC2007 系列）、纤维光学有源器件封装和接口标准（IEC62148 系列）、纤维光学有源器件性能标准（IEC62149 系列）、纤维光学有源器件基本试验和测量程序（IEC62150 系列）、光纤传感器规范（IEC61757 系列）、动态模块基础标准（IEC62343 系列）等，正式国际标准为 86 项。

这里值得一提的是，IEC/TC86 技术委员会以及其分技术委员会，除敏锐洞察纤维光学元器件技术、产品和产业的发展动态，不失时机开展相应标准化工作外，同时还特别重视与其他标准化组织（ITU-T）的交流与合作，针对光纤产品的光学传输特性，虽在各自标准中均有体现和相应规定，但标准中规定的技术性能指标确达到了高度协调一致，同时还明确给出了相同类型光纤产品的型号对照表。

2.2　我国标准

我国现行关于纤维光学民用标准主要有国家标准、行业标准（电子行业标准、通信行业标准等）和企业标准。这些国家标准和行业标准基本上均由电子和通信行业领域的相关研制和生产单位制定。标准制定原则大多等同（修改）采用 IEC、ITU-T 等国际标准并结合国内实际情况，当然，也有个别标准以独立创新或非等效采用方式制定。目前为止，纤维光学正式国家标准已达一百余项，其中光纤光缆 49 项，纤维光学互连器件和无源器件 58 项，纤维光学系统和有源器件 9 项。国家标准对应于 IEC 国际标准的采标率大体仅为 25%。

已经制定的纤维光学国家标准和行业标准涉及产品门类有光纤、光缆、纤维光学互连器件、纤维光学无源器件、纤维光学有源器件等。主要是试验和测量程序、性能标准、接口标准、产品总规范、分规范和个别详细规范。我国纤维光学国家标准对纤维光学元器件产品覆盖程度相对于国际标准（IEC）也有一定差距，相对较好的产品门类仅涉及光纤和光缆。而纤维光学互连器件、纤维光学无源器件、纤维光学有源器件虽然有部分标准，但是相对零散，齐套性不强，不利于发挥应有的作用。

2.3 标准采用情况

现阶段，国内纤维光学元器件行业由于受配套供货需求的局限性，各个企业生产线或生产设备引进的多样性，原材料和零部件采购的不确定性以及纤维光学国家标准不齐套性等因素的影响，纤维光学元器件产品采用的标准零散、多样化，随意性较大。另一方面，国内纤维光学元器件研制单位、生产企业以及用户对我国纤维光学标准体系、标准层次结构、相关具体标准及其技术内容了解不够，致使依据和运用国家标准和行业标准，编制形成企业产品标准或验收标准难度大、困难多，编制标准的原则和方式把握得不准，从而导致国家标准和行业标准的贯彻实施力度方面打了折扣。

3 纤维光学标准体系

3.1 标准体系框架

我国现行纤维光学标准体系基本上参考 IEC/TC86 对应的标准现状，结合我国现行纤维光学元器件产品实际情况而建立的。标准体系框架见图 1。

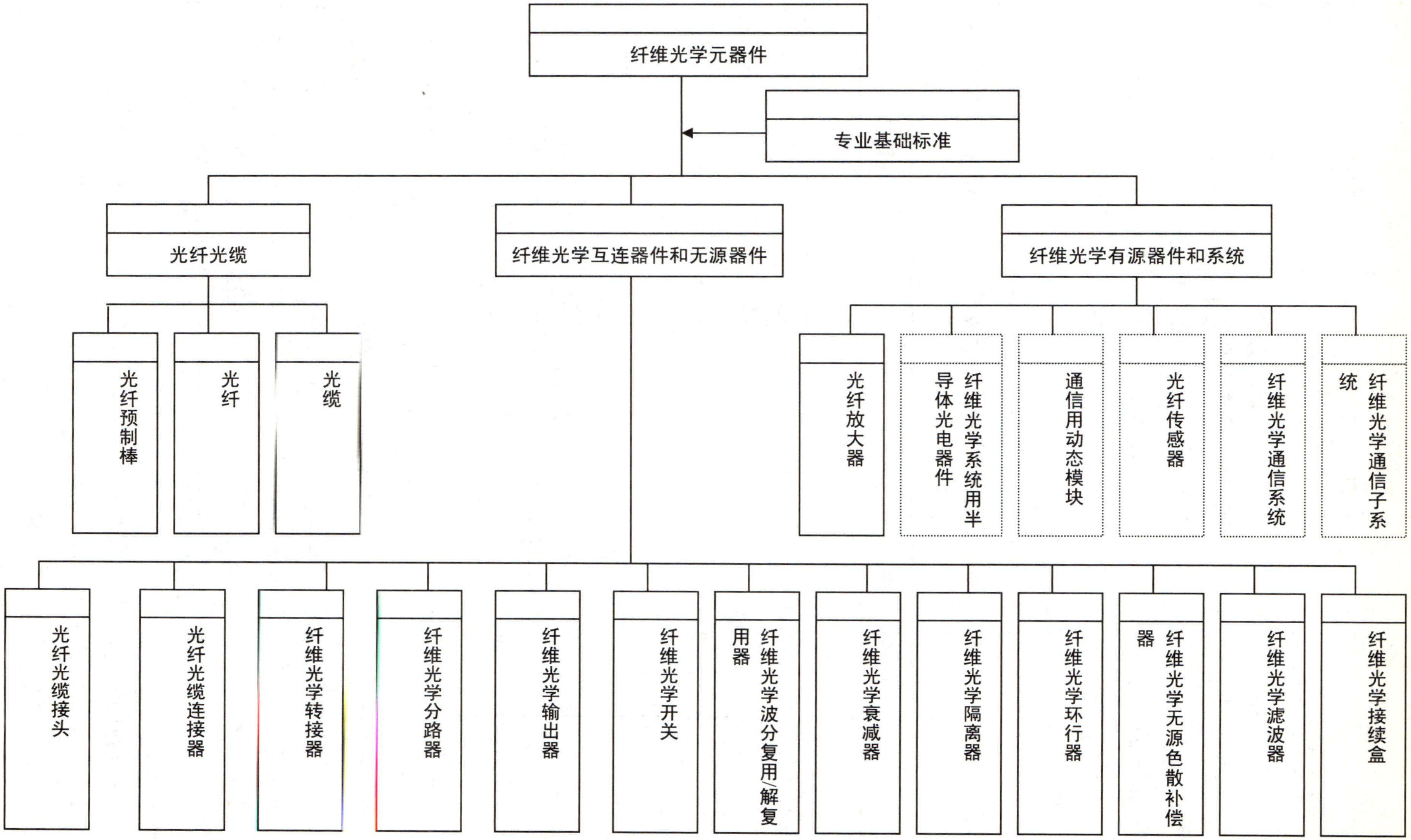

图 1　纤维光学标准体系框架

3.2　标准层次结构

我国电子元器件产品规范一般采用的是总规范、分规范、空白详细规范与详细规范这种层次结构。一个具体电子元器件产品的全部完整性要求，直接由总规范/分规范规定的共性要求和其相应的详细规范规定的个性要求予以实现（详见图 2）。空白详细规范一般依属于总规范（或分规范），或以独立形式呈现，为详细规范编制提供统一的编辑形式和供填写的空白表格。显然，对电子元器件产品完整性要求而言，总规范/分规范和详细规范既不能孤立存在，也不能单独使用。同时，还应注意的是，总规范/分规范与详细规范的不可分割的完整作用，通过诸如名词术语、图形符号、结构尺寸系列、性能参数系列以及试验方法与测量方法等电子元器件基础标准予以支持。

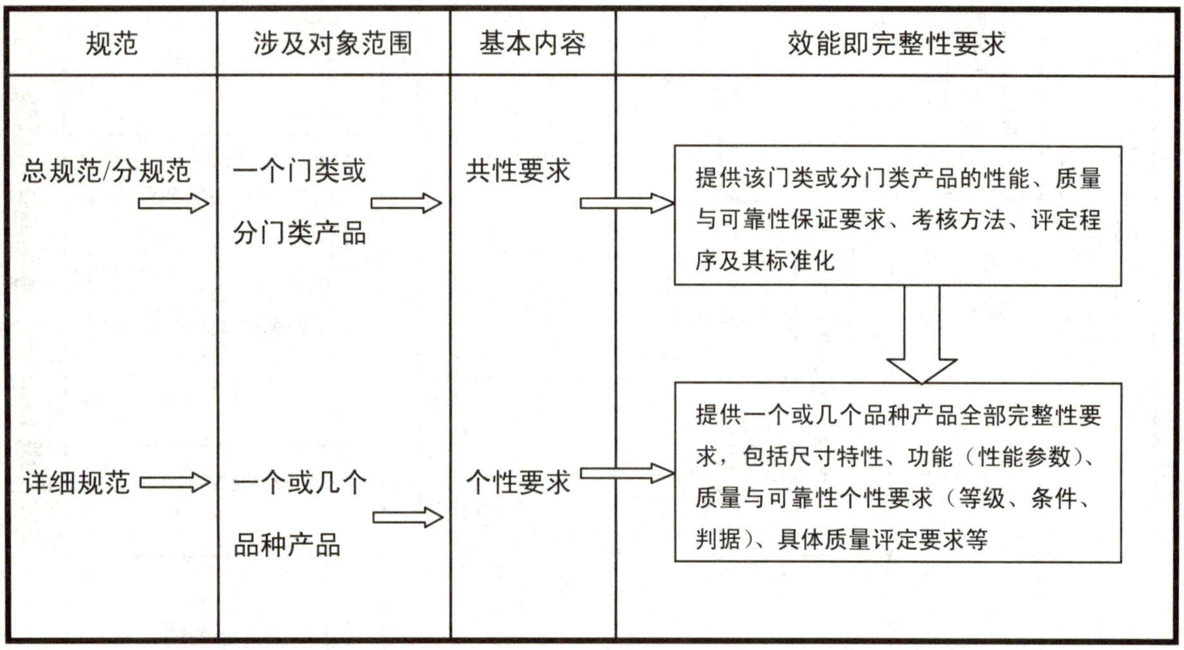

图 2　总规范/分规范和详细规范对产品完整规定

产品规范分层仅是为方便使用即针对可操作性所做的“形式上”编辑性处理。而这种编辑性处理方式正是适应了现代电子产品技术特别是电子元器件产品门类、系列、品种繁多状况而被国内外所广泛采用。共性要求集中于总规范/分规范中加以规定，易于从整体高度实施标准化，把握产品系列化，控制一个门类/分门类产品的整体水平，减少该门类/分门类具体产品详细规范中共性要求的重复，便于清晰辨别和比较不同品种。

总规范/分规范适用于一个门类/分门类产品，通常规定了该门类/分门类产品通用技术要求、额定值和特性值的标准或优先系列、质量评定程序、检查、测量和试验方法、以及包装、运输、储存等内容。

空白详细规范一般依属于总规范（或分规范），或以独立形式呈现，为详细规范编制提供统一的编辑形式和供详细规范填写的共用空白表格。

详细规范通常适用于一个品种（而并非仅仅是一个规格）的产品。详细规范规定了一个品种（型号）产品的外形结构、接口、安装尺寸和图等尺寸特性、规格参数、具体的技术要求、试验严酷等级和可靠性（寿命）具体要求、以及质量评定程序的具体要求等。

纤维光学标准作为电子元器件标准有机组成部分，在标准层次结构方面不无例外地呈现出这一特点，具体情况如下：

纤维光学专业基础标准

——纤维光学名词术语；

——纤维光学图形符号；

——测量与试验程序标准（涉及光纤、光缆、纤维光学互连器件、纤维光学无源器件、纤维光学有源器件和纤维光学系统等）；

——性能标准（涉及纤维光学互连器件、纤维光学无源器件、纤维光学有源器件等）；

——接口标准（涉及光纤连接器连接界面物理接口和光接口）；

——可靠性标准（涉及纤维光学互连器件、纤维光学无源器件、纤维光学有源器件等），等等。

我国现行国家标准情况如下：

GB/T 15972 系列　光纤试验方法规范系列标准；

GB/T 12357 系列　通信用多模光纤特性系列标准；

GB/T 9771 系列　通信用单模光纤特性系列标准；

GB/T 18309～18311 系列　纤维光学互联器件和无源器件基本试验和测量程序系列标准；

GB/T 21022 系列　纤维光学连接器接口系列标准；

GB/T 16850 系列　光纤放大器试验方法基本规范系列标准，等等。

纤维光学专业产品规范

光纤

——总规范；

——产品规范（含分规范）；

——详细规范。

光缆

——总规范；

——分规范；

——门类规范；

——详细规范。

纤维光学互连器件（含光纤光缆接头、光纤光缆连接器、纤维光学转接器等）

——总规范；

——空白详细规范；

——详细规范。

纤维光学无源器件（含纤维光学衰)减器、开关、分路器、隔离器、环行器、波分复用/解复用器、色散补偿器、滤波器、输出器等）

——总规范；

——空白详细规范；

——详细规范。

纤维光学有源器件（光纤放大器、光纤传感器、光纤系统用半导体光电器件、动态模块等）

——总规范；

——空白详细规范；

——详细规范。

我国现行国家标准情况如下：

光纤光缆

GB/T 15972.1　光纤总规范　第 1 部分：总则；

GB/T 7424.2　光缆总规范　第 2 部分：光缆基本试验方法；

GB/T 7424.3　光缆　第 3 部分：分规范　室外光缆；

GB/T 7424.4　光缆　第 4 部分：分规范　光纤复合架空地线；

GB/T 18480　海底光缆规范；

GB/T 18899　全介质自承式光缆，等等。

纤维光学互连器件

GB/T 12507.1　光纤光缆连接器　第 1 部分：总规范；

GB/T 12507.2　光纤光缆连接器　第 2 部分：F-SMA 型光纤光缆连接器分规范；

GB/T 18308.1　纤维光学转接器　第 1 部分：总规范；

GB/T 16529.1　光纤光缆接头　第 1 部分：总规范，等等。

纤维光学无源器件

GB/T 13713　纤维光学分路器　第 1 部分：总规范；

GB/T 12512　纤维光学衰减器　第 1 部分：总规范；

GB/T 12511　纤维光学开关　第 1 部分：总规范；

GB/T 18478　纤维光学环行器；

GB/T 13265.1　纤维光学隔离器　第 1 部分：总规范；

GB/T 13265.2　纤维光学隔离器　第 1-1 部分：空白详细规范；

GB/T 13712　纤维光学调制器　第 1 部分：总规范；

GB/T 14136.1　纤维光学滤光器　第 1 部分：总规范，等等。

纤维光学有源器件

GB/T 16849　光纤放大器总规范；

GB/T 18901.1　光纤传感器　第 1 部分：总规范，等等。

4　纤维光学标准化服务于行业

4.1　标准和标准体系

标准是在一定范围内获得的最佳秩序，对活动或其结果规定共同的和重复使用的规则、导则或特性的文件。该文将经协商一致并经一个公认机构的批准。

标准虽然不是商品，但它却能加速商品的生产和流通，能极显著地提高劳动生产率和资源的转化效率，实现商品生产的合理化、高效率化和低成本，给企业带来丰厚的利润。

作为行业中的一个企业来说，能不能在现今市场竞争当中占有一席之地并获胜，决定着企业的生死存亡。企业的标准化工作能不能在市场竞争当中发挥作用，这决定标准化在企业中的地位和存在价值。如果就市场竞争而论，标准化的作用简单地说，就是能够"赢得市场竞争"，现在较流行的说法——四流企业卖“产品”；三流企业卖“技术”；二流企业卖“专利”；一流企业卖“标准”就充分反映了这一情况。

制定好产品标准非常重要，因为它是关键，也就是说通过制定产品标准，企业搞清楚了顾客需要什么样的产品，并且把这种需求在标准中用量化了的技术要求清楚地表示出来，使企业的各方面通过标准都能够知道什么叫满足顾客要求，对顾客要求都应该做些什么和做到什么程度。

但是，仅仅只有一个或几个孤立的产品标准是很难发挥作用的，还应该重视和有效发挥标准整体性的作用。一定要在标准体系和标准层次结构的基础上，不断强化标准技术平台建设，保证企业产品详细规范制定乃至其具体实施步入科学合理的规范化道路，使标准按标准体系和层次结构要求形成一个相互补充、相互配套、相互协调，共同发挥作用的有机整体。

因此，要抓好纤维光学标准制定（修订）工作，加快标准制定步伐，我国标准与国际标准（IEC）相比，无论在标准数量、还是在标准技术内容的更新（标准修订）均存在相当大的差距。在这一工作中，尤其抓紧纤维光学基础标准的制定，如光纤光缆基本测量和试验程序系列标准、纤维光学互连器件和无源器件基本测量和试验程序系列标准、纤维光学互连器件和无源器件性能系列标准、纤维光学互连器件和无源器件可靠性系列标准、光纤光缆连接器物理接口系列标准、纤维光学互连器件和无源器件光接口系列标准、纤维光学有源器件封装和接口系列标准、纤维光学有源器件性能系列标准、纤维光学有源器件基本测量和试验程序系列标准的制定/修订，打造和不断完善纤维光学标准技术平台，为企业营造一个有的放矢、用武之地的良好环境，并使企业在这个技术平台上尽显英雄本色。同时，在制定这些基础标准中，加大转化 IEC 国际标准以制定成为我国国家标准力度，基本上应尽可能地等同采用，为具体产品详细规范的制定打下坚实的基础。应在统一协调的纤维光学标准体系下，根据技术和产业发展实际需求，对其实施动态管理，使其不断改进和完善。然后，紧随技术和产业发展，不失时机成体系、成系列地制定相关产品规范。

4.2 标准化研究

贴近行业，贴近市场，在新的技术发展、新的经济形势和市场形势条件下，开展纤维光学领域标准化技术、管理、工作体系研究，如何建立起我国光纤通信系统元器件产业的一套适用标准化支撑服务体系和技术评估体系，在产品的研制、生产、流通等环节上形成较明确的标准化技术、管理和服务平台，用以支撑和保障光纤通信系统及其配套元器件产业良性发展。

进一步研究与国际标准相并行的“事实上”的标准，在深入调研并准确把握行业中对国内外纤维光学标准实际采用情况的基础上，在对 IEC、ITU-T 国际标准深入对比分析研究的前提下，抓紧行业中采用“事实上”的标准如 Telcordia 标准的收集、分析研究。弄清楚 Telcordia 标准的整体框架概貌、标准层次结构、具体标准技术内容和特点、与 IEC、ITU-T 国际标准的异同、吸引行业采用的因素、及其如何借鉴和利用 Telcordia 标准制定我国国家标准。

纤维光学标准中一些预先和共性技术研究，如行业中采用的其他国外非标准化组织标准情况收集、分析研究；标准化工作如何有机与产品“全过程”（开发、研制、生产、使用）相结合（标准前瞻性、时效性、配套性、系统性）的研究；标准化如何支持和保障产品研发过程研究等。

4.3 标准贯彻实施

服务于行业，支撑于产业，逐步发挥企业在标准化工作中的主体作用，鼓励和吸收更多的企业和用户参与纤维光学标准化工作。积极开展标准的宣贯和标准的实施工作，针对企业和用户的需求，开展标准化知识的培训、信息咨询、指导和协助企业制定好标准。在标准实施中，一定还要强化标准的试验验证工作，重视标准试验验证能力建设。重视标准贯彻实施方面信息的收集和反馈、分析和研究，将贯彻实施中成功的经验、存在的问题及时总结，为标准修订乃至标准化工作的螺旋式渐进打好基础。

4.4　国际标准化

随着我国市场经济的深入和加入“世贸”，各种新情况和新问题层出不穷。为了适应形势发展，标准化工作无论从观念、机制、体制、工作方式均应作出相应的变化，在原有基础上有所创新和发展。

加入 WTO 后，标准和合格评定工作都具有同等地位，在具体工作中，应尽可能将二者有机地结合考虑。再者，从“贸易”和“市场”方面考虑，标准化如何服务于产业（行业）研究显得重要。另外，要充分利用 WTO/TBT 协议中有限干预原则和对发展中国家的优惠政策，建立我国自己的技术性贸易措施体系，将一些我国企业能够达到而国外企业难于达到或我国国情特有的技术要求（技术指标）纳入相应的国家标准，合理保护民族工业。还有，积极实质性参与国际标准化活动，参加国际标准的制定工作，通过直接参与，及时了解国际上相关技术和产业发展最新动向，利于我国相关技术纳入国际标准并将我国相关自主创新的产品标准上升为国际标准。

光电子产品国家军用标准和国家标准的区别

杨可贵
中国电子科技集团公司第八研究所

摘　要　介绍了光纤光缆及光电器件等常用光电子产品国家军用标准和国家标准的体系组成及标准的基本结构，以产品标准为中心，分析了它们技术要求的立足点及区别，最后指出了如何选择应用。

关键词　光电子产品　国家标准　国家军用标准　区别

1　引言

随着军品市场的放开，军民品兼做的单位越来越多。就是说，同一单位的同一类产品，有时要执行国家军用标准或行业军用标准（统称军标），有时要执行国家标准或行业标准，（统称国标）。但军标与国标有什么区别，并非所有的人认识都非常清楚。有的人可能会认为，军标的技术水平一定高于国标，这包括产品设计人员、检验人员及一些管理者等非专业人士，也包括一些标准化专业人员。这种认识虽不是什么严重错误，但可能会给签订研制生产合同、产品设计或广告宣传时带来一些不利的影响。所以很有必要找出这两类标准本质区别供大家参考。

2　标准体系组成

当前，光电子产品的军标体系如图 1 所示，国标体系如图 2 所示。

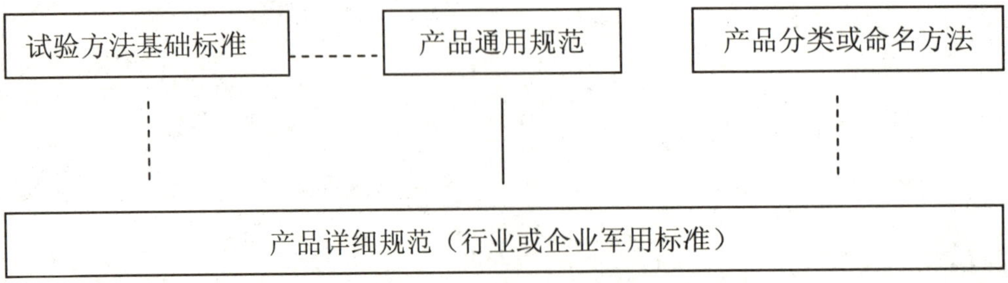

图 1　光电子产品军标体系基本框架

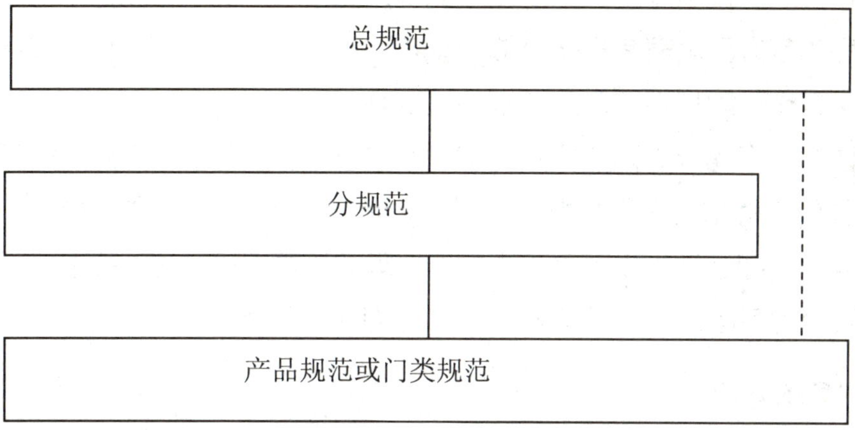

图 2　光电子产品国标体系基本框架

军标体系中，产品通用规范、试验方法及产品分类或命名方法一般为国家军用标准。早期的这类标准（现在仍有效）有的也是行业军用标准，但现在均为国家军用标准。并且，产品系列详细规范也倾向制定为国家军用标准。标准，毕竟要考虑到权威性，这是国情。

国标中的分规范层次是近年来才出现的。当产品种类较多，必需分门别类时，要有这样的标准体系，这是规范的、科学的标准体系，大部分光电子产品都应形成这种规范的体系。如产品种类很多、门类很全时，标准体系可以分为四个层次，就是第三层是门类规范，第四层是产品详细规范。但事实上，我国目前这样规范的标准体系很少。国际上，通信及光电子类产品，是“先标准后产品”，建立的标准体系都是这种规范的标准体系。我国正好相反，只有产品发展到一定时期才制定标准，也就是说“先产品后标准”，产生的标准凌乱，形成规范的体系不多。

国标中，“总规范”概念笼统，有的是包括“总则”、“试验方法”、“产品分类或型号命名”等标准的系列标准。比如，GB/T 7424.1《光缆总规范　第 1 部分：总则》、GB/T 7424.2《光缆总规范　第 2 部分：光缆基本试验方法》，GB/T 16849《光纤放大器总规范》和 GB/T 16850.1《光纤放大器试验方法基本规范 第 1 部分：增益参数的试验方法》（还有多项试验方法标准，在此不一一列举）等等。有的是总规范是包罗万象的单项标准，比如，GB 12511《纤维光学开关　第 1 部分　总规范》。但总的来说，这些标准的编号是相联的。即便标准编号不相联，试验方法标准也与产品类别一一对应。军标中，产品通用规范与其相应的试验方法标准的编号一般不相联，军标的产品通用规范与相应的试验方法标准不一一对应。军标中，一般是较大类产品才统一为一项试验方法标准，比如，GJB150.《军用设备环境试验方法》(含几十项系列标准)、GJB 360《电子及电气元件试验方法》等等。从标准体系的第一层次上的总体上看，虽说两者在实质上是相同的，都是以产品标准为中心，都涉及到了产品的方方面面，或者说产品的方方面面都有标准可依。但这反映了它们的思路不同，军标强调产品适应环境的一致性，国标强调产品性能的一致性。

标准体系与产品分类直接相关。本文所述的光电子产品这个概念即不完全是国标的分类（国标中有光电子器件类别，不包含光缆），也不完全是军标的分类，但所包含的产品与军标中纤维光学产品基本相同。但这都是历史问题，现在不管是在行业管理上还是在产品市场上，都把这些产品称之为光电子产品。

3　标准的基本结构

军标与国标的文本结构相差较大。军标的文本结构基本固定，即由“1 范围”、“2 引用文件”、“3 要求”、“4 质量保证规定”、“5 交货准备”　“6 说明事项”6章的基本格式组成。国标自主性较大，除“1 范围”和“2 规范性引用文件”前两章外，其余章节都是自由的。这种标准文本格式的差别并非是人为地强行规定，这是军民品的商品化程度不同的反映。军品的供求关系基本上是点点式，民品则是世界大同。

军标与国标不仅文本结构上有区别，其技术要求的广度和深度也不同。军标对性能特性的技术要求内容较详细，多数项目规定了量化技术指标，且不留悬念。国标中对性能特性的技术项目广泛，有些项目虽然提不出具体要求，但在条文里写“正在考虑”以期指导。军标对机械性能、环境适应性（也统称环境适应性）项目要求较多，国标较少。这些都可是以从以上分析的文标准体系的区别推断，因为军标体系层次少，而且产品用途专项。

4　技术要求立足点

军标与国标技术要求的区别不仅仅在广度和深度上，它们对产品技术要求的立足点也不同，这是它们的本质区别。军标立足于产品的环境适应性（也就是可靠性或可用性），包括机械、环境和化学性能等。民标立足于产品性能特性。现以同时具有军标和国标的同一种产品——光缆及光开关为例，具体分析它们的区别，见表 1 和表 2。

对产品的技术要求是产品标准技术水平的体现。应从以下几个方面评价一项产品标准技术水平的高低或对两项标准进行比较。

（1）对产品性能特性量值的规定

关于产品性能特性量值，一般在通用规范或总规范中不具体规定，大都是在产品规范中才具体规定。以同层次标准比较，军标和国标相差不大，多数是相同的。如有不同，一般是国标对产品性能特性的要求偏高，这表现为多方面。比如对光纤传输性能的要求，军标只规定衰减常数，对色散（单模光纤）或带宽（多模光纤）等其他传输性能有要求的标准较少。而国标对光纤的色散及偏振模散或带宽等诸多传输性能指标都有规定。就衰减常数而言，军标只几个典型波长有明确规定，比如对单模光纤，只规定 1310nm 和 1550nm 波长下的衰减常数.而国标规定的波长区间（1310nm～1625nm）远大于此。但对同波长下衰减常数的规定两者是相同的。

（2）对试验条件及试验前后性能特性变化的规定

试验条件的严酷度和试验前后性能特性的变化这两项规定是相关的，单纯的试验条件严酷或试验后性能特性的变化要求严格都不是高水平标准。评价一项标准的技术水平时要有可比的基础标准作基准，评价时应固定一方。当被评标准与基础标准的试验严酷度相同时，比对试验后传输性能变化的要求，反之亦然。产品标准的这一水平是产品标准的核心，它是对产品总体质量水平的全面考核。

恰恰对此核心问题，军标与国标很难对比。以光缆为例，针对“反复弯曲”试验项目（试验条件基本相同），军标要求反复弯曲 1 000 次，国标要求是反复弯曲 50 次。但是，军标要求试验后衰减常数的变化是“不大于 0.2 dB”，而国标要求是“不大于 0.05 dB”。同一根光缆，弯曲 50 次时，衰减常数变化可能是 0.05 dB。但弯曲 1 000 次时，衰减常数变化就可能达 0.2 dB。

（3）对检验样本大小和试验项目的要求

对同一类别的检验（比如鉴定检验或交货检验），样本大小和试验项目多少的要求是反映所有产品标准水平的标志。军标在通用规范中对此有明确规定。国标一般不在总规范中规定，多数是在分规范或产品规范中规定。但总体上军标要求的样本数大、检验项目多。

以上虽然是以无源光电子产品标准为例进行的分析，但有源器件的标准也是这样。比如光电收发器件（模块），国标对产品性能特性项目的规定多于军标，对同一指标量值的规定也优于军标。同样军标对环境适应性的规定多于国标，有电磁兼容和耐辐照等要求。只是这方面的标准国标或军标目前都没有建立健全完善的标准体系，没有完全对等的标准可对比，不易具体进行分析。

5 选择应用

分析军标与国标的区别旨在对两者的选择应用。经以上分析可以看出，由于军标与国标立足点不同，其技术水平并不完全可比。严格意义上来说，标准技术水平的对比只在同一层次的同期标准之间进行。但总体上：军标立足于“可靠性，对环境试验项目多、试验条件要求严酷，对性能特性的量值及其试验后的变化的要求不高。国家标准立足于“性能特性”，对环境试验项目、试验条件、性能特性量值及其试验后的变化的要求与军标的要求相反。产品标准的这种区别在军用与民用的实际产品上可以明显看出。

还有，军标的使用期限（有效期）一般较长，国标则更新较快。这也是国标对产品性能特性的要求偏高于军标的一个原因。

在签订研制生产合同时，当需要或可以选择标准，如售出（或购进）的光电子产品性能指标先进但不皮实，应选择国标，反之选择军标。在进行产品设计时、如目标是要求产品性能先进，在广告宣传时如是想宣扬产品性能指标先进，同样都是这样。

现在是经济技术全球化的时代，每个国家的国家军用标准或国家标准都是相关的。我国的国家军用标准（对应国外先进军用标准）和国家标准（对应国际标准）均占世界先进水平。以上的分析全世界都是如此，所以本文得出的结论，在军民品贸易往来中也可参考。

参考文献

GB/T 7424　光缆（所有部分）

GB/T 16849　光纤放大器总规范

GB/T 16850.1　光纤放大器试验方法基本规范　第 1 部分：增益参数的试验方法

GJB150　军用设备环境试验方法（所有部分）

GJB 360　电子及电气元件试验方法

GJB 1427A-1999　光纤总规范

GJB 1428　光缆总规范

表 1　光缆的军标与国标的主要区别

要求		国家军用标准	国家标准	说明与分析
产品分类		按"光纤单元"的结构型式划分，分带缓冲层的光纤、光缆单元、光缆束、光纤带四类。	按光缆"预期应用环境"划分，分室外光缆、室内光缆和沿电力线路架设的光缆三类	这是军标与国标的原则区别
主原材料		内容较详细，强调材料之间应相容，还规定了"不应使用再生材料"，同时有耐核辐照条款要求。	只对光纤、导电线等核心原材料提出了原则性要求	军标对耐核辐照的要求是"有规定时，材料应符合规定要求"
设计和结构		有光纤涂覆层、紧包光纤及光缆几何形状要求（圆形，同心）。对地面通用光缆，最小动态弯曲半径的要求为 12 倍光缆直径。	只有定性要求，对具体结构的要求在产品规范中规定。对无外护层光缆的动态弯曲半径的要求为 20 倍光缆直径	军标着眼于非金属光缆，对弯曲半径的要求相当于民用标准对无外护层光缆的要求
性能特性要求与检验方法	光纤及其性能特性	对光纤筛选水平，总规范中没有规定，只有海底光缆规范提出了要求 对性能特性没有明确规定，只提出了试验期间和试验后光透射性允许变化（附加衰减）要求，规定为： 　　　　机械试验　　环境试验 多模光缆：0.5 dB　　0.5 dB/km； 单模光缆：0.2 dB　　0.3 dB/km。	有光纤涂覆层剥离力、疲劳系数、翘曲度试验项目，对传输性能特性（包括衰减、色散和截止波长等）有明确要求。 对光纤的关键性能要求，如光学与传输性能要求与军标基本相同。 对光纤环境适应性的要求比军标低。 对试验期间和试验后附加衰减的要求均在相应的机械或环境性能要求中规定	军标对附加衰减的要求不高
	机械性能	提出了机械试验后外观及传输性能的变化。负荷在试验方法中规定。 对拉伸力和压扁力从产品结构（按外径计算）的角度规定指标，但对弯曲及冲击次数是按应用环境规定。试验条件较严酷	提出了各种机械负荷指标及试验期间和试验后光纤附加衰减和应变（只对拉伸）。 对试验后要求无明显附加衰减。对试验期间，大部分项目也要求无附加衰减，只有少数项目（比如长期压扁）为 0.1B	两者对机械负荷指标的要求与试验后的附加衰减不同。军标规定的项目比国标多，比如冷弯、冲击和振动等。机械负荷项目要求均以产品实际应用而定

表 1（续）

要求		国家军用标准	国家标准	说明与分析
	环境适应性	要求的项目较多，但并不是完全包含民标，没有护套完整性专项要求。对温度范围是按应用环境规定，对地面通用的光缆要求为 40℃～75℃	要求项目较少。有的标准对温度范围进行了分级，最大温度范围为-40℃～60℃，对试验时的附加衰减也进行了分级，最大为 0.15dB/km	从温度范围看，军标要求较高
	电气性能	GJB 1428A 中没有电气性能要求，GJB 4489 中有电气性能要求	一般标准中电气性能没有的具体技术要求，但有试验方法内容。海底光缆规范中有	
	化学性能	规定了包括耐霉菌和盐雾等几项要求	没有化学性能要求	
检验规则		对样品抽样总规范中有具体规定且较详细。有可接收质量水平（AQL）要求。 鉴定检验的资格保持时间，即周期检验为 1 年	对样品抽样，总规范中没有具体规定，一些国标分规范或行业标准规定了抽样。 型式（鉴定）检验的资格保持时间，即周期检验为 2 年	至于检验分类和样品分组等两者虽不相同，但只是形式上的差别，没有本质区别。其它方面的规定两者基本相同
包装、贮存和运输		只对包装有一些定性要求，没有运输和贮存要求	对缆盘的结构尺寸有规定，还有运输和贮存要求	国标要求较详细，但两者没有本质区别
安装		没有此章	光缆总规范及一些分规范还在附录中规定了光缆安装指南及光缆中氢气效应指南等	
其它		滴流性能，国标在环境适应性中规定，军标在机械性能中规定。 还有渗水(阻水性能)。国标及 GJB 4489 中称为“渗水”，GJB 1428A 中称为“注水”，仅对“舰船应用光缆”。它们的试验目的基本相同，但方法并不完全对应		性能要求项目名称、条款的归类、试验的负荷量及其对光缆所产生的损伤要求在哪一条款中规定只是标准文本编排格式的差别，不是本质（技术要求）区别

表 2　光开关的军标与国标的主要区别

要求		国家军用标准	国家标准	说明与分析
产品分类		以激励装置和激励方式、光纤端口数、引出端和环境温度四种原则进行分类	以光学性能、机械结构和气候类别三种原则进行分类	军标和国标的规定基本相同。国标总规范要求分规范规定具体分类方法
主原材料		提出了应不助长霉菌的生长、材料组合应是无磁性的和金属材料应是耐腐蚀的等原则要求	没有此项要求	国标要求较灵活
设计和结构		提出了尾缆（纤）、光连接器和激励方式等项目要求	没有此项要求	
性能要求与检验方法		性能要求和检验方法都是独立章节，项目一一对应	没有独立章节的性能要求，检验方法较详细但没有合格判据	
	外观和结构	设计和结构及其对应的检验方法（外观和机械检查）	规定了外观检查和尺寸检验要求	军标和国标的规定基本相同
	光学性能	规定了插入损耗、光透射性能变化、串音、对环境光敏感性和回波损耗五项性能要求及其对应的检验检验方法	规定了插入损耗、串音和隔离度和对环境光敏感性等九项试验验方法。但只有前三项有具体内容，其余均是“在考虑中”	军标对光透射性能变化（国标为光性能的稳定性，有条文无具体要求）有具体要求，这是对性能稳定性的要求，是两者的较大区别
	切换（驱动）性能	规定了动作时间和重复性等六项性能要求及其对应的试验	有“驱动机构的检验”条款，但内容为“待将来考虑”	
	机械性能	以尾缆（纤）和连接器不同的端口结构分别规定了撞击和拉脱力等五项试验性能要求及其对应的试验方法	规定了振动、碰撞、冲击三项试验方法	军标规定的项目较多

表 2（续）

要求		国家军用标准	国家标准	说明与分析
	环境适应性	规定了高温寿命、温度冲击和耐湿等 13 项性能要求及其对应的试验方法	规定了气候（含冷凝、温度快速变化、密封、盐雾等 10 项）、高温耐久性、耐溶剂和污染性液体试验方法	军标和国标的规定基本相同，只是国相当规模把温度冲击和盐雾等归类为了气候
检验规则		规定了鉴定检验和质量一致检验等	规定了鉴定批准程序（两个程序任选）和质量一致检验等	军标对检验分组、检验项目和样本大的规定都较明确。国标总规范中要求分规范中规定这些内容
标志和包装（交货）		规定了器件标志和包装标志要求	规定了器件标志和密封包装标志要求	军标和国标的规定基本相同

半导体照明和电池篇

锂离子电池安全标准介绍与工作建议

孙传灏

摘　要　对国内外锂离子电池安全标准情况进行概要介绍，还就我国锂离子电池安全标准制修订工作提出几点意见。

关键词　锂离子电池　国内外电池标准　安全标准　标准工作组

锂离子蓄电池是目前性能水平最先近，发展最迅猛的民用化学电源，并成为手机、笔记本电脑、数码摄像机等高端便携式消费电子产品的首选配套电源。但因自身结构和原理方面的弱点，近年来屡屡发生锂离子电池爆炸伤人或因安全隐患召回产品等事件，锂离子电池安全逐渐成为国民生活的一个热点话题，随之锂离子电池安全标准及相关工作也成为各方关注的焦点。本文将对锂离子电池安全标准情况进行简要介绍，同时对如何组织制修订锂离子电池安全标准工作提出意见。

一、国内与国际标准现状

1．我国标准现状

我国现行锂离子电池安全标准或含有安全规定的产品规范如下：

GB/T 18287－2000《蜂窝电话用锂离子电池总规范》；

GB/T 19521.11－2005《锂电池组危险货物危险特性检验安全规范》

GB/Z 18333.1－2001《电动道路车辆用锂离子蓄电池》

YD 1268.1－2003《移动通信手持机锂电池的安全要求和试验方法》；

SJ/T 11169－1998《锂电池标准》（eqv UL1642:1995）；

QB/T 2502－2000《锂离子蓄电池总规范》；

QC/T 743－2006《电动汽车用锂离子蓄电池》；

SN/T 1414.3－2004《进出口蓄电池安全检验方法　第 3 部分：锂离子蓄电池》。

上述标准中，前三项为国家标准，前两者为推荐性国家标准，但 GB/T 19521.11 的第 4 章和第 5 章为强制性内容，第三项标准为指导性技术文件；后五项分别为邮电、电子、轻工、汽车、商检行业标准，邮电行业标准 YD 1268.1 为强制性标准，其他四项均为推荐性标准。GB/T 19521.11 非等效采用联合国《关于危险货物运输的建议书规章范本》(第 13 修订版)和联合国《关于危险货物运输的建议书　试验和标准手册》，但技术内容一致，差别在于文本格式，适用于含锂电池的运输。电子行业标准 SJ/T 11169 的技术内容与 UL1642 的 1995 年版标准等效。

目前正待报批发布的锂离子电池安全标准或含有安全规定的产品规范有：

GB/T ××××-200×/IEC 62133:2002《含碱性或其它非酸性电解质的蓄电池和蓄电池组－便携式密封蓄电池和蓄电池组的安全性要求》；

GB/T 18287－200×《移动电话用锂离子蓄电池及蓄电池组通用规范》；

SJ/T ×××－200×《便携式计算机移动电源系统通用规范》。

前两项为国家标准，第三项为电子行业标准，三者均为推荐性标准。第一项标准适用于各类用途的便携式碱性蓄电池，其中包括锂离子蓄电池；第二项标准为 GB/T 18287-2000 的修订版标准，适用于手机用锂离子蓄电池；第三项标准适用于笔记本电脑用锂离子蓄电池。

2．国际标准现状

目前具有较大影响力的国际标准是 IEC（国际电工委员会）标准、UL（美国保险商试验室）标准和 IEEE（国际电气电子工程师协会）标准。其它国外标准，如欧盟标准、日本国家标准等，多为采用 IEC 标准。与锂离子蓄电池安全相关的主要现行国际标准为：

IEC 62133:2002《含碱性或其它非酸性电解质的蓄电池和蓄电池组－便携式密封蓄电池和蓄电池组的安全性要求》；

IEC 62281:2004《运输中锂原电池和电池组及锂蓄电池和电池组的安全》；

UL 1642:2006《锂电池》；

IEEE 1625:2004《便携式计算机用蓄电池标准》；

IEEE 1725:2006《蜂窝电话用蓄电池标准》。

此外，IEEE1825 数码相机和便携式摄像机用蓄电池标准正在制定中。上述标准中 IEC 62133 用于各类用途的便携式碱性蓄电池，其中包括锂离子蓄电池；IEC 62281 适用于锂原电池和锂离子蓄电池的运输；UL 1642 适用于所有含锂电池，包括锂原电池和锂离子蓄电池；IEEE 标准则分别适用于笔记本电脑、手机和数码相机与摄像机用的锂离子蓄电池。

二、国内外标准情况分析

分析以上标准内容可知，目前国内外锂离子电池安全标准基本都是符合性检测型标准，即标准规定短路、过充电、过放电、振动、冲击、挤压、碰撞（跌落）、热箱、低气压、温度循环等电气、机械和环境方面的试验项目，用以模拟电池在正常使用以及可预见的误用时的应用情况，确保产品在这些情况下的安全性。这种标准形式的优点是判据清晰、操作性好，只需针对成品电池进行试验室检测即可判定是否符合标准，缺点则是无法全面有效地保障产品的质量与可靠性，因为安全性作为产品性能的一个组成方面是在产品设计与制造过程中形成并确立的，现行标准的考核对象与此存在偏差。此外安全试验是破坏性检验，只能采用抽取样品的方式进行，这种方法本身也存在一定的风险概率。

对比国内外标准可见，我国锂离子蓄电池安全标准欠缺整体规划、基本各自为政，一方面国家与行业两级标准间，以及各类行业标准间缺乏协调，标准对象存在一定的交叉、重复，另一方面标准没有统一的指导思想，既有单纯的安全标准，也有包括电性能、环境适用性能及安全性能等全部要求的总规范性质的标准。相形之下，同一组织体系内的国外标准在工作思路及相互间关系上则较为统一、协调。如 IEC 针对产品安全性单独制定标准，其它标准如产品总规范规定电性能等其它要求，安全要求直接引用安全标准；IEEE 则针对不同用途分别制定包括安全要求在内的产品总规范。

三、安全标准工作建议

工业和信息化部成立的电子产品安全标准工作组，将开展锂离子蓄电池安全标准工作，提出了制定便携式锂离子蓄电池安全标准的工作目标，结合我国锂离子蓄电池标准现状，建议制修订安全标准工作应落实如下几条措施，以获取更大的成效。

1．以国家标准的形式在全国范围内统一锂离子蓄电池安全标准

锂离子蓄电池作为一种深入千家万户的产品，统一其安全标准不但是充分保障消费者权益的需要，也是降低企业经营成本、规范产业发展的要求。考虑到锂离子蓄电池的生产、营销等遍及国民经济各领域，统一的安全标准形式无疑应为最高级别的国家标准。并且为保持安全标准的统一，应采取如下措施：对现行的各份国家与行业标准，应以对其技术内容包含或整合的方式加以替代；将来随着锂离子蓄电池的发展，通过标准修订的方式更新其安全要求，不再另行制定其他安全标准。

2．根据锂离子蓄电池的产品情况制定标准，标准水平坚持“适度”的原则

产品与标准是互为皮毛的关系，不同性质的产品相应地需要不同的标准，目前锂离子蓄电池大致划分为能量型和功率型两大类产品，两类产品在材料、设计结构等方面存在一定差异，在相同的安全前提下，其标准的试验方法乃至要求都可能有所不同。通常所说的便携式电池属于前一类产品，包括手机、笔记本电脑、数码相机和摄像机用锂离子蓄电池，而电动工具、电动自行车和电动汽车用锂离子蓄电池可归为后一类

产品，建议分别制定便携式锂离子蓄电池安全标准和动力型锂离子蓄电池安全标准。

适度是指标准应寻求并建立产品安全与性能的最佳结合点，如果单纯着眼于安全，要求当然越严格越好，但在产品总体技术水平的限制下，越好的安全性往往意味着越差的电性能水平，典型的例子是 GB/T 18287－2000 中 3C 电流充至 10V 电压的过充电要求，除非大幅度牺牲容量或使用寿命，否则当前的手机用锂离子蓄电池根本无法达到这一已被证明没有必要的安全要求。从应用角度来看，这显然是得不偿失的，不符合标准在一定范围内缔造最佳的基本原理。

3．制定专门的锂离子蓄电池安全标准，标准内容涵盖产品设计及制造工艺，并建立相应的监督认证机制

锂离子蓄电池安全标准与产品规范应分开制定，其好处是标准能够以更为灵活机动的方式贴合产品发展的需求。在广泛应用的促进下，锂离子蓄电池电性能的提升几乎是日新月异，比较而言其安全要求则相对固定，分别制定标准可使两者以分动的形式满足各自对象的需求变化，从而避免以往包括产品全部要求的总规范形式的标准修订耗时费力的缺点。

绝大多数锂离子蓄电池的安全问题是由于现行安全标准难于模拟的内部短路缺陷所引起的，只有将锂离子蓄电池的设计和制造过程全面纳入质量控制体系方能有效消除产品内部短路的隐患，这是产业界在大量锂离子蓄电池安全事件中总结并达成的共识。因此改进现行安全标准的结构形式，将其内容拓展至产品上游的设计与生产环节，是全面有效保障锂离子蓄电池安全所必需的。这随之带来了标准实施的操作问题，建议依据新形式的标准开展锂离子蓄电池强制安全认证，除最终产品检测外，认证手段还应包括产品设计与工艺评审、制造过程监督等内容，并参照质量体系认证做法，建立定期复查与随机抽检的制度，如此将可确保标准内容最大限度地得以贯彻与实施。

半导体照明技术标准现状及发展

赵 英

摘 要 本文对国际、国内半导体照明产业链技术标准现状作了简要介绍，对近年来半导体照明技术标准工作组开展的标准化工作做了详细说明。对我国半导体照明领域标准化工作特点进行了分析，提出了今后的工作设想。

关键词 国际 国内 半导体 照明 技术标准 体系 现状 发展

1 引言

半导体发光二极管（以下简称 LED）不但具有节能、环保、寿命长等三大优点，而且还具有体积小、驱动电压低、彩色可调、聚光性能好、安全性好、防震性好、维修费用低等多种特点，所以应用领域非常广泛。随着技术水平、生产能力的不断提高，应用范围在不断扩大，由早期的应用于指示，到后来应用于显示，再到近几年应用于特种照明和普通照明。

由于 LED 在照明领域具有的优越性，使得半导体照明成为 21 世纪最具发展前景的高技术领域之一。欧美、日本等发达国家都制定了相应的半导体照明发展计划。我国 LED 产业从上世纪 70 年代开始，一直紧跟世界 LED 产业的发展步伐。特别近几年来，由于国家的重视，国家“863”光电子项目的投入，大学、科研机构加大了研发力度，各地方政府及企业投入的增加，加快其产业的发展速度。到目前为止，半导体照明产业已具有一定的规模，并初步形成从原材料、处延、芯片、封装、到应用产品以及相关配套的驱动 IC/控制 IC、二次光学系统/灯具等构建的产业链（见图 1）。

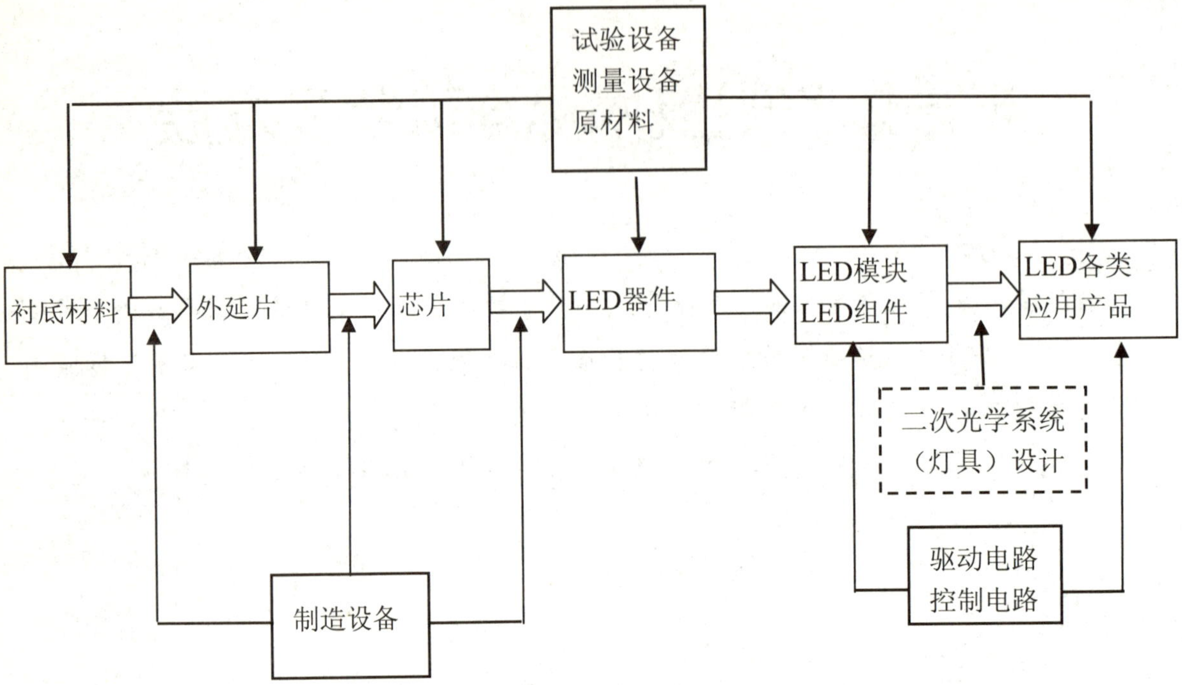

图 1　半导体照明产业链

产业的迅速发展，对标准化工作提出了迫切的需求。近年来，国际相关标准化组织、欧美、日本、韩国等半导体照明产业较发达的国家都加大力度开展相关标准的研制工作，我国相关标准化组织也同样开展了大量的标准化工作，下面先作一些简要的介绍。

2　国内外相关标准组织

2.1　国际相关标准化组织

国际相关标准化组织及学术机构主要有：国际电工委员会（IEC）、国际照明委员会（CIE）、国际非电离辐射防护委员会(ICNIRP)等。

2.1.1　国际电工委员会（IEC）

IEC 有关标准主要在 TC34、TC110 和 TC76 技术委员会制定。

☆　TC34 灯和相关设备技术委员会

该技术委员会主要制定日光灯及启辉器、传统灯及灯具、连接器、控制器等有关测试、安全标准。目前已出版有关 LED 的标准有 3 项，正制定的标准有 1 项

——IEC 60838-2-2 (2006-05) 杂类灯座-第 2-2 部分：发光二极管用连接器　特殊要求

——IEC 61347-2-13 (2006-05) 灯控制装置-第 2-13 部分：发光二极管组件用交流

/直流电子控制装置 特殊要求

——IEC 62384 (2006-08) 发光二极管组件用交流/直流电子控制装置 性能要求

——IEC62031Ed.1.0(CDV) 普通照明用 LED 模块安全规范

目前正在起草《普通照明用自镇流 LED 的安全要求》和《普通照明用 LED 灯和 LED 模块术语和定义》等国际标准。

☆ TC110 平板显示技术委员会

平板显示技术委员会是制定 LCD、PDP 和 OLED 显示模块的技术委员会，该委员会于 2007 年提出制定 LCD 用 LED 背光源标准，目前已由韩国负责制定 LED 背光组件测试方法的标准，并将陆续制定总规范、术语等标准。

☆ TC76 光辐射安全和激光设备技术委员会

IEC 制定的激光产品的光安全标准"IEC-60825 激光产品的安全第 1 部分：设备分类、要求和用户指南"；从 1993 年开始将 LED 作为重要部分进行考核，目前所有销往欧洲的产品都必须按照 IEC-60825 要求进行测试。

2008 年，TC76 的 WG9 工作组开始制定"非相干光辐射安全"标准，其中包括 LED 产品。

2.1.2 国际照明委员会（CIE）

国际照明委员会（ COMMISSION INTERNATIONALE DE L`ECLAIRAGE：CIE）是独立自治的学术团体，不隶属于任何其他的政治和经济机构，它主要是为了在其成员国之间开展照明工程研究的交流与合作，是国际上这一领域的权威组织。

它的技术领域包括了这样的基础学科和应用学科，基础学科如：涉及涵盖紫外线、可见光和红外线的光谱范围内的自然和人造辐射的视觉、光度学和色度学；应用学科包括光的所有使用，室内和室外，包括环境的和审美的影响，以及光的产生和控制方式。从 1999 年以来，图像的传输、处理和复制使用的所有类型的分析和数字图像装置、存储媒体和图像媒体的光学、视觉和度量衡方面的问题也归属于 CIE。

CIE 出版由技术委员会制定的标准、技术报告和推荐建议及会议和座谈会的学报。CIE 与 LED 有关的出版物有：

——CIE 127-1997：发光二极管（LED）测量方法；

——CIE Pub. NO.63：光源的光谱辐射度测量；

——CIE S 009/E，2002：灯与灯系统的光生物安全性标准（IEC 于 2002 年全部引用）。

CIE 正在制定的关于半导体照明方面的标准有白光 LED 光源的颜色显色性的测

量方法等：

——TC2-45，“Measurement of LEDS”CIE 17x-2006,Revision of CIE127-1997

——TC2-46,CIE/ISO standard on LED intensity measurements.

——TC2-50, Measurement of the optical properties of LED clusters and arrays.

——TC2-58 Measurement of LED radiance and luminance

——TC1-62,Color rendering of white LED light sources

——R4-22,Use of LEDS in visual signaling

——TC6-55,Light Emitting Diode (photobiological safety)

2.1.3 国际非电离辐射防护委员会(ICNIRP)

针对光辐射对人体危害性的评价，ICNIRP 根据生物物理数据提供推荐曝辐限值，并且出版非相干光源和激光束的光生物安全方面的指导方针和声明。

2.1.4 其他国家和地区标准现状

值得关注的是，日本、美国、韩国等发达国家和地区对照明用 LED 的标准十分重视，除了测试方法等基础标准，在应用产品方面已制定或计划制定的标准有：交通信号灯、LED 汽车灯具、白光 LED 照明灯具性能规范、照明用白光 LED 模块安全要求、LED 背光源等。

☆ 日本

日本的标准主要有：照明用白色 LED 测光方法、工业用 LED 器件标准、指示用/显示用 LED 系列规格、白色 LED 照明器具性能要求、照明用白色 LED 模块安全性要求等。

☆ 美国

美国制定相关标准的组织机构很多，但各有侧重：

——美国国家标准与技术研究院（NIST）：协调

——美国国家标准化协会（ANSI）：SSL 应用产品性能标准；

——北美照明工程师协会（IESNA 包括美国、加拿大、墨西哥，但全世界的人均可参加）：术语、测量类基础标准、照明应用产品；

——UL：美国安全标准；

——美国白光照明联盟（ASSIANT）：白光 LED 寿命试验；

——NEMA：SSL 产品色度要求；

——美国能源部（能源之星）：认证用标准，正在制定整体式 LED 灯的标准；

——加州：能效标准地方标准

☆ 韩国

韩国政府支持固态照明的标准化工作，制定了五年规划（从 2007.11~2012.10 年），经费为 500 万美元。以保证韩国的标准是高效的、与国际标准统一的。它分为：测试方法的研制、产品规范的研制（包括眩光和寿命要求等）、认证体系三部分。

—— LED 标准相关组织有：韩国技术和标准机构、韩国光电技术研究院、韩国标准和科学研究院、韩国照明技术研究院、韩国能源研究所、韩国光电工业发展协会等；

——成立了 LED 标准化联盟 ：有 100 多家 LED/照明有关的公司、大学、研究院和政府参加到联盟中

3 国内标准现状

国内涉及了材料、外延片、芯片、器件/模块和应用产品的相关标准组织主要有：TC224 全国照明电器标准化技术委员会、TC229 全国稀土标准化技术委员会和部半导体照明技术标准工作组。

其中工业和信息化部半导体照明技术标准工作组和 TC224 全国照明电器标准化技术委员会近几年标准化活动十分活跃。有些与应用产品（如交通信号灯、LED 汽车灯等）有关的部门也十分重视有关产品的技术标准制定工作，已制定和正在制定一些标准。

3.1 TC224 全国照明电器标准化技术委员会

TC224 全国照明电器标准化技术委员会受国家质量监督检疫总局国家标准化技术委员会和轻工业联合会的领导，是全国照明电器标准化工作的技术工作组织，负责全国照明电器标准化和国际电工委员会 IEC/TC34《灯及其有关附件》的国内技术归口工作。

该委员会设有两个分委会，分别负责电光源及其附件和灯具方面的标准工作。截止到 2006 年底，照明电器标委会已归口组织制定了 150 多项产品国际标准和行业标准。目前又提出了新的针对 LED 光源的国家标准和轻工行业标准项目：

——灯的控制装置第 14 部分：LED 模块用直流或交流电子控制装置的特殊要求，强制，IEC 61347-2-13:2006 Ed.1.0

——杂类灯座第 3 部分：LED 模块用连接器特殊要求，强制，IEC 60838-2-2:2006

——普通照明用 LED 测试方法（发光二极管测量方法），推荐，CIE 127: 1997

——普通照明 LED 模块用直流/交流电子控制装置性能要求，推荐，IEC 62384:2006

——道路照明用 LED 灯，推荐

——普通照明用 LED 灯和 LED 模块术语和定义，推荐

——普通照明用 LED 模块安全要求，强制，IEC 62031

——普通照明用 LED 模块性能要求，推荐

——普通照明用电压＞ 50V 自镇流 LED 灯安全要求，强制

——普通照明用电压＞ 50V 自镇流 LED 灯性能要求，推荐

——装饰照明用 LED 灯，推荐

——普通照明用发光二极管性能要求，推荐

3.2 TC229 全国稀土标准化技术委员会

TC229 全国稀土标准化技术委员会的主管是国家计委稀土办公室，目前正在制定 LED 用荧光粉标准有 7 项，包括产品性能规范、试验方法等。

3.3 工业和信息化部半导体照明技术标准工作组

针对半导体照明产业的蓬勃发展，原信息产业部于 2005 年组织成立了半导体照明技术标准工作组，专门负责相关标准的制定。该标准工作组采取开放式原则组建，国内产、学、研、用企事业单位、科研院所和大专院校均可参加。目前该工作组有成员 57 家，涵盖了产业链上的芯片制作、器件封装、荧光粉制备和应用产品制造等各方面的单位。该标准工作组的任务：联合国内社会各方面力量，组织开展半导体照明产业链中材料、芯片、二极管及模块的测试方法、名词术语和符号、可靠性试验等方面的标准和相关产品规范的研究制定，以及技术标准体系的编制工作。

1）标准体系的建立

由于 LED 及其应用产品产业链长，产品特性差异大；标准的层次、形式、分类、结构等差异大；涉及的部门多，标准化工作主体分散等特点，我们在建立半导体照明技术标准体系时提出开展标准化工作不仅要充分考虑产业链整体状况，还要考虑上下游间的衔接、部门间的协调，使得标准化工作可以有序进行的建议。

我们先依据产品在产业链上的上、中、下游关系，大致划分为三个“子领域”（如图 2），再将原材料类补充到“子领域 1”中，将制造、测试、试验设备作为“子领域 4”。

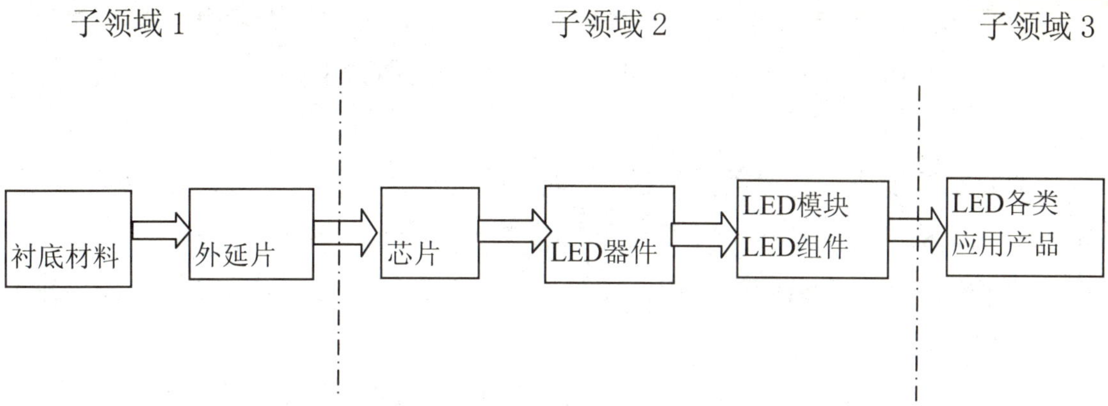

图 2

半导体照明技术标准体系将由以“子领域”为依据建立的四个子体系组成，每个子体系结构的构建可根据子领域特点从“基础标准”、“产品标准”、“工艺技术标准”、“安全标准”、“管理标准”这五大类中选取。“产品标准”里部分产品门类的结构延续了已有的标准体系，既上一层对下一层起着制约指导作用，下一层是上一层结构的具体化。

——子领域 1:主要包括各类材料及原材料、外延片等。涉及的标准主要为产品性能标准，也有测试方法及少量的试验方法等基础标准；

——子领域 2:主要包括产业链中游的 LED 芯片、LED 器件、LED 模块/组件及 LED 驱动电路、控制电路。这些产品基本为半导体器件类，涉及的标准为“基础标准”、“产品标准”、“工艺技术标准”、“安全标准”、“管理标准”这五大类；

——子领域 3:主要包括 LED 应用产品。涉及的标准为“基础标准”、“产品标准”、“安全标准”、“管理标准”这四大类；

——子领域 4:主要包括制造、测试、试验设备。涉及的标准为产品技术规范。

该体系多方征求意见，获得了其他相关标准化组织的认可。

2）标准的研究与制定

根据产业的需求，工作组还开展了大量标准的研究与制定工作，其中已完成报批的标准有 2 项，报批中的标准有 7 项：

——半导体光电子器件　功率发光二极管空白详细规范：规定了电流在 100mA 以上的大功率发光二极管的质量保证程序、试验/检验项目及方法。与显示用 LED 标准相比，增加了光度学、色度学、热学方面的测试要求；

——半导体发光二极管测试方法（修订 SJ/T 2355.1－7: 1983 半导体发光器件测试方法）：内容包括 LED 电学、光学、光度学、色度学、热学等方面参数定义和测试方法；

——半导体照明术语：包括与半导体照明有关的基本术语、光测量术语、色测量术语、热电测量术语、外延、芯片、封装和部分照明应用产品术语和定义，共有术语140多个；

——氮化镓基发光二极管用蓝宝石衬底片：规定了氮化镓基发光二极管用蓝宝石衬底片的参数指标、测试方法、几何尺寸、试验方法、质量保证规定等；

——半导体发光二极管用荧光粉：规定了白光发光二极管用荧光粉的性能要求、试验方法、检验规则及标志、包装、运输、贮存等内容。该标准包括了铝酸盐荧光粉5个牌号和硅酸盐荧光粉7个牌号，对于目前较新的氮化物荧光粉，考虑到其技术和生产还会有很大改进，暂未列入其中；

——功率半导体发光二极管芯片技术规范：规定了100mA以上的大功率发光二极管芯片的质量保证程序、试验/检验项目及方法；

——半导体发光二极管芯片测试方法：包括半导体发光二极管芯片的光度学、电学、色度学、和热学等主要参数的测试方法。规定了测试框图、测试步骤和测试条件；

——半导体光电子器件　小功率发光二极管空白详细规范：规定了电流在100mA以下的发光二极管的质量保证程序、试验/检验项目及方法。与以往显示用LED标准不同的是，补充了色度学特性的主波长、显色指数、相关色温、色品坐标等与照明有关的参数；

——半导体发光二极管产品系列型谱：规定了可见光（包括白光）半导体发光二极管的标准系列和品种、以及选择和应用的导则。其应用领域有指示显示、图形和/或文字显示、装饰显示/照明、普通照明等。LED产品选入型谱的原则是：性能指标适用于多种应用场合，有较大应用范围，而且结构、装配和功能不重复；已生产的品种其设计已定型，材料和工艺得到验证，并有适合的质量控制措施，有较好的试验和使用经历；正在研制和待开发的品种是半导体照明领域发展所需要的标准通用品。

这九项标准的制定，对建全半导体照明标准体系中子领域2（主要包括产业链中游的LED芯片、LED器件、LED模块/组件）的标准体系起到重大作用，对促进产业发展起到了推动作用，对规范市场起到一定保证作用。同时，这九项标准也涉及了产业上游部分材料。

这九项标准均是自主制定的，特别需要提到的是，在“半导体发光二极管用荧光粉”这份标准中，首次提出了用“外量子效率”代替“相对亮度”作为评价荧光粉发光效率的考核指标，同时制定了“外量子效率”的测试方法。由于原标准方法需要制备标准荧光粉，实际操作有很大困难，新的标准是测试每个荧光粉产品自有的绝对外量子效率值，因而在测试比较时就无须通过与标准荧光粉比较来评价其优劣，简化了选粉工作，解决了长期以来荧光粉发光效率测试难的问题。

工作组还开展了以下标准的研究：

——半导体发光二极管寿命试验方法：研究单色光、白光、大小功率 LED 的恒定应力加速寿命试验方法。进行加速应力摸底试验，分析失效模式、机理、数据，确定加速时间，得出 LED 本质寿命、附加从属寿命结论；

——半导体照明的能效性研究：控制器、散热器（包括支架、灯具），从景观照明、普通照明等几个方面进行试验研究；

——发光二极管辐射安全性研究：研究国内外相关标准，如 IEC 60825 激光产品的辐射安全要求，研究 LED 的表观光源、辐射波长的测量方法；选取产品测评，为 LED 的辐射安全评价和安全分类标准的研究和制定提供可靠的依据和适用的测试手段；确定对哪类产品应规定安全性。

这些研究都取得了一定的成果，计划在 2009 年制定成国家标准。

3.4 其它

公安部交警部门主持制定 LED 交通信号灯的标准 GB14887-2003《道路交通信号灯》，该标准中对信号灯进行了分类，规定了光学性能、电气安全和环境试验要求。

煤炭部正在制定《LED 矿灯技术标准》、铁道部制定了《LED 铁路信号灯技术标准》等。

有些地方，针对当地半导体照明工程的需求，也开始着手制定地方标准。

3.5 小结

从上述介绍可以看出，国际相关标准目前具有以下特点：

1）标准大部分还在制定中，这与产业发展基本相符。

2）侧重于制定应用产品的标准。

3）侧重于测试方法类基础标准和有关安全方面的标准。

4）侧重于节能、安全认证相关标准的制定。

而国内标准目前具有以下特点：

1）标准大部分还在制定中，这与产业发展基本相符。

2）在半导体照明产业链上 LED 芯片、LED 器件标准基本完善；材料标准有所涉及，但仍有较多空白；LED 模块/组件标准仍是空白。相对成熟的交通信号灯、矿灯、铁路信号灯等应用产品标准，应用部门十分重视。应用热点之一的室外照明，如路灯标准，很多组织和机构都在积极制定，但都不成熟。应用重点之一的普通照明，相关标委会与 IEC 同步，对安全和控制器、连接器性能要求作了一些规定；应用产品标准为空白。

3）有关辐射安全方面标准正在研究中，与国际基本同步；能效标准也在制定中。

制定标准成为产业热点，标准化工作呈现多元化，在“百花齐放”的形式下，也带来一些弊端，即易造成矛盾、冲突和重复，这种现象已经出现。

4　半导体照明技术标准研制重点

4.1　标准制定趋势

半导体照明产业技术标准制定重点是以产业需求为牵引、以应用产品为导向、以技术相对成熟为保障、以规范市场促进产业发展为目的。各部门、各标准化组织之间既分工明确又充分协调；制造、应用、检测、认证各方在制定标准时各有侧重：

☆　制造方制定的标准，一般包括：

——规定产品质量保证程序、可靠性要求、检验要求、抽样要求、试验和测试方法等细节的产品规范、性能规范，一般用于产品的研制、生产和交付。

——规定产品及相关部件的安全要求、特殊要求的标准。

——测试方法、试验方法等基础标准。

☆　应用方制定的标准，一般包括：

——对上游产品的性能要求、可靠性要求等性能规范，具有一定的应用特殊性，一般用于产品的验收。

——规定上游产品的安全要求、特殊要求的标准。

——针对特殊应用条件而制定的测试方法、试验方法等基础标准。

☆　检测机构制定的标准，一般包括：

通用的测试方法、试验方法类基础标准。

☆　认证机构制定的标准，一般包括：

各环节产品有关安全、能效、3C、环保等方面需要认证的认证用标准。

4.2　部半导体照明技术标准工作组工作计划

2008 年底，部半导体照明技术标准工作组召开成员大会，讨论了工作组未来两年的工作计划，重点围绕着子领域 1 和子领域 2 开展工作，补充完善标准体系，为半导体照明应用提供保障。工作组已提出以下标准制定申请：

☆　2009 年国家标准制定计划

—— LED 模块测试方法

——LED 光辐射安全要求和评价方法

——LED 用荧光粉测试方法——光学性能

——LED 用荧光粉测试方法——物理性能

——LED 加速寿命试验方法

——背光源用 LED 性能规范

——液晶显示用背光组件 第 3-1 部分：便携式显示用 LED 背光组件空白详细规范

☆ 2009 年电子行业标准制定计划

——小功率芯片技术规范

——外延片性能规范

——外延片测试方法

——LED 型号命名规则

我国太阳光伏能源系统标准工作浅议

孙传灏

摘　要　概要介绍国内外太阳光伏能源系统标准情况，还就我国目前该领域遇到的问题以及今后如何做好标准制修订工作提出建议。

关键词　太阳光伏能源系统　国内外光伏标准　　标准协调　　试验方法

一、相关背景介绍

全国太阳光伏能源系统标准化技术委员会是我国开展太阳光伏能源系统标准（以下简称“光伏标准”）工作的主要标准化组织，标委会编号 TC90，对应 IEC TC82。

光伏标准的产品对象为一个系统，IEC 对 TC82 工作范围的规定为：负责制定将太阳能转换为电能的光伏系统，以及整个光伏能源系统中所有部件的国际标准。这里“光伏能源系统”的概念是指包括光入射到太阳电池至（并且包括）电气系统接口的全部范畴，该电气系统是由光伏能源系统提供能源的。因此光伏标准体系的内容及其复杂程度远远超过其它电子元器件标准体系。

太阳光伏能源系统在我国的发展极不均衡。本世纪前，由于发电成本方面的劣势，光伏应用限于航天领域或是解决山区、海岛等偏远地区的供电，总量很小（不足 10 兆瓦）。本世纪初，在全球可再生能源研发热潮的带动下，我国光伏产业从解决偏远农村地区供电的独立光伏系统应用起步，迈入了加速发展轨道，受到 2004 年起国际市场光伏产品需求激增，2006 年我国可再生能源法颁布，以及近年来国家出台多项可再生能源发展政策等一系列利好事件的不断促进，光伏产业呈现几何级数的增长。发展的不均衡造成了标准与产业需求间必然的落差。

二、光伏标准现存问题

1．标准存在内容重复、范围交叉等情况，给标准的实施和应用带来困难。

如 GB/T 11010－1989《光谱标准太阳电池》和 GB/T 6495.2－1996《光伏器件　第 2 部分：标准太阳电池要求》的适用对象都是标准太阳电池，前者为自主制定，后者是等同采用 IEC 标准，内容存在一定差异。标准太阳电池是基本的光伏测量器件，其标准是其它光伏标准广泛引用的基础标准，没有严格统一的要求，必然给产品和应用带来不一致、不规范的现象。

2．标准与产业发展及市场需求不合拍，大量行业急需标准缺位。

如太阳能路灯产品标准、玻璃幕墙光伏组件等产品已在社会生活中大量应用，但相应的标准还是空白，形成非标生产、使用的尴尬局面。

3．标准制修订缺乏统一、明确的指导思想

此类问题的典型例子是光伏系统并网接口标准。2006 年，为满足国家可再生能源法颁布可能带来的光伏并网应用需求，我国制定了《并网光伏发电系统性能测试方法》和《光伏并网系统安全要求》两项国家标准，而在此之前，修改采用 IEC61727:2004 的 GB/T20046－2006《光伏（PV）系统电网接口特性》已发布，后者对光伏并网主要的性能和安全特性均做了规定，但适用对象相同、主要内容重复的前两项标准依然得以立项制定。

三、光伏标准问题分析

产生前述三方面问题的原因可归结为一点：即标准体系结构不够合理、清晰，指导性和前瞻性有所欠缺。产生这一原因的根源是标准制修订路线的变化。

本世纪以前，我国的光伏标准主要是根据产品应用情况自主制定标准，这可以通过体系中多项制定于上世纪八、九十年代的航天光伏标准以及产品总规范得到佐证。从上世纪末至今，我国光伏标准主要是参照并采用 IEC 光伏标准，这从近几年发布的国家标准绝大多数转化自 IEC 标准的事实中可以看出。出于国际标准的特定性质，IEC 标准多数为试验方法、安全要求或工程指导文件等基础性标准，基本不制定与市场应用相关的产品标准，由此带来两方面的问题：一是同一体系中标准间的重叠、交叉，如前面所述的第一和第三项问题均属此列；二是标准与应用间的脱节，这是造成第二项问题的源头。

随着光伏产品应用的迅猛推广，上述问题的消极影响愈发凸现，因此近几年我们开始独立自主地制定一些市场急需产品的标准，如尚德公司制定的《地面用晶体硅太阳电池总规范》，以及正在申报立项的太阳能 LED 路灯标准、夹层和中空玻璃光伏组件标准等。

标准制修订路线的变化并非表明这一路线是错误的。由于我国在基础技术研究及工艺加工水平等方面与世界先进水平的差距，我国光伏产业长期以来呈现“两头在外”的格局，即产品技术和应用市场在外，我们更多地是承担产品加工者的角色，这种情况下，大力采用 IEC 标准不但是提升我国标准水平进而提升产品水平的需求，也是产品同国际接轨、参与国际贸易和竞争从而壮大我国光伏产业的需要，实践证明这一标准化路线对我国目前光伏产业的发展与取得的成绩做出了很大的贡献。随着我国光伏产业和应用市场的渐成规模，情况有了根本性的改观，这时单纯采用国际标准既无法满足产品和应用的需求，也束缚了我们自身的创新能力，再次做出标准制修订路线的调整是适时且必需的。

为什么正确的路线变化却带来了诸多方面的问题呢？缘由是缺乏宏观、统一的标准规划和组织，使变化造成的正常的局部问题难以及时化解，加之社会各方踊跃参与这一客观条件的促进，局部问题迅速累积，终于导致标准整体性的问题。

四、光伏标准工作建议

1．实施光伏标准体系的维护调整工作

主要包括两方面的工作：一是现行标准的清理。消除标准间的重复、矛盾等现象，使体系能以清晰的标准结构供产品研制方和用户等使用者选用；二是标准立项、报批的归口控制。使标准制修订秉承统一、明确的原则，保持标准相互间的协调及适用性。此项工作的核心是：解决采用 IEC 标准、使标准同国际接轨与自主创新、制定产业和应用急需标准间的落差及不适，有效统合以应用需求为导向的产品和以技术发展为导向的标准之间的关系，使标准发挥出既是支撑产业的服务者，又是规划产业的指导者的作用。

为实现上述目标，仅仅依靠标委会这一自愿性的技术组织显然不够，建议有关主管部门指定具有影响力的单位或组建具备代表性的专业组织，赋予其清理与维护光伏标准体系的职责与权限，组织和领导全行业统一开展标准制修订等有关工作。

2．开展重点领域的标准制修订工作

如前面所述，太阳光伏能源系统技术包容广泛，应用发展迅速，竞争参与者众多，要想在有限的资源和时间条件下更好地发挥标准的作用，应该集中力量在几项重点、热点领域取得突破，以获取提纲挈领、以点带面的成效，这也是我们所积极倡导的领域标准化的核心所在。

建议如下三个领域的标准作为开展工作的重点：

a. 新型太阳电池和实用性光伏组件（或系统）标准

光伏应用最大的障碍是发电成本问题，因此成本价格更低的薄膜太阳电池等新型太阳电池代替目前主流的晶体硅太阳电池是公认的产业发展趋势，目前这类产品有非晶硅叠层太阳电池、非晶硅/微晶硅太阳电池、聚光太阳电池（或光伏组件）等。另一方面，太阳能路灯、玻璃幕墙光伏组件等实用性光伏组件（或系统）因技术实现难度低、应用方便等优势，已广泛、大量地应用于社会生活，并且我国产品已形成市场优势。因此，或是由于具有技术应用发展前景，或是因为与市场经济密切相关，制定该领域的标准均能获得显著的效果。

b. 并网光伏电站相关的标准

光伏应用的最终市场是提供电力，实现途径为并网发电。目前并网发电主要有两种形式：一是集中式的并网光伏电站；二是分散式的太阳能建筑发电，即建筑光伏一体化（BIPV）。根据现阶段我国国情，前一种形式显然更具可行性，而且也是目前国家大力推行的光伏发电形式，该方面标准自然是推动产业发展的重点和焦点所在。

c. 农村电气化相关的标准

农村电气化是通过独立光伏系统或是采用包括光伏在内的多种发电形式的混合系统，解决电网无法覆盖的边远农村地区工农业生产和居民生活用电的能源解决方案，光伏发电因其独特的优势在其中占据主导地位。考虑到我国拥有广阔的西部地域和众多的偏远农村地带，农村电气化相关的光伏标准必将是政府和产业界持续、广泛的需求。

JEDEC 手册

JEDEC 手册

JEDEC委员会业务范围手册

JM18L

(根据2005年12月JM18K修订)

2006年10月

JEDEC固态技术协会

一. JEDEC 概述

JEDEC 简介

JEDEC 固态技术协会是微电子产业的领导标准机构。在过去愈 50 年的时间里，JEDEC 所制定的标准为全行业所接受和采纳。作为一个全球性组织，JEDEC 的会员构成是跨国性的。JEDEC 不隶属于任何一个国家或政府实体。

JEDEC 的标准制定程序使生产商与供应商齐聚一堂，通过 50 个委员会和分委员会来完成制定标准的使命，以满足多样化的产业发展与技术需要。JEDEC 拥有近 300 家会员公司，包括业内几乎所有前 100 家公司。

JEDEC 的主要功能包括术语、定义、产品特征描述与操作、测试方法、生产支持功能、产品质量与可靠性、机械外形、固态存储器、DRAM、闪存卡及模块、以及射频识别（RFID）标签等的确定与标准化。此外，JEDEC 还管理着一项服务，为分离固态产品生产商根据一个类型指导系统进行产品注册。

JEDEC 成立于 1958 年，作为电子产业协会联盟（EIA）的一部分，为新兴的半导体产业制定标准。1999 年，JEDEC 成为一家独立协会，并更名为：JEDEC 固态技术协会。 促进开放性、易获取、并能迅速完成的自愿标准的制定依然是 JEDEC 的核心业务。JEDEC 委员会在广泛的技术领域领导着产业标准制定，包括同其他组织联合制定标准。

JEDEC 原则

为了完成为微电子产业制定开放性世界通用标准的使命，JEDEC 奉行几项原则:

● 开放与自愿标准：所有JEDEC标准都是开放性、自愿性的，目的是在世界范围内促进竞争与有利于竞争的公司之间的合作。JEDEC标准不会偏袒某一个国家与地区而歧视其他国家或地区。JEDEC已经制定并维护着愈 1000 余项标准与出版文件。所有标准和文件都可以通过其官方网站免费下载。其官方网站为：www.jedec.org。

● 一家公司一票与三分之二多数制：在 JEDEC 的投票程序中，一家公司，无论其公司规模及影响力大小，只有一票投票权。标准只有在委员会三分之二多数投票通过时才能采纳。所有标准最终都由理事会投票批准；批准需要75%的多数票赞成。

● 这些相关的原则能够降低JEDEC标准制定程序被任何一家或一批公司所把控的风险。这些原则也能够避免产生边缘性标准的采纳，保证所有JEDEC标准的形成都基于广泛的产业共识。最终的结果是JEDEC标准更容易在市场上获得广泛采用。

● 专利管理：JEDEC及其会员都坚持严格的专利政策。参加委员会标准制定过程的个人必须披露所有与在定标准相关的已知专利及专利申请。一项专利或专利申请被披露后，JEDEC需要向专利持有人索取“合理与无歧视”（RAND）授权保证或者绕过专利。JEDEC的原则是尽量制定不含专利的标准。

● 高效率与易获取：JEDEC建立了一套高效率的程序来制定标准并向市场发布。必要时，JEDEC标准在60-90天的短时间内便可完成。

● 所有JEDEC标准都可以从其官方网站www.jedec.org免费下载。多数标准组织都通过销售其发布的印刷版或网络版的标准来支持运营。JEDEC是全球第一家通过互联网完全开放其所有标准的组织。任何人在任何地方都可以通过互联网免费下载JEDEC标准。这也是为什么来自世界各地的工程师与设计师都依靠JEDEC标准与出版物的原因之一。

会籍与治理

任何本身从事或通过相关实体从事电子设备、电子相关产品的生产或服务的公司或组织都有资格成为会员。一家公司可以指派一位主要成员和数目不限的候补成员参加所选择的委员会。

JEDEC的治理机构是协会的理事会。理事会由代表会员公司的个人代表（或其替补）组成。所有全额付费会员公司，在过去的连续两年内都是JEDEC会员的企业都可以被考虑成为理事会成员。在任何情况下，具备相关的技术能力是成为JEDEC会员的先决条件。

类型注册

JEDEC 还管理着一个固态产品的类型注册项目。此项目由 JEDEC 委员会于 1958 年建立。半导体器件的电气、机械和热特性可以通过 JEDEC 办公室注册。JEDEC 办公室保存着 15000 种注册器件的档案材料。这一系统使生产商能够标示其器件的独有特性，并保证标有同一指定代码的器件满足一个公认的最低规格，无论生产来源是哪里。

JEDEC 出版物

作为各项活动的结果，JEDEC 发布范围广泛的文件，其中涉及如下方面：

——标准；

——出版物；

——指导文件；

——注册数据格式（RDF）；

——注册外形；

——标准外形；

——规范；

——ANSI 文件。

此外，JEDEC 还有注册信息发布以及各种服务的定期更新等邮件通讯可供订阅。

二．JEDEC 委员会

JEDEC 委员会与小组委员

JEDEC 理事会负责建立适当的委员会来从事标准化活动。这些委员会被赋予产品或者服务方面的职责。各委员会及其联系人之间可以直接进行技术与信息交流。各委员会的主要职责是提出标准建议并制定政策、程序、格式和其他文件，然后提交理事会表决或批准。

服务委员会关注影响产业发展的问题，无论问题涉及的是哪一类固态产品线。其活动包括封装外形、术语与定义、政府标准以及国际标准等。

产品委员会关注所指定的产品领域内的技术问题。例如，测试方法、器件规范格式、以及最低配置、管脚引线、接口要求和应用等。

服务委员会

JC-10 委员会：术语、定义、与符号

JC-10 业务范围的活动包括确定、协调及审议与分离器件、集成电路、模块、以及各种半导体制造支持功能相关的术语、定义以及符号。该委员也协助型号指定系统的建立与标准化活动。为履行这些职能，该委员同其他团体保持联系并使用来自这些团体的技术信息。这些团体包括其他 JEDEC 委员会、全国与国际标准及专业组织。

JC-11 委员会：机械(封装外形) 标准化

JC-11 的业务范围包括制定设计指导文件；确定机械特性的标准测量方法，微电子封装与组件的标准类型与注册类型的机械外形，相应插槽外形，机械、环境以及人体工程学性能规范，引脚与焊盘布局；以及编制半导体器件封装指示代码。为履行上述职能，该委员会为参数的设定与定义提供技术支持与设计建议，以确保部件的机械可互换性。可能影响产品形状、配接、功能以及可靠性的材料、表面处理以及韧度等其他各项也包括在内。这些部件限于如下所列举的产品：分离电路、单片电路、多片电路以及混合电路；微电路模块；中层封装支架及容器；无封装器件；以及与封装有关的特定组装与制造项目。该委员会与从事同类机械标准化工作的其他 JEDEC 委员会以及外部组织保持联系。

- JC-11.1 小组委员会：编辑事务与程序

对所要传阅和正式发布的投票文件与外形进行审议、纠正并定稿。

- JC-11.2 小组委员会：设计要求

为各类封装和相关项目获得期望的的尺寸与偏差确定指导准则和方法（JEDEC95-1 号标准，设计手册）；为半导体器件封装编制代码（JEDEC30 号标准，半导体器件封装描述性代码体系）

- JC-11.4 小组委员会：无封装器件

为无封装器件确定机械外形，主要包括但不仅限于如下配置：无封装分离或集成电路、倒装芯片、梁式引线与带上安装、以及通常尺寸芯片。

- JC-11.5 小组委员会：封装接口(非活跃)

为器件的测试与运输介质，比如测试载体，矩阵托盘，运输管道，测试插座，以及接触器等提供机械外形。

- JC-11.7 小组委员会：IEC 接口

与国际电工委员会（IEC）的 SC47D 小组协调有关机械外形事项。

仅供参考的信息:

IEC SC47D：半导体器件的机械标准化

- WG-1 — 封装外形

任务包括绘制外形图以保证机械可互换性，自动化处理以及安装。

- WG-2 — 术语，定义，做法 以及程序

任务包括术语，定义与符号的确定，协调与审查。此外，该工作组还确定绘图格式及尺寸与偏差标注方法。

- JC-11.10 小组委员会：微电子陶瓷封装

为陶瓷封装确定机械外形。

- JC-11.11 小组委员会：微电子塑料封装

为塑料封装确定机械外形。

- JC-11.13 小组委员会：半导体封装与相关部件的压力表与工具（非活跃)

为验证无封装器件、半导体封装及封装接口介质确定推荐使用的机械测量方法、机械压力表、紧固件以及叠层等。

● JC-11.14 小组委员会：微电子组件

为微电子封装的组建确定机械外形。

JC-13 委员会：政府联络

JC-13 委员会负责用于军事、航空以及其他环境下需要高于商用标准的特殊用途条件功能的固态产品的质量与可靠性实现方法标准化。其中包括长期可靠性与特殊筛选要求。

实施:

JC-13 委员会的目的是为会员公司及其客户提供统一、成本效益高、经过验证以及被客户认可的方法来确定与评估特殊用途产品，以达到提高产品性能与可靠性的目的。 该委员会业务范围内的活动包括制定、协调与维护在产品质量与可靠性、系统验证以及流程管理等方面的标准文件。该委员会同时为其他组织所制定并维护的类似相关文件提供支持。为实现此目标，该委员会同客户、其他 JEDEC 委员会、政府机构以及有特殊应用需求的相关各方保持联系。

● JC-13.1 小组委员会：分离器件

就分离固态电子元器件的环境与电气测试方法与程序等向国防部提供技术支持与建议。该小组委员会也制定质量保证体系与方法。

● JC-13.2 小组委员会：微电子器件

就微电子器件的电气、环境以及质量与可靠性保障测试方法向美国和航天机构提供技术支持与建议。该委员会成员在质量与可靠性工程、环境与仿真测试、电子设计与晶片制造、以及组装和测试技术等方面提供技术支持。

- JC-13.4 小组委员会：辐射硬度：保证与特征描述

就固态器件的辐射硬度保证方面与特征描述相关的所有问题同部件生产商、用户以及政府机构保持联系。有关固态器件在辐射环境中的性能规范、标准及测试方法等所有技术问题的注意事项都在该小组委员会的业务范围之内。该小组委员会通过向相关专家征求建议与支持来推广为生产商、用户及政府机构所接受的统一标准、方法以及规范。该小组委员会提供了一个可以讨论生产商能力的论坛。

- JC-13.5 小组委员会：混合、射频/微波以及多芯片模块技术

为商务、工业、军工以及航天等应用提供有关混合微电路、射频/微波以及多芯片模块等方面的技术支持与标准制定。其业务还包括与混合微电路、射频/微波及多芯片模块技术相关的术语命名和定义、规范审定、新规范标准的制定以及对现有标准的维护等。为履行这些职能，该小组委员会与其他 JEDEC 委员会、政府机构、产业界、各种专业组织、参与会员以及会议嘉宾等保持联系并吸收其技术信息。

JC-14 委员会：固态产品的质量与可靠性

JC-14 委员会负责商用固态产品的质量与可靠性技术的标准化。这些领域包括：电脑、汽车、通讯设备等。其业务还包括为商用设备中的固态产品制定板级可靠性标准。

实施:

该委员会的目的是，利用现有资源的相关信息及技术，确定衡量与提高可靠性的目标，并促进供应商与用户群体之间的交流与沟通。该委员会的组成既包括供应商也包括用户。该委员会提供了一个论坛，以解决业界关于固态器件的质量与可靠性问题。该委员会同其他业务与质量与可靠性问题相关的 JEDEC 委员会保持联络。此外，该委员会还协调与 IPC、EIA、IEC 以及 JEITA 等其他标准组织的活动以便制定行业与世界标准。

● JC-14.1 小组委员会：封装器件可靠性的测试方法

为封装固态器件可靠性的评估确定统一的方法与程序。该小组委员会制定并发布测定封装器件可靠性的测试方法，并为封装器件的测试确定物理、电气、机械以及环境条件。该小组委员的组成既包括供应商也包括用户。它提供了一个论坛，以解决业界在固态器件测试惯例方面的问题。它通过与确定电气及机械条件的其他 JEDEC 委员会合作来履行其职能。

● JC-14.2 小组委员会：晶片级可靠性

起草、审查并确定半导体器件晶片级可靠性或耗损评估方面的规范与标准。所有关于晶片级可靠性与耗损评估方面的技术问题，包括术语、定义、规范、标准、测试方法等都在该小组委员会的业务范围内。为履行这些职能，该小组委员会保持同其他团体和技术专家的联系， 并利用来自他们的信息和帮助。该小组还提供了一个论坛，研讨晶片级与耗损及可靠性评估等相关的问题。

● JC-14.3 小组委员会：硅器件的可靠性鉴定与监测

负责制定标准与程序来评估和报告固态器件与分组件在商业应用中的可靠性问题。这包括但不仅限于鉴定、监测以及现场可靠性。

● JC-14.4 小组委员会：质量流程与方法

制定、发布并维护固态产业质量流程与方法方面的标准与出版物。该小组委员会由供应商与客户代表组成，并与其他组织协调行动，以便减少重复的标准制定活动。

● JC-14.6 小组委员会：失效分析

制定失效分析方面的标准与程序，以增进客户与供应商之间的相互了解，并通过缩短分析时间，提高成功率从而促进整个行业的发展。该小组委员会与其他 JC14 委员会的小组委员会以及可能影响决定或行动的从事相关标准化活动的外部组织保持密切联系。它通过采用公平公正的程序，确保其决定被广泛接受。其业务管理体系保证其工作的有效性以及与业界需求保持同步性。

● JC-14.7 小组委员会：砷化镓的可靠性与质量标准

该小组委员会提供一个论坛来搜集与传播关于符合固态器件以及集成电路的质量与可靠性方面的信息。 它致力于推动术语、定义、产品特性描述以及测试方法的标准化。该小组的工作成果包括但不限于如下各个领域的标准与出版物：

—器件物理与失效机制
—筛选程序与质量保证
—测试程序与技术
—统计分析技术
—环境应力对器件的影响
—可靠性增长与寿命

在开展标准化工作之外，该小组委员会还可能主办研讨会及建立数据库。该小组委员会按照适当的电子产业联盟与 JEDEC 章程和规则运作，并与 JC-14 委员会及其小组委员会的工作相得益彰。

JC-15 委员会：半导体封装的热特征描述技术

该委员会业务范围包括热特征描述技术的标准化，电子封装、部件以及半导体器件材料的测试与建模。这些标准将满足如下条件：

——这些标准将是有意义的、一致的、并经过证明是科学可行的。
——这些标准将为微电子封装用户进行热现象的比较提供统一方法。.

该委员会为半导体封装制定测试标准，其中包括:

——相关术语与定义,
——测试方法,
——测试条件,
——测试环境条件,
——建模与建模工具的测试参数，以及
——特定测试技术（包括测量工具的校准)。

该委员会也为半导体封装制定模型标准，其中包括:

——相关术语与定义，

——热建模参数交换的中性文件格式

——建模程序，

——建模验证程序及报告要求，以及

——实验验证方法。

JC-15 委员会同其他 JEDEC 委员会以及全行业范围的活动保持联系，以便确保该委员会的工作有效且适合行业发展的需要。

JC-16 委员会：接口技术

JC-16 委员会的业务范围包括为数字集成电路制定供电电压规范以及为系统内的各部件定义电气接口。该委员会的业务范围还包括接口协议、建模、仿真、测试环境以及核查。JC-16 还主持 JC-40，JC-42 及 JC-45 通用的操作环境规范的制定工作。该委员会同其他 JEDEC 委员会以及适当的外部组织保持联系，以便制定标准并推广该委员会的活动以获得广泛认可。

注：所有需要电气接口的标准制定工作都必须在获得 JC-16 委员会的批准与 JC-11 委员会的外形编码后才能进行。(JEDEC 理事会 08/07 决议)。

产品委员会

JC-22 委员会：二极管与晶闸管

JC-22 委员会的业务范围包括所有半导体整流二极管与晶闸管，同时还包括小信号、调节、参比、p-i-n、调变容二极管，雪崩故障二极管（ABD），暂态电压抑制器（TVS），聚合物 ESD 抑制器(PES)，雪崩整流器（ABD），金属氧化物压敏电阻（MOV），所有硒整流器，所有非晶闸管触发二极管，以及组装件，包括所有使用这些器件的模块，无论安装方式、电压高低以及封装方式。具体业务包括注册格式、测试方法与程序的标准化以及对整流器、整流二极管、晶闸管以及暂态电压抑制器等的行业协调。该委员会同其他专业及全国性和国际性组织保持联系进行必要的技术信息及数据交流。该委员会还为相关术语、符号以及定义的确定提供协助。

该委员会分为以下小组委员会来处理器业务范围内的各种产品问题：

- JC-22.1 小组委员会：晶闸管
- JC-22.2 小组委员会：整流二极管
- JC-22.4 小组委员会：信号与调节二极管（同 JC-22.2 合并）
- JC-22.5 小组委员会：暂态电压抑制器

JC-25 委员会：晶体管

JC-25 委员会的业务范围包括所有硅晶体管，如双极晶体管、场效应晶体管和绝缘栅晶体管，以及所有智能功率器件。智能器件的定义是有混合或单晶片器件构成的半导体器件，具有信号调节和电源控制功能，包括故障管理和诊断。他们能够提供至少 1 安培峰值电流输出额定（多路输出总和），并具有至少 30 伏特的供电电压与输出负载电压额定。

具体业务包括注册格式的确定，测试方法与程序的标准化，以及上述产品的产业协调。该委员会同其他专业及全国性和国际性组织保持联系进行必要的技术信息及数据交流。该委员会还为相关术语、符号以及定义的确定提供协助。

JC-40 委员会：数字逻辑

JC-40 委员会业务范围包括不分制造技术的所有数字集成电路。该委员会确定测试参数与测量方法，以及注册格式，以促进类型编码的标准化。为履行上述功能，该委员会与其他 JEDEC 委员会及外部组织就术语及定义、机械标准化、国际标准化、政府联络等方面开展合作。该委员会还同各种用户组织保持联络以促进其工作成果的广泛应用。

- JC-40.1 小组委员会：数字逻辑产品家族与应用

JC-40.1 小组委员会业务范围包括所有标准逻辑家族产品，主要针对时钟分配的产品除外。小组委员会的业务包括逻辑家族产品的数据表、应用、测试程序、仿真环境以及封装插脚引线的标准化。

● JC-40.3 小组委员会：带寄存器的双线内存模块（RDIMM）支持部件

JC-40.3 小组委员会业务范围的产品包括逻辑、时钟及一般相位锁定回路（PLL）器件，用于带寄存器的双线内存模块或其他通用应用。

● JC-40.4 小组委员会：全缓冲双线内存模块（FBDIMM）支持部件

JC-40.4 业务范围的产品包括缓冲 器件，用于全缓冲双线内存模块及其他通用应用。

● JC-40.5 小组委员会：逻辑验证与确认

JC-40.5 负责逻辑部件的测试要求与方法，包括测试板/夹以便确认符合规范要求。

JC-42 委员会：固态存储器

JC-42 业务范围的产品包括所有存储器集成电路与可编程逻辑器件，无论静态或动态，也无论制造技术与应用。例如大型静态与动态随机存储器（RAM），只读存储器（ROM），电子可擦写可编程只读存储器（EEPROM）以及可编程逻辑器件（PLD）。业务活动包括确定有关插脚引线、操作特性（包括读写算法）、测试参数、特征描述以及注册格式等方面的技术信息与标准。该委员会同其他 JEDEC 委员会及外部组织保持联系以推动其决策的广泛实施。JC-42 委员会包括如下小组委员会：

● JC-42.2 小组委员会：静态随机存储器（SRAM）

该小组委员会负责分离静态随机存储器与功能类似静态随机存储器的存储器所有方面的标准制定。比如静态随机存储器（SRAM）与伪静态随机存储器（Psedo SRAM）产品等。

- JC-42.3 小组委员会：动态随机存储器（DRAM）

该小组委员会负责所有动态随机存储器产品的标准制定，主要的目的是取得性能的最大化。比如用于高性能以及电源应用包括服务器、工作站以及手提电脑等动态随机存储器（DRAM）与图形随机存储器。

- JC-42.3B 字母委员会　关于 DRAM 功能与特征

负责制定 JC-42.3 小组委员会范围所有产品的功能与特征标准。

- JC-42.3C 字母委员会　关于 DRAM 计时

负责制定 JC-42.3 业务范围所有产品计时与参数标准。

- JC-42.3D 字母委员会　关于 DRAM 插脚引线

负责制定 JC-42.3 业务范围所有产品的插脚引线标准。

- JC-42.4 小组委员会：非易失性存储器件

该小组委员会负责制定非易失性存储器件，除 JC-42.6 小组委员会负责的之外所有各个方面的标准。例如闪存存储器标准。

- JC-42.6 小组委员会：低功耗存储器

该小组委员会负责制定以降低功耗为主要目的的随机存储器(RAM)与非易失性存储器（NVM）标准。例如：兼容性就地执行（XiP）式总线低功耗动态随机存储器（LPDRAM）以及主要用于电池驱动的手持应用包括手机，PDA 等的非易失性存储器件。

JC-45 委员会：DRAM 模块

JC-45 委员会负责为 DRAM 模块、卡与插槽等接口制定标准。这些标准旨在解决商用存储器设计与制造方面的架构、电气、测试以及串行寄存检测（SPD）等方面的问题。

注　存储模块的定义是一个或多个印制电路板在平面或三维布局中主要包含多个存储器、逻辑以及无源器件。

- JC-45.1 小组委员会：带寄存器的 DRAM 模块（RDIMM）

JC-45.1 小组委员会负责制定带寄存器的插座式 DRAM 模块标准。这些标准主要解决与商用存储器设计及生产相关的架构、电气与测试等问题。参考设计板文件已经提供并注册。

- JC-45.2 小组委员会：不带缓冲器的 DRAM 模块（UDIMM）

JC-45.2 小组委员会负责制定不带缓冲器的插座式 DRAM 模块标准。这些标准主要解决与商用存储器设计及生产相关的架构、电气与测试等问题。参考设计板文件已经提供并注册。

- JC-45.3 小组委员会：小型 DRAM 模块

JC-45.3 小组委员会负责制定小尺寸插座式 DRAM 模块。这些标准主要解决与商用存储器设计及生产相关的架构、电气与测试等问题。参考设计板文件已经提供并注册。

- JC-45.4 小组委员会：全缓冲 DRAM 模块（FBDIMM）

JC-45.4 小组委员会负责制定全缓冲插座式 DRAM 模块标准。这些标准主要解决与商用存储器设计及生产相关的架构、电气与测试等问题。参考设计板文件已经提供并注册。

- JC-45.5 小组委员会：模块互联

JC-45.5 小组委员会负责制定模块互联规范标准，包括插座。 为交流电性能要求而制定和发布的这些标准包括测试方法和测试板，以便确认符合规范要求。

JC-63 委员会：多芯片封装

定义或建议混合技术多芯片封装标准。这些标准解决商用晶片间设计与制造的特有电气、机械、测试与架构等问题。

注　多芯片封装（MCP）的定义是一个封装包含多个晶片，包括存储-存储、逻辑-存储、逻辑-逻辑及无源器件。

JC-64 委员会：嵌入式存储器与可插拔存储卡

该委员会定义或建议嵌入式存储器与可插拔存储卡标准。这些存储器和可插拔存储卡主要针对，但不限于固态闪存技术。他们都利用一个独立于存储技术的电气与协议抽象层。该委员会对电气接口规格、命令协议、机械外形以及主机控制器等进行标准化。该委员会还负责质量、可靠性以及耐久性的方法与程序确定。所建议的文档（外形、测试方法、程序等）将由相关的 JEDEC 委员会比如 JC-11、JC-14 与 JC-16，以及必要时外部标准组织提供技术支持与批准许可。

- JC-64.1 小组委员会：电气规范与命令协议

为嵌入式存储器与可插拔存储卡定义/建议标准。对电气接口与命令协议进行标准化。该小组委员会还负责质量、可靠性以及耐久性方法与程序的确定。适用的部分将同 JC-64 委员会的其他小组委员会合作完成。建议的文档（外形、测试方法、程序等）将由相关的 JEDEC 委员会比如 JC-11、JC-14 与 JC-16，以及必要时外部标准组织提供技术支持与批准许可。

- JC-64.2 小组委员会：形状、配接（机械外形）及气候与环境方法定义/建议嵌入式存储器与可插拔存储卡的形状、配接（机械外形）及气候/环境（质量、可靠性与耐久性）方法等方面标准。制定的项目包括但不仅限于机械外形、测试方法以及质量与可靠性程序。适用的部分将与 JC-64 委员会的其他小组委员会合作完成。建议的文件（外形、测试方法、程序等）将由相关的 JEDEC 委员会比如 JC-11、JC-14 及 JC-16 等，必要时还需要外部标准组织的技术支持与批准。

● JC-64.3 小组委员会：主机控制器

为 JC-64 业务范围的器件主机控制器定义/建议标准。为实现通用软件驱动安装，对寄存器组（方向、控制），相关直接内存存取（DMA）功能、中断、缓冲/先入先出（FIFO）以及其他相关细节等进行标准化。适用的部分将同 JC-64 委员会的其他小组委员会合作完成。建议的文件（外形、测试方法、程序等）将由相关的 JEDEC 委员会比如 JC-11、JC-14 及 JC-16 等，必要时还需要外部标准组织的技术支持与批准。

● JC-64.8 小组委员会：固态硬盘

为利用现有存储基础架构用于嵌入式或可插拔式存储的固态硬盘定义和建议标准。该小组委员会负责范围包括利用现有接口标准（命令协议与电气接口）定义新的形状因素、机械互联、环境因素、以及接口标准中不包含的电气质量、可靠性、及耐久性方法与程序。适用的部分将与 JC-64 委员会的其他小组委员会合作完成。建议的文件（外形、测试方法、特有接口要求与程序等）将由相关的 JEDEC 委员会比如 JC-11、JC-14 与 JC-16，以及必要时其他外部标准组织如 T-10、T-13、SATA-IO、USB3.0 等提供技术支持与批准。

注　所有要求电气接口的标准化项目在开始前均须首先获得 JC-16 委员会的批准与 JC-11 委员会的外形编码。（JEDEC 理事会决议 08/07）

JC-65 委员会：射频识别标签(RFID)

JC-65 委员会业务范围的产品包括所有射频识别(RFID)标签，无论其芯片、制造技术、连接带配置、嵌体/天线组装技术、或者应用如何。所有频率范围与被动、主动、感应器、以及电池辅助类型都包括在内。该委员会的活动包括制定如下各个方面的技术信息和标准：插脚引线、测试参数、特征描述、注册格式、形状、配接（连接带和载体的机械外形）以及气候/环境（质量/可靠性/耐久性）方法等。建议的文件（外形、测试方法、程序等）都将由相关的 JEDEC 委员会如 JC-11 和 JC-14 提供技术支持与批准。该委员会还同其他 JEDEC 委员会及外部组织保持联系，以便促进该委员会的决定被广泛接受。

参考资料

标准化类

《电子信息产品环保使用期限通则》常见问题回答

为了帮助广大电子信息产品制造企业确定所生产产品的环保使用期限，工业和信息化部日前发布了《电子信息产品环保使用期限通则》，现请有关专家对该《环保使用期限通则》的常见问题进行解答如下：

一、问：《环保使用期限通则》是否作为判定企业标识环保使用期限正确与否的依据？

答：制定《环保使用期限通则》的目的是帮助企业确定其产品的环保使用期限，进一步做好电子信息产品污染控制标识。《环保使用期限通则》的性质是行业指导性技术文件，本身不作为判定企业标识环保使用期限正确与否的依据。但是，根据《环保使用期限通则》或其他方法确定并标识在相应产品上的环保使用期限，若超出产品的实际环保使用期限，则生产者或进口者需要承担相应的法律责任。

二、问：《环保使用期限通则》是否适用于不含有毒有害物质或元素的产品？

答：《环保使用期限通则》适用于《电子信息产品污染控制管理办法》调整范围内的有毒有害物质或元素的含量超出 SJ/T 11363—2006 规定的限量要求的电子信息产品。不含有毒有害物质或元素的产品无需确定环保使用期限，所以《环保使用期限通则》不适用。

三、问：环保使用期限的使用条件是否必须确定？环保使用期限的使用条件是唯一的吗？

答：环保使用期限的定义为其确定设置了前提，即“正常使用的条件下”。首先，不同使用条件下，同一产品的环保使用期限可能不同。因此，要确定环保使用期限首先要确定产品的使用条件。其次，根据不同的销售策略及目标客户，产品的“正常使用条件”也可能有所区别。因此，环保使用期限的“正常使用条件”也不是统一的，应由电子信息产品的生产者或进口者确定。

四、问：环保使用期限的单位为什么是年？环保使用期限大于 10 年的产品以 5 年为一个档次是否不够科学？

答：与短期寿命产品（如未经防腐处理的食品）不同，电子信息产品的使用寿命通常较长，同类产品不同个体的环保使用期限可能的截止时间差异也较大，无法精确到“日”或“月”，所以只能以“年”为单位来表示。此外，根据电子信息产品使用寿命的分布特点，同时为避免由环保使用期限引起的产品间的不正当竞争（如同质产品将环保使用期限少量标高），《环保使用期限通则》给出了标准 4.1 条款所述的环保使用期限取值范围。

五、问：选择环保使用期限确定方法的优先次序是以标准条款顺序为准吗？

答：为使确定的环保使用期限更接近真实值，在电子信息产品生产者或进口者有足够的实践经验或有科学的试验技术手段时，首先应选择实践法，其次是试验法，最后才是概念型环保使用期限法。但安全使用期限法、技术寿命法、类比法和查表法等概念型环保使用期限法的选择没有先后顺序。

六、问：是否有专门的试验技术来确定产品的环保使用期限？

答：环保使用期限在世界范围内是一个较新的概念，目前并没有专门针对电子信息产品环保使用期限的通用试验技术，但已有的一些产品老化试验方法可以为环保使用期限的确定提供依据。

七、问：安全使用期限与环保使用期限的概念相同吗？为什么可以通过安全使用期限确定环保适用期限？

答：安全使用期限与环保使用期限是完全不同的两个概念，其期限值可能大于、小于或等于环保使用期限的期限值。在很多情况下，安全问题常常伴随着一些有毒有害物质或元素外泄的问题，当产品的安全使用期限和环保使用期限同时终止时，期限值就是相同的。

八、问：何种产品可以使用技术寿命法？技术寿命法为什么要加差额？

答：如果电子信息产品在设计阶段由生产者确定了技术寿命，且在设计过程中考虑了有毒有害物质外泄或突变等环境因素，则产品的环保使用期限可以通过其技术寿命计算。在电子信息产品的实际流通过程中，由于产品销售前的运输、储存等市场寿命并不损耗产品的实际环保使用期限，而可修复产品损坏后的维修、更换零部件等翻修寿命则可以增加产品的环保使用期限，所以技术寿命法要考虑增加市场寿命和翻修寿命的差额。

九、问：用类比法确定产品的环保使用期限是否可靠？

答：电子信息产品中有毒有害物质或元素的外泄或突变与产品的生产技术和原材料使用有很大关系，通常情况下，采用相同或类似生产技术和原材料的产品，环保 使用期限也是一样的。因此，在前述各种方法缺乏的情况下，生产者或进口者可以通过产品间的类比来确定产品的环保使用期限。

十、问：查表法中提供的环保使用期限为什么没有电视机、电池等其他常见的电子信息产品？

答：查表法所引述的《部分电子信息产品的平均环保使用期限》是由电子信息产品污染控制标准工作组的100多位工业界代表共同研究制定的，基本反映了现有技术水平下所列产品的环保使用期限情况。但是，仍有一些产品的环保使用期限在组内无法形成统一意见，或组内成员的代表性不够，因此未被收录。

（来源：工业和信息化部节能与综合利用司）

标准化基本概念

☆　什么是标准?

1983 年我国颁布的国家标准（GB3935.1—1983）中对“标准”的定义是：“标准是对重复性事物和概念所做的统一规定。它以科学、技术和实践经验和综合成果为基础，经有关方面协商一致，由主管机构批准，以特定形式发布，作为共同遵守的准则和依据。”。1983 年国际标准化组织发布的 ISO 第二号指南（第四版）对“标准”的重新定义是：“由有关各方根据科学技术成就与先进经验，共同合作起草，一致或基本上同意的技术规范或其它公开文件，其目的在于促进最佳的公众利益，并由标准化团体批准。”

在 2000 年发布的 GB/T1.1—2000 中将标准定义为：“为在一定的范围内获得最佳秩序，对活动或共结果规定共同的和重复使用的规则、导则或特性文件。该文件经协商一致制定并经一个公认机构的批准。（标准应以科学、技术和经验的综合成果为基础，以促进最佳社会效益为目的。”

根据 WTO 的有关规定和国际惯例，标准是自愿性的，而法规或合同是强制性的，标准的内容只有通过法规或合同的引用才能强制执行。

☆　我国各级标准分别由谁来制定?

我国的国家标准由国务院标准化行政主管部门制定：行业标准由国务院有关行政主管部门制定；地方标准由省、自治区和直辖市标准化行政主管部门制定；企业标准由企业自己制定。

☆　我国的强制性标准和推荐性标准是如何划分的，哪些标准属于强制性标准?

具有法律属性，在一定范围内通过法律、行政法规等手段强制执行的标准是强制性标准；其它标准是推荐性标准。

根据《国家标准管理办法》和《行业标准管理办法》，下列标准属于强制性标准：

1. 药品、食品卫生、兽药、农药和劳动卫生标准；
2. 产品生产、贮运和使用中的安全及劳动安全标准；
3. 工程建设的质量、安全、卫生等标准；
4. 环境保护和环境质量方面的标准；
5. 有关国计民生方面的重要产品标准等。

☆　什么叫推荐性标准？

推荐性标准又称为非强制性标准或自愿性标准。是指生产、交换、使用等方面，通过经济手段或市场调节而自愿采用的一类标准。这类标准，不具有强制性，任何单位均有权决定是否采用，违反这类标准，不构成经济或法律方面的责任。应当指出的是，推荐性标准一经接受并采用，或各方商定同意纳入商品经济合同中，就成为各方必须共同遵守的技术依据，具有法律上的约束性。

☆　我国标准分为几级？

《中华人民共和国标准化法》将我国标准分为国家标准、行业标准、地方标准、企业标准四级。

☆　什么是标准化？

为在一定的范围内获得最佳秩序，对实际的或潜在的问题制定共同的和重复使用的规则的活动。

☆　标准化的对象是什么？

在国民经济的各个领域中，凡具有多次重复使用和需要制定标准的具体产品，以及各种定额、规划、要求、方法、概念等，都可成为标准化对象。

标准化对象一般可分为两大类：一类是标准化的具体对象，即需要制定标准的具体事物；另一类是标准化总体对象，即各种具体对象的总和所构成的整体，通过它可以研究各种具体对象的共同属性、本质和普遍规律。

☆　标准化的基本特性是什么？

标准化的基本特性主要包括以下几个方面：1. 抽象性；2. 技术性；3. 经济性；4. 连续性，亦称继承性；5. 约束性；6. 政策性。

☆　标准化的基本原理是什么？

标准化的基本原理通常是指统一原理、简化原理、协调原理和最优化原理。

☆　标准化的主要作用是什么？

标准化的主要作用表现在以下十个方面：

1）标准化为科学管理奠定了基础；

2）促进经济全面发展，提高经济效益；

3）标准化是科研、生产、使用三者之间的桥梁；

4）随着科学技术的发展，标准化为组织现代化生产创造了前提条件；

5）促进对自然资源的合理利用，保持生态平衡，维护人类社会当前和长远的利益；

6）合理发展产品品种，提高企业应变能力，以更好地满足社会需求；

7) 保证产品质量，维护消费者利益；

8) 在社会生产组成部分之间进行协调，确立共同遵循的准则，建立稳定的秩序；

9) 在消除贸易障碍，促进国际技术交流和贸易发展，提高产品在国际市场上的竞争能力方面具有重大作用；

10) 保障身体健康和生命安全。大量的环保标准、卫生标准和安全标准制定发布后，用法律形式强制执行，对保障人民的身体健康和生命财产安全具有重大作用。

☆ 制定标准的原则是什么？

制定标准应遵循的原则是：

1) 要从全局利益出发，认真贯彻国家技术经济政策；

2) 充分满足使用要求；

3) 有利于促进科学技术发展。

☆ 什么叫标准的编辑性修改？

在《采用国际标准和国外先进标准管理办法》中规定，等同采用国际标准或国外先进标准的我国标准，可对国际标准或国外先进标准作编辑性修改，即不改变技术内容的修改。例如计量单位改用本国法定计量单位；表示小数点由“，” 改用“.”；标准个别条文序号或结构的局部变动；增加说明或引用资料等。

☆ 什么叫标准草案？

标准草案是指批准发布以前的标准征求意见稿、送审稿和报批稿。它是承担编制标准的单位或个人，根据任务书或工作计划起草的文稿，不是正式标准，因而不能作为标准使用。

☆ 什么叫标准征求意见稿？

按编写标准的有关要求和规定，对某一项标准首次起草的文稿，称为标准征求意见稿。标准征求意见稿是标准编制组根据上级计划和任务书的要求，在充分调查研究和分析国内外有关技术资料的基础上编写成的。根据制定标准的难易程度和需要，标准征求意见稿可分为征求意见一稿、二稿和三稿等。对于产品标准，征求意见稿一般应发往该产品的生产、使用、检验、销售、科研及有关大专院校征求意见。

☆ 什么叫标准送审稿？

标准送审稿是在对标准征求意见稿广泛征求意见的基础上，由标准编制组认真汇总、研究和修改完善后形成的一种供审查用的标准草案。该草案经审查、修改后即成为标准报批稿。

☆ 什么叫标准报批稿？

上报审批的标准草案，一般称为标准报批稿。标准报批稿是标准化课题研究成果的技术文字结晶，是严格按课题计划任务书的要求对课题进行研究，通过编写规则、技术内容、文字叙述等方面的最终审查，报请上级主管部门审批发布为正式文本的依据。

☆ 什么叫综合标准化?

综合标准化是现代科技迅速发展的产物，是现代标准化的重要特征和基本形式之一，是在现代条件下保证原料、材料、配套产品和成品标准化整体协调一致性的重要标准化方法。

综合标准化是用系统分析方法针对具体的标准化对象及其相关要素所形成的系统进行整体标准化的方法。其主要目的是综合地解决提高产品质量的问题。可以这样说，综合标准化的实质就在于使那些能够保证产品达到最佳技术水平和质量水平的所有相关要素保持完整的系统性和最佳关系。

综合标准化以标准化对象的整体最佳效益为目标，对包括设计、工艺、原材料、零部件、半成品、配套制品、技术手段、生产准备、检验方法等综合考虑，进行整体标准化。

☆ 什么叫技术标准?

对标准化领域中需要协调统一的技术事项所制定的标准，称为技术标准。它是从事生产、建设及商品流通的一种共同遵守的技术依据。技术标准的分类方法很多，按其标准化对象特征和作用，可分为基础标准、产品标准、方法标准、安全卫生与环境保护标准等；按其标准化对象在生产流程中的作用，可分为零部件标准、原材料与毛坯标准、工装标准、设备维修保养标准及检查标准等；按标准的强制程度，可分为强制性与推荐性标准；按标准在企业中的适用范围，又可分为公司标准、工厂标准和科室标准等。

☆ 什么叫基础标准?

在一定范围内作为其他标准的基础并普遍使用，具有广泛指导意义的标准，称为基础标准。基础标准按其性质和作用的不同，一般分为以下几种：1) 概念和符号标准；2) 精度和互换性标准；3) 实现系列化和保证配套关系的标准；4) 结构要素标准；5）产品质量保证和环境条件标准；6) 安全、卫生和环境保护标准；7) 管理标准；8) 量和单位。

☆ 什么叫产品标准?

对产品结构、规格、质量和检验方法所做的技术规定，称为产品标准。产品标准按其适用范围，分别由国家、部门和企业制定；它是一定时期和一定范围内具有约束力的产品技术准则，是产品生产、质量检验、选购验收、使用维护和洽谈贸易的技术依据。

标准的主要内容包括：1）产品的适用范围；2）产品的品种、规格和结构形式；3）产品的主要性能；4）产品的试验、检验方法和验收规则；5）产品的包装、储存和运输等方面的要求。

☆ 什么叫方法标准？

以试验、检查、分析、抽样、统计、计算、测定、作业等方法为对象制定的标准。例如：试验方法、检查方法、分析计法、测定方法、抽样方法、设计规范、计算方法、工艺规程、作业指导书、生产方法、操作方法及包装、运输方法等。

☆ 什么叫术语标准？

以各种专用术语为对象所制定的标准，称为术语标准。术语标准中一般规定术语、定义（或解释性说明）和外文对应的词等。

☆ 什么叫符号代号标准？

以表示事物和概念的各种符号代号为对象制定的标准，称为符号代号标准。这种符号和代号具有准确、简明和不易混淆等特点。它广泛应用于交通运输及安全等方面，也常常作为科学技术上的一种共同语言。

☆ 什么是型式、规格和等级？

型式是指同一种产品按其形状、结构、特征的不同所划分的类别。如灯泡根据结构不同有插口式、螺口式等。

规格是指同一品种或同一型式的产品按尺寸、重量、功率或其他有关参数划分的类别。如日光灯的规格以功率来划分等。

等级是指同一产品或其他标准化对象按质量水平的不同所划分的级别。如优级品、一级品、合格品、等外品等。

☆ 什么是适用性、互换性和性能特性？

适用性是产品、过程或服务工作在一定条件下，实现预定目的或规定用途的能力。

互换性是某一产品（包括零件、部件、构件）与另一产品在尺寸、功能等方面能够彼此互相替换的性能。

性能特性是指与产品使用直接有关的适合用途的特性，它与制造特点无关。

☆ 什么叫产品标志？

表明产品基本情况的一组文字符号或图案，称为产品的标志。其内容包括：1）产品名称；2）制造厂名；3）商标；4）产品型号或标记；5）生产批号和出厂日期（或制造日期）；6）产品的主要参数；7）质量等级标志；8）有效期；9）警示标志或警示说明；10）产品标准编号等。

☆ 什么是国外先进标准？

国外先进标准是指未经国际标准化组织（ISO）确认并公布的其他国际组织的标准，发达国家的国家标准，区域性组织的标准和国际上有权威的团体标准与企业（公司）标准中的先进标准。例如：美国标准（ANSI），德国标准（DIN），英国标准（BS），日本工业标准（JIS），法国标准（NF）以及前苏联国家标准（UJCN）等。

☆ 世界标准日的由来？

1946年10月14日，联合国标准协调委员会（UNSCC）在伦敦开会决定成立国际标准化组织（ISO）。为纪念这一天，1969年ISO理事会1969/59号决议把10月14日定为世界标准日。1970年10月14日举行了第一次世界标准日庆祝活动，从1970年起，每年的这一天，世界各国举行各种庆祝活动，宣传标准化。

☆ 标准情报的定义是什么？

标准情报系指标准化范畴内，人们以各种方式进行传递交流的科学知识。即向人们传递有用的新的标准化知识。简言之，标准情报，指的是标准化范畴内的情报。

☆ 标准情报工作的概念是什么？

标准情报工作是科技情报工作的一个分支，也是标准化活动中一个不可缺少的有机组成部分。它是根据国民经济建设和标准化事业发展的客观需要，有目的、有计划、有组织地对记录标准化活动具体成果的情报（包括标准文献与标准化有关的情报）进行收集、加工、存贮、分析研究与报道，以促进标准情报的社会交流和传播利用，从而达到推动科技进步、促进标准化事业发展的目的。

☆ 什么是标准文献？

标准文献一般是指由技术标准、管理标准、工作标准及其他具有标准性质的类似文件所组成的一种特种文献体系。它是在有关方面的合作下，按照规定程序编制并经主管机构批准，以特定形式发布，供一定范围内广泛而多次使用的，包括一整套在特定活动领域内必须执行的规格、定额、规则、要求的文件。它要与现代科学技术和生产发展水平相适应，并且随着标准化对象的变化而不断补充、修订、更新换代。

☆ 标准文献的特征是什么？

标准文献的特征是：1）有统一的产生过程；2）有明确的适用范围和用途；3）编排格式、叙述方法严格统一；4）具有可靠性和现实性；5）具有协调性；6）具有系统性和完整性；7）具有时效性；8）具有法规性。

☆ 什么是标准目录？

将标准文献标引著录所形成的款目按照某种特定的顺序编排所形成的揭示标准文献内容，方便标准文献检索的工具，称为标准目的。按其形态，标准目的可分为书本目录、卡片目录和机读目录；按其组织方式，标准目录可分为分类目的、主题目录、标准号目录、作废代替对照目录等。

☆　什么是关键词法?

关键词法与标题法、元词法和主题词法不同，它不是利用规范词表而是直接将文献原来所用的，能描述文献概念的，可作为检索入口及有实际检索意义的，具有关键性的词抽出，不加规范化或只作极少量规范化处理，以提供检索途径的一种主题法。关键词法一般没有词表。

关键词索引有题内关键词索引和题外关键词索引等形式，适于利用计算机进行自动化处理。

☆　什么是主题词法?

主题词法亦称叙词法，是指以主题词（叙词）作为文献内容的标识和查找依据的后组式检索语言。它吸取了多种情报检索语言的原理和方法，包括

(1) 保留了元词法单词组配的基本原理；

(2) 采用了组配分类法的概念组配来代替元词法字面组配；

(3) 适当采用标题法预组配方法（即采用词组），以克服某些词拆分后再组配时产生意义失真的缺点；

(4) 采用标题法对语词进行严格规范化的方法，以保证词与概念一一对应；

(5) 采用并进一步完善了标题法的参照系统；

(6) 采用了体系分类法的基本原理编制范畴表和词族表，以多方面来反映主题词之间的等同关系、等级关系和相关关系等。

☆　什么是主题词?

主题词又叫叙词。它是以概念为基础从自然语言中优选出来，经过规范化处理的具有组配功能的动态性词或词组。在情报检索中，用它来描述文献和检索提问的主题内容。它是构成主题词表的最小词汇单元。

主题词包括正式主题词和非正式主题词两种。正式主题词是规范化的、用于标引和检索的词或词组；非正式主题词是收在主题词表中，提供从非规范词指向规范词的检索入口的引导词。

☆ 什么是主题词表?

主题词表又叫叙词表。它是一种由概括一门或各个学科领域的经规范化处理的语义相关和族性相关的词或词组，按特定顺序排列所形成的后组式检索词典。它是一种

将标引人员和检索人员的自然语言转换成规范化检索语言的术语控制工具。在标引中，人们从主题词表中选词标引，检索时，从主题词表中查词检索。

☆ 什么是世界标准服务网？

世界标准服务网（www.wssn.net）是国际标准化组织推出的国际性标准信息检索网站。其特点是提供一个全世界标准信息网络的互联平台，以链接的方式将各级各类标准信息网站联接在一起，形成一个统一的标准信息检索系统，只要进到了世界标准服务网就可以查到全世界各国的标准信息。在世界标准服务网中可检索到国际标准化组织（ISO）、国际电工委员会（IEC）和国际电信联盟（ITU）的标准网站；可以查到 64 个国家级成员的 73 个网站，如日本工业标准委员会 JISC、印度标准局 BIS 等；可以查到被 ISO、IEC、ITU 认可的 8 个区域性标准化机构的网站，如欧洲标准化委员会 CEN、太平洋地区标准化会议 PASC 等；可以查到 41 个国际性从事标准化的组织的网站，如国际铁路联盟 UIC、世界卫生组织 WHO 等；可以查到 5 个与标准化工作相关的其他国际组织或区域性组织的网站，如世界贸易组织 WTO 等。

☆ 何谓标准体系？

一定范围内的标准按其内在联系形成的科学的有机整体，称为标准体系。也可以说标准体系是一种由标准组成的系统。

☆ 标准体系的特征是什么？

标准体系具有六个特征，即集合性、目标性、可分解性、相关性、整体性、环境适应性。

☆ 什么是标准体系表？

一定范围的标准体系内的标准按一定形式排列起来的图表，称为标准体系表。

我国标准化法律、法规、规章目录（部分）

- 中华人民共和国标准化法
- 中华人民共和国标准化法条文解释
- 国家标准管理办法
- 企业标准化管理办法
- 商品条码印刷资格认定工作实施办法
- 标准档案管理办法
- 标准出版发行管理办法
- 关于规范使用国家标准和行业标准代号的通知
- WTO/TBT 质量技术监督技术法规目录
- 新产品质量法
- 采用国际标准产品标志管理办法（试行）实施细则
- 中华人民共和国反不正当竞争法
- 查处食品标签违法行为规定
- 中华人民共和国产品质量法
- 商品条码管理办法
- 国家赔偿费用管理办法
- 采用国际标准管理办法
- 进口机电产品标准化管理办法
- 农业标准化管理办法
- 中华人民共和国产品质量认证管理
- 标准档案管理办法
- 起重机械型式试验规程（试行）
- 中华人民共和国标准化法实施条例
- 采用国际标准管理办法
- 地方标准管理办法

- 行业标准管理办法
- 制造修理计量器具许可证监督管理
- 标准出版管理办法
- 质量振兴纲要
- 国家标准英文版翻译出版工作管理暂行办法
- 中华人民行政许可法
- 能源标准化管理办法
- 采用国际标准产品标志管理办法（试行）
- 标准物质管理办法
- 定量包装商品计量监督规定
- 中华人民共和国计量法
- 计量标准考核办法
- 工业产品质量责任条例
- 工业产品生产许可证试行条例
- 《特种设备安全监察条例》
- 中华人民共和国消费者权益保护法
- 产品质量认证委员会管理办法
- 全国消灭无标生产试点县实施方案
- 包装资源回收利用暂行管理办法

（来源：广东顺德质量技术监督标准与编码所）

电子信息产品污染控制重点管理目录
（第一批）

序号	海关HS编码	电子信息产品类目	限制使用的有毒有害物质或元素	暂不限制使用有毒有害物质或元素范围（wt%为重量百分比）	限制使用时间
1	85171210	移动用户终端	铅、汞、镉、六价铬、多溴联苯、多溴二苯醚等物质或元素含量应该符合SJ/T11363-2006标准的要求。	1）-铅应用于电子部件的玻璃中； 2）-铅和镉应用于光学玻璃和滤光玻璃中； 3）-铅应用于电子陶瓷部件的陶瓷中； 4）-铅应用于钢合金中作为合金成分且其含量小于或等于0.35 *wt* %； 5）-铅应用于铝合金中作为合金成分且其含量小于或等于0.4 *wt* %； 6）-铅应用于铜合金中作为合金成分且其含量小于或等于4 *wt* %； 7）-铅应用于高温焊料中，且铅含量不少于85 *wt*%； 8）-铅应用于微处理器针脚及封装连接所用焊料中，且含量在80-85 *wt*%之间； 9）-铅应用于集成电路倒装芯片封装的内部粘接焊料中。 10）-铅应用于节距不超过 0.65mm且带铁镍引线框架或铜引线框架的细间距零部件（连接器除外）的表面处理中。	自本目录正式发布之日起十个月之后开始实施。
2	85171100 85171800	电话机（包括固定电话终端、无绳电话终端）	铅、汞、镉、六价铬、多溴联苯、多溴二苯醚等物质或元素含量应该符合SJ/T11363-2006标准的要求。	1）-铅应用于电子部件的玻璃中； 2）-铅和镉应用于光学玻璃和滤光玻璃中； 3）-铅应用于电子陶瓷部件的陶瓷中； 4）-铅应用于钢合金中作为合金成分且其含量小于或等于0.35 *wt* %； 5）-铅应用于铝合金中作为合金成分且其含量小于或等于0.4 *wt* %；	自本目录正式发布之日起十个月之后开始实施。

				6）-铅应用于铜合金中作为合金成分且其含量小于或等于4 wt %； 7）-铅应用于高温焊料中，且铅含量不少于85 wt%； 8）-铅应用于微处理器针脚及封装连接所用焊料中，且含量在80-85 wt%之间； 9）-铅应用于集成电路倒装芯片封装的内部粘接焊料中。 10）-铅应用于节距不超过 0.65mm且带铁镍引线框架或铜引线框架的细间距零部件（连接器除外）的表面处理中。	
3	84433211 84433212 84433213 84433214 84433219	与计算机相连的打印设备	铅、汞、镉、六价铬、多溴联苯、多溴二苯醚等物质或元素含量应该符合SJ/T11363-2006标准的要求。	1）-铅应用于电子部件的玻璃中； 2）-铅和镉应用于光学玻璃和滤光玻璃中； 3）-铅应用于电子陶瓷部件的陶瓷中； 4）-铅应用于钢合金中作为合金成分且其含量小于或等于0.35 wt %； 5）-铅应用于铝合金中作为合金成分且其含量小于或等于0.4 wt %； 6）-铅应用于铜合金中作为合金成分且其含量小于或等于4 wt %； 7）-铅应用于高温焊料中，且铅含量不少于85 wt%； 8）-铅应用于微处理器针脚及封装连接所用焊料中，且含量在80-85 wt%之间； 9）-铅应用于集成电路倒装芯片封装的内部粘接焊料中。 10）-汞应用于特殊用途的直管荧光灯中。 11）-铅应用于LCD 的平板荧光灯的玻璃中。 12）-铅应用于节距不超过 0.65mm且带铁镍引线框架或铜引线框架的细间距零部件（连接器除外）的表面处理中。	自本目录正式发布之日起十个月之后开始实施。

附件：电子信息产品污染控制重点管理目录（第一批）产品类目范围界定

附件：

电子信息产品污染控制重点管理目录（第一批）
产品类目范围界定

1、移动用户终端

（1）定义

在为社会公众服务的公共移动通信网络中使用，实现通信功能的 GSM（TDMA）、CDMA、TD-SCDMA、WCDMA、CDMA2000 蜂窝移动终端设备。

（2）产品举例

GSM（900/1800MHz TDMA）数字蜂窝移动电话、CDMA(800MHz)数字蜂窝移动电话、TD-SCDMA(2GHz)数字蜂窝移动电话、WCDMA(2GHz)数字蜂窝移动电话、CDMA2000(2GHz)数字蜂窝移动电话；

使用以上网络制式的无线数据卡、车载移动电话；

具有接收上述网络信号的 PHS 手机和其它终端设备。

2、电话机（包括固定电话终端、无绳电话终端）

（1）定义

固定电话终端：在 PSTN 网络终端处使用的，连接在有线用户线上的，不需要通过无线电方式工作的各类电话机。

无绳电话终端：在 PSTN 网络终端处使用的，由座机（或主机）和手机（或副机）组成的，座机通过有线用户线与交换机相连，座机与手机之间采用无线通信方式，手机可随身携带，在有效的距离内可实现收铃、拨号和通话功能的电信终端产品。

（2）产品举例

固定电话终端：普通电话机、主叫号码显示电话机、卡式管理电话机、录音电话机、投币电话机、智能卡式电话机、IC 卡公用电话机、免提电话机、数字电话机、智能短信电话机等。

无绳电话终端：模拟无绳电话机、2.4GHz 数字无绳电话机等。

3、与计算机相连的打印设备

（1）定义

具有与计算机相连的通讯接口，可以单独或与 IT 设备连接，打印文件、票据或照片等。

（2）产品举例

激光打印机，针式打印机，喷墨打印机，热敏打印机，热转印打印机，票据打印机，标签打印机，条码打印机等。

（来源：工业和信息化部）

绿色制造技术在家电产品中的应用

绿色制造技术是可持续发展理论的重要内容，是产品标准、环境法规、顾客需求、产品服务、贸易风险、生态工业、安全健康和行业竞争的综合反映，正受到家电制造业的广泛关注。

1 前言

我国是世界家电产品的生产大国和消费大国。近些年来，随着人们生活水平的不断提高和科学技术的飞速发展，家电产品的更新换代越来越快，淘汰下来的家电废弃物数量惊人，对这些家电废弃物如何处理，已经成为世人关注的焦点。因为家电产品是由各种材料和元件组成的复杂混合体，其中含有许多有价值的材料，如钢、玻璃、塑料和贵金属等，人们在对这些材料回收利用时，多采用物理分解、冶炼或焚烧等方式。但家电产品中同时含有许多对环境和人体健康有害的物质，如铅、镉、汞和六价铬，它们的回收和利用在经济上或技术上都很困难，若废弃、焚烧后填埋或直接掩埋，就会污染土壤或水源，对人体健康造成严重危害；又如冰箱中的 CFC-11/12 会破坏臭氧层，制冷系统中的润滑油会污染土壤；再如塑料中添加的某些溴化阻燃剂（如 PBDE 和 PBB）在焚烧过程中会产生有毒的二恶英和呋喃。从保护环境和可持续发展的战略要求出发，家电产品的发展模式、生产模式、消费模式和行为模式都必须充分考虑到经济效应和环境效应的协调，经济的发展不能以牺牲环境为代价。

正因为如此，目前世界各国纷纷立法，如日本的《家电再循环法》已于 2001 年 4 月 1 日生效；欧盟同时公布的《关于在电气电子设备中限制使用某些有害物质指令》将铅、镉、汞、六价铬、PBDE 和 PBB 列为有害物质予以禁用，该指令将于 2006 年 7 月 1 日正式实施；我国有关家电废弃物的法规也即将出台。

保护环境的义务、满足绿色消费者的需求和遵守法规的责任促使家电制造商加快了应用绿色制造技术的速度，同时也加大了绿色制造技术的研究力度。

2 绿色制造技术的概念

所谓绿色制造技术，是指在从产品设计、制造、运输、使用、报废以处理的整个产品生命周期的过程中综合考虑环境影响和资源利用的现代制造模式，目的是将产品在生命周期中对环境的破坏或危害降到最小，并使资源综合利用率达到最高。

为了正确理解和应用绿色制造技术，我认为有几个观点至关重要：

①绿色制造技术强调在产品生命周期中的所有过程中都要考虑对环境的影响，识别环境因素，评估影响程度，决定处置对策。

②决定是否要对环境因素采取对策，只能是在满足环境法规的前提下综合考虑环境影响和资源的利用率。由于企业的唯一目的是获取利润，因此不可能为了单纯的保护环境而不计成本。保护环境的责任和义务需要企业综合考虑环保和资源问题。

③在产品的生命周期中，环境因素是和产品质量等属性伴随在一起的，不可人为将环境控制和质量控制剥离开来。目前提倡企业将 ISO14001 和 ISO9001 一体化，就能避免此问题。

因为如果将二者分开，顾客对质量的要求比环保的要求明显，使企业将重点放在质量控制上，特别是在质量控制已得到企业全员认同的形势下。而企业对环境的控制就可能被削弱，甚至将环境的控制局限于节水、节电、治理三废等低层次上，好像环境控制尽是花钱，而节约材料、节能设计、延长产品使用寿命、提高生产效率、降低成本等活动好像就不属于环保的范围，长期下去，环境控制的增值效果被掩盖，ISO14001 的目标就会走样。

④环境法规重点强调的是控制结果。制造企业为了经营和贸易需要就必须满足法规要求的结果，最常见的办法就是以此结果作为评价、判断目标，从而对相应的环境要素和涉及的个别过程进行控制。如工厂噪声、排废、产品回收率和再利用率、限用有害物质等指标的控制，企业就是通过选用治理设施、在设计过程中控制材料和部件的使用来到目标。因此环境法规是促进绿色制造技术发展和应用的主要动力，但因环境法规的出台是与经济发展和科技水平相适应的，故在促进绿色制造技术方面存在局限性。值得关注的是，环境法规可能成为地区间“非贸易壁垒”的一种方式。

⑤绿色顾客的重要作用不容忽视，如绿色制造商要求分承包满足环保的要求；又如集团购买时限定只采购绿色产品，欧盟甚至对采购 A+能耗冰箱的顾客进行补贴等等，都能促使相关制造方重视环保，从而去应用绿色制造技术。

⑥绿色产品是绿色制造技术的应用结果。绿色工厂生产绿色产品是发色制造模式追求的一种理想状态，目的是使社会、经济的发展步入良性发展，有助于企业的可持续发展。一般来说，绿色工厂主要指在工厂实施并通过了 ISO14001 环保体系认证，对产品设计和制造过程中的环境要素进行识别、评估和有效控制，工厂的各项环境指

标满足了法规和顾客的要求，对绿色技术的应用持积极态度并有相当投入；而绿色产品主要是针对产品的绿色属性，如节能、可拆卸和可维修性、产品报废后的可回收和再利用率（废弃物最少化）、不含有害物质、废弃物的处理过程经济或不会对环境、安全和身体健康造成危害等。

⑦由于绿色制造技术的研究对象是综合考虑环境影响和资源的有效利用，或者说“环境—资源优化”，因此其范围很广。除明显的环保治理内容外，安全检测、健康和卫生、节约材料、节省能源、节省人力资源、提高生产效率等，都属绿色制造的范围。归纳为一句话：在与产品相伴随的所有活动中，只要与环境相关并需要考虑对环境的影响和控制的内容，都是绿色制造技术的研究范畴。它涉及现代设计技术、先进制造工艺和设备、环境技术、能源技术、材料科学、网络技术、并行工程和系统工程，以及环境标准和立法。

3　绿色制造技术在家电产品中的应用

3.1　建立环境保护体系，进行绿色意识教育

名牌家电企业基本上都建立了ISO14001环保体系，并且致力于和ISO9001一体化，便于在开展各项活动中同时评价环境影响。通过建立环保体系，使企业员工能够针对产品生命周期全过程中伴随的环境问题进行正确识别和合理对微，并使这种环境控制的思维方式方式和行为模式制度化、惯性化。如松下电工·万宝电器是一个通过ISO14001和ISO9001一体化认证的企业，根据其“成为世界一流的生产绿色产品的绿色工厂”之绿色战略，制定了其环境方针：“把保护环境、防治环境污染纳入公司经营活动之中，承诺遵守有关环境法律、法规及其他要求事项，通过建立“善待环境”的工厂，谋求与地球环境、需求者、地域社会的共生，从而实现工厂与社会的可持续发展。全员充分认识到保护环境的社会责任，积极推进环境保护活动，减少环境污染。为了对员工进行环境意识教育，该公司还制定了日常经营活动中应遵守的原则：

①依据ISO14001的要求事项，建立、实施并不断完善环境管理体系，定期对体系进行评审，确保体系有效实施；

②在企业的全部活动中自主地制定环境目标，进行环境保护；

③控制或减少商品开发和制造阶段使用和排放对环境负效应大的物质，推进污染预防。在商品开发、制造和废置过程中考虑资源的有效利用和再生利用，降低损耗。加强固体废弃物的管理，减少污水、烟气、噪声等对环境的影响。开展节能降耗活动，合理使用能源资源。

④通过教育和培训提高全体员工的环境意识，加强与供应商的环境信息交流，使之理解、支持公司的环境原则，共同促进环境保护。

3.2 绿色设计

设计阶段是产品生命周期的源头，而从源头控制环境要素无疑是最有效的方法。搞好了绿色设计，意味着从源头控制了废弃物的最小化或污染预防，特别是几乎决定了产品设计之后的其他过程走向，因此绿色设计是绿色制造技术的核心。目前家电企业在绿色设计方面的主要内容包括：

①确定绿色设计原则

a. 选择绿色材料和零部件进行设计。

对构成产品的所有原材料和零部件逐一识别，确保不含有害物质，如电源线的聚氯乙烯绝缘护套中不能含铅，塑料中不能含 PBDE 和 PBB，冰箱的制冷剂不含 CFC-11/12，不用镀铬的零部件。包装材料要确保选用无毒、无污染、可再生、易降解的材料。

b. 选择绿色工艺和设备，将部品或产品的实现方式进行规定。

如电路板的焊接采用无铅焊接工艺；样机的验证可采用快速成型技术，适用时也可采用快速模具技术；塑料模具可采用干式加工，刀具或型腔采用 PVD 涂覆工艺；选择低能耗、低噪声、低辐射、无泄露设备。

c. 节能、节水、省料等最优化设计。

充分利用现有的分析软件进行工艺模拟分析，如热动态分析、注塑成形分析、物理特性分析，对多变量、多目标设计进行方案优化。

d. 材料标识。

在部件上标识材料名称，在包装上标示可循环利用标志等，方便分类和回收再利用，使废物资源化。

e. 可装配和可拆卸性设计（DFAD，design for assembly and disassembly）。

基于计算机住址技术、网络技术和并行工程的虚拟制造技术是实现可装配和可拆卸性设计的有效手段。参与设计的不同部门通过虚拟装配和虚拟拆卸，以确定最简单的装配路线和最经济的拆卸方式，目的是提高生产效率、满足方便维修和以最小的成本进行再循环利用，尤其是要满足法定的再商品化率这一指标。

②确定绿色设计评价指标：

a. 节能、节水认证。

b. 再商品化率（按产品质量）。

目前日本暂对冰箱和洗衣机（50%）、电视机（55%）和空调器（60%）的再商品化率进行了规定；而欧盟要求大、小家电的回收率和再利用率达到 80%。因此应根据不同的销售地，进行产品再商品化率的设计。若同时再销往许多国家或地区，当然要以最高指标作为设计目标。

③产品绿色排序

它是一种表示产品绿色程度的方式，主要是通过第三方采用随机抽样方法，由顾客对同行业同类产品的能耗、美感、安全、健康、警示、适用的性能、可接爱的性价比、企业再商品化率、自我申明等内容进行定量评分，第三方将抽亲结果结合公共环境报告进行综合分析，将排序（先后次序）结论向社会公告（不给出好、坏或合格与否等定性结论）。由于该排序常受抽样顾客来源的影响，其权威性往往受到质疑，但可作为顾客选购产品时的参考，因此也是顾客对企业产品满意度的一种体现，成为企业进行绿色改进的输入。

3.3　绿色制造，亦称清洁生产

主要包括：

①提供宜人的工作环境，有利员工的身心健康；搞好工厂 5S，有利提高工作效率和产品质量，减少安全事故的发生。

②建设绿色供应链。重点搞好绿色采购、绿色供应分承包方的选择、运输损耗控制、库存和包装材料循环再利用等。

③以 ERP 为基础的现代物流管理。重点是物流业务重组，合理调配并优化资金流、物质流和信息流。

④按设计确定的绿色工艺和设备进行加工，重点控制加工过程中的废水、废气、废渣、尘埃和固体废弃物（不良品率）的产生，治理噪声和防止辐射。

3.4　回收和处理

家电产品的处理环节是对绿色设计和绿色产品的检验，检验的结果反馈给制造企业后，有利企业进一步改进和完善绿色设计；而回收处理工厂也是一个企业，本身也要应用绿色处置技术，避免对环境造成第二次污染。

由于受回收成本的影响，一般的家电企业是不可能独立建造自己的处理工厂的，大多以大家电企业间联合或完全社会化的方式建立地区性的回收处理工厂。

目前日本和欧洲的回收处理工厂大多应用了离心、磁吸附等拣技术。回收和处理的基本原则是：尚有使用价值的电器产品经更换零部件或维修后作为二手电器出售，没有使用价值的电器产品首先要人工拆卸或分解，对尚可利用的零部件回收再利用，不可利用的零部件按材料分类进行回收，有害物质要经专门工艺进行处理，其他混合物经破碎、自动分拣等处理，残渣则焚烧转化为热能加以利用或送填埋工厂。

4 结束语

我们在应用绿色制造技术的时候，一定要正确评价环境要素的作用，做好绿色技术的应用、研究与经济性之间的分析。最有效的途径之一就是要收集绿色技术的信息，如绿色工艺、绿色设备、绿色材料、绿色供应链、回收处理技术等，建立绿色信息库和绿色设计数据库，从中选择适合本企业发展的绿色制造模式，并将其标准化。

（来源：中国 RoHS 网）

SMT 中表面安装元器件的选取

一、概述

表面安装元器件的选择和设计是产品总体设计的关键一环，设计者在系统结构和详细电路设计阶段确定元器件的电气性能和功能，在 SMT 设计阶段应根据设备及工艺的具体情况和总体设计要求确定表面组装元器件的封装形式和结构。表面安装的焊点既是机械连接点又是电气连接点，合理的选择对提高 PCB 设计密度、可生产性、可测试性和可靠性都产生决定性的影响。

表面安装元器件在功能上和插装元器件没有差别，其不同之处在于元器件的封装。表面安装的封装在焊接时要经受奶高的温度其元器件和基板必须具有匹配的热膨胀系数。这些因素在产品设计中必须全盘考虑。

选择合适的封装，其优点主要是：1）有效节省 PCB 面积；2）提供更好的电学性能；3）对元器件的内部起保护作用，免受潮湿等环境影响；4）提供良好的通信联系；5）帮助散热并为传送和测试提供方便。

二、表面安装元器件的选取

表面安装元器件分为有源和无源两大类。按引脚形状分为鸥翼形和 J 形。下面以此分类阐述元器件的选取。

1 无源器件

元源器件主要包括单片陶瓷电容器、钽电容器和厚膜电阻器，外形为长方形或圆柱形。圆柱形无源器件称为“MELF”，采用再流焊时易发生滚动，需采用特殊焊盘设计，一般应避免使用。长方形无源器件称为“CHIP”片式元器件，它的体积小、重量轻、抗菌素冲击性和抗震性好、寄生损耗小，被广泛应用于各类电子产品中。为了获得良好的可焊性，必须选择镍底阻挡层的电镀。

表面安装电阻器的电容器封装有各种外形尺寸。在选取时应避免选择过小尺寸：<0.08 英寸 × 0.05 英寸以减小贴放难度，也要避免选择过大尺寸：>0 英寸 × 0.12 英寸以避免使用环氧玻璃基板 FR-4 时产生热膨胀系数（CTE）失配片式元件要求能在 260℃温度下承受 5～10s 的焊接时间。

(1)片式电阻器

片式电阻器分为两大类：厚膜型和薄膜型。额定功率为 1/16、1/8、1/4 瓦，电阻值从 1 欧到 1 兆欧的电阻器具有各种尺寸规格，按外形尺寸分为 0805（0.08 英寸×0.05 英寸）、1206（0.12 英寸×0.06 英寸）、1210（0.12 英寸×0.10 英寸）等。一般来说 1/16、1/8 和 1/4 瓦的电阻器相应于 0805、1206 及 1210。选取时应首选 1/8 瓦、外形尺寸为 1206 的元件。

（2）陶瓷电容器

陶瓷电容器有三种不同的介质类型：COG 或 NPO、X7R 和 Z5U。它们的电容范围各不相同。COG 或 NPO 用于在很宽的温度、电压和频率范围内有高稳定性的电路；X7R 和 Z5U 介质电容器的温度和电压特性较差，主要应用于旁路和去耦场合。

陶瓷电容器在波峰焊时容易开裂，原因是 CTE 失配。在焊接时电极和端接头的 CTE 高，受热比陶瓷快以致失配产生裂纹。解决的工艺办法是波峰焊之前预热电路板，减少热冲击。Z5U 陶瓷电容器比 X7R 电容器更容易开裂，选取时应尽量采用 X7R 电容器。和片式电阻器一样，其外形尺寸应量选用 1206 的电容器。

（3）电阻网络

表面安装电阻器网络采用“SO”封装，管脚为欧翼形。其焊盘图形设计标准，可根据电路需要加以选用。

现有最常用外形尺寸标准如下：150MIL 宽外壳（SO）有 8、14、16 引脚；220MIL 宽外壳（SOMC）有 14、16 引脚；300MIL 宽外壳（SOL）有 14、16、20、24、28 引脚。

（4）钽电容器

表面安装钽电容器具有极高的体积效率和高可靠性。目前，该元件缺少标准化，一般使用字母标记。

选择钽电容器最主要的是注意两头的端接头结构。它有两种主要的结构形式：一种是非压膜式，一端焊接短片触头；另一种是塑膜式，引脚触头向下卷。由于贴片机动性抓取非压膜式电容器时易出现贴片不准的问题，加上这种电容器的金属端接头会使焊点变脆，选取时应尽量选用塑膜式钽电容器。

2、有源器件

表面安装芯片载体有两大类：陶瓷和塑料。

陶瓷芯片封装的优点是：1)气密性好，对内部结构有良好的保护作用 2〕信号路径较短，寄生参数、噪声、延时特性明显改善 3〕降低功耗。缺点是因为无引脚吸收焊膏溶化时所产生的应力，封装和基板之间 CTE 失配可导致焊接时焊点开裂。目前，最常用的陶瓷饼片载体是无引线陶瓷习片载体

塑料封装目前被广泛应用于军、民品生产上，具有良好的性价比。其封装形式分为：小外形晶体管 SOT；小外形集成电路 SOIC；塑封有引线芯片载体 PLCC；小外形 J 封装；塑料扁平封装 PQFP。

为了有效缩小 PCB 面积，在器件功能和性能相同的情况下首选引脚数 20 以下的 SOIC，引脚数 20-84 之间的 PLCC，引脚数大于 84 的 PQFP。

2.2.1　无引线陶瓷芯片载体

电极中心距有 1.0mm 和 1.27mm 两种。矩形有 18、22、28、32 个电极数；方形有 16、20、24、28、44、56、68、84、100、124、156 个电极数。由于目前采用的基板多为 FR-4，CTE 失配的情况比较严重，应尽量避免选用。

2.2.2　小外形晶体终究

其常用的封装形式为三引脚的 SOT23、SOT89，四引脚的 SOT143，一般用于二、三极管。

SOT23 是最常用的三引脚封装，可容纳的最大芯片尺寸为 0。030 英寸 X0.030 英寸，按断面高低分为低位、中位、高位三种。为了得到较好的清洗效果，一般优选高位封装。

SOT89 一般用于功率较大的器件，可容纳的最大芯片尺寸为 0.060 英寸 X0.060 英寸。

SOT143 通常用于射频（FR）晶体管的情况下，可容纳的最大芯片尺寸为 0.025 英寸 X0.025 英寸。

2.2.3　小外形集成电路

采用欧翼形封装。对于引脚数不大于 20 的器件来说，采用此类封装可节省更大的覆盖面积。

SOIC 封装主要有两种不同的外壳宽度：150MIL 和 300MIL，主要有 8、14、16、20、24、28 个引脚数。

在选取时应注意引脚的共面度最大为 0.004 英寸。

2.2.4　塑料扁平封装

采用欧翼形封装。主要应用于 ASIC 专用集成电路。管脚 中心距分为 1.0mm、0.8mm、0.65mm、0.5mm、0.3mm 几种，引脚数有 84-304 条。

管脚中心距越小、管脚数越多，引脚越易损伤，共面度不易保持在 0.004 英寸范围内。选取时应尽量采用带角缓冲垫封装的器件（四角有四个比引脚长约 2MIL 的垫子），以便在安装、返修、测试过程中保护引脚。

2.2.5　塑封有引线芯片载体 PLCC 和小外形 J 封装

均采用 J 形封装。具有可塑性，能吸收焊点的应力从而避免焊点开裂，形成良好的焊点。

引脚数大于 40 时采用 PLCC，占用覆盖面积小，不易变形、共面性好。

PLCC 按外形分矩形和方形两种。矩形引线数有 18、22、28、32 条；方形引线数有 16、20、24、28、44、52、68、84、100、124、156 条。

小外形 J 封装是 SOIC 和 PLCC 的混合形式，结合了 PLCC 引线强度大、共面性好和 SOIC 空间存线率高的优点。主要用于高密度 DRAM（1 和 4MB）

三、欧翼形封装和 J 形封装器件引脚分析比较

引脚的形状决定了形成的焊点，对产品的可靠性和可生产性都有着重要的影响。目前采用的主要两种形状为：欧翼形和 J 形

Tags：SMT　表面　安装　元器件　选取

（来源：SMT 信息网）

电子元器件基础知识

电子元器件基础知识

常用元器件的识别

一、电阻

电阻在电路中用“R”加数字表示，如：R15 表示编号为 15 的电阻。电阻在电路中的主要作用为分流、限流、分压、偏置、滤波（与电容器组合使用）和阻抗匹配等。

参数识别：电阻的单位为欧姆（Ω），倍率单位有：千欧（KΩ），兆欧 （MΩ）等。换算方法是：1 兆欧=1000 千欧=1000000 欧

电阻的参数标注方 法有 3 种，即直标法、色标法和数标法。

数标法主要用于贴片等小体积的电路，如：

472 表示 $47\times10^2\Omega$（即 4.7kΩ）；104 则表示 100kΩ色环标注法使用最多，现举例如下：

四色环电阻五色环电阻（精密电阻）电阻的色标位置和倍率关系如下表所示：

颜色 有效数字 倍率 允许偏差（%）

银色 / 10-2 ±10

金色 / 10-1 ±5

黑色 0 100 /

棕色 1 101 ±1

红色 2 102 ±2

橙色 3 103 /

黄色 4 104 /

绿色 5 105 ±0.5

蓝色 6 106 ±0.2

紫色 7 107 ±0.1

灰色 8 108 /

白色 9 109 +5 至 -20

无色 / / ±20

二、电容

1、电容在电路中一般用“C”加数字表示（如 C25 表示编号为 25 的电容）。电容是由两片金属膜紧靠，中间用绝缘材料隔开而组成的元件。电容的特性主要是隔直流通交流。

电容容量的大小就是表示能贮存电能的大小，电容对交流信号的阻碍作用称为容抗，它与交流信号的频率和电容量有关。容抗 $XC=1/2\pi f c$

(f 表示交流信号的频率，C 表示电容容量)

电话机中常用电容的种类有电解电容、瓷片电容、贴片电容、独石电容、钽电容和涤纶电容等。

2、识别方法：电容的识别方法与电阻的识别方法基本相同，分直标法、色标法和数标法 3 种。电容的基本单位用法拉（F）表示，其它单位还有：毫法（mF）、微法（μF）、纳法（nF）、皮法（pF）。

其中：1 法拉=10^3毫法=10^6微法=10^9纳法=10^{12}皮法容量大的电容其容量值在电容上直接标明，如 10μF/16V

容量小的电容其容量值在电容上用字母表示或数字表示

字母表示法：1mF=1000μF　1P2=1.2PF　1nF=1000pF

数字表示法：一般用三位数字表示容量大小，前两位表示有效数字，第三位数字是倍率。

如：102 表示 10×10^2pF=1000pF　224 表示 22×10^4pF=0.22μF

3、电容容量误差表

符　号 FGJKLM

允许误差±1% ±2% ±5% ±10% ±15% ±20%

如：一瓷片电容为 104J 表示容量为 0.1μF、误差为±5%。

4、故障特点

在实际维修中，电容器的故障主要表现为：

（1）引脚腐蚀致断的开路故障。

（2）脱焊和虚焊的开路故障。

（3）漏液后造成容量小或开路故障。

（4）漏电、严重漏电和击穿故障。

三、晶体二极管

晶体二极管在电路中常用“D”加数字表示，如：D5 表示编号为 5 的二极管。

1、作用：二极管的主要特性是单向导电性，也就是在正向电压的作用下，导通电阻很小；而在反向电压作用下导通电阻极大或无穷大。正因为二极管具有上述特性，无绳电话机中常把它用在整流、隔离、稳压、极性保护、编码控制、调频调制和静噪等电路中。

电话机里使用的晶体二极管按作用可分为：整流二极管（如 1N4004）、隔离二极管（如 1N4148）、肖特基二极管（如 BAT85）、发光二极管、稳压二极管等。

2、识别方法：二极管的识别很简单，小功率二极管的 N 极（负极），在二极管外表大多采用一种色圈标出来，有些二极管也用二极管专用符号来表示 P 极（正极）或 N 极（负极），也有采用符号标志为“P”、“N”来确定二极管极性的。发光二极管的正负极可从引脚长短来识别，长脚为正，短脚为负。

3、测试注意事项：用数字式万用表去测二极管时，红表笔接二极管的正极，黑表笔接二极管的负极，此时测得的阻值才是二极管的正向导通阻值，这与指针式万用表的表笔接法刚好相反。

4、常用的 1N4000 系列二极管耐压比较如下：

型号 1N4001 1N4002 1N4003 1N4004 1N4005 1N4006 1N4007

耐压（V） 50 100 200 400 600 800 1000

电流（A） 均为 1

四、稳压二极管

稳压二极管在电路中常用“ZD”加数字表示，如：ZD5 表示编号为 5 的稳压管。

1、稳压二极管的稳压原理：稳压二极管的特点就是击穿后，其两端的电压基本保持不变。这样，当把稳压管接入电路以后，若由于电源电压发生波动，或其它原因造成电路中各点电压变动时，负载两端的电压将基本保持不变。

2、故障特点：稳压二极管的故障主要表现在开路、短路和稳压值不稳定。在这 3 种故障中，前一种故障表现出电源电压升高；后 2 种故障表现为电源电压变低到零伏或输出不稳定。

常用稳压二极管的型号及稳压值如下表：型号 1N47281N47291N47301N47321N47331N47341N47351N47441N47501N47511N4761 稳压值 3.3V3.6V3.9V4.7V5.1V5.6V6.2V15V27V30V75V

五、电感

电感在电路中常用“L”加数字表示，如：L6 表示编号为 6 的电感。

电感线圈是将绝缘的导线在绝缘的骨架上绕一定的圈数制成。

直流可通过线圈，直流电阻就是导线本身的电阻，压降很小；当交流信号通过线圈时，线圈两端将会产生自感电动势，自感电动势的方向与外加电压的方向相反，阻碍交流的通过，所以电感的特性是通直流阻交流，频率越高，线圈阻抗越大。电感在电路中可与电容组成振荡电路。

电感一般有直标法和色标法，色标法与电阻类似。如：棕、黑、金、金表示 1uH（误差 5%）的电感。

电感的基本单位为：亨（H）换算单位有：$1H=10^3mH=106\mu H$。

六、变容二极管

变容二极管是根据普通二极管内部“PN 结”

的结电容能随外加反向电压的变化而变化这一原理专门设计出来的一种特殊二极管。变容二极管在无绳电话机中主要用在手机或座机的高频调制电路上，实现低频信号调制到高频信号上，并发射出去。在工作状态，变容二极管调制电压一般加到负极上，使变容二极管的内部结电容容量随调制电压的变化而变化。

变容二极管发生故障，主要表现为漏电或性能变差：

（1）发生漏电现象时，高频调制电路将不工作或调制性能变差。

（2）变容性能变差时，高频调制电路的工作不稳定，使调制后的高频信 号发送到对方被对方接收后产生失真。出现上述情况之一时，就应该更换

同型号的变容二极管。

七、晶体三极管

晶体三极管在电路中常用“Q”加数字表示，如：Q17 表示编号为 17 的三极管。

1、特点：晶体三极管（简称三极管）是内部含有 2 个 PN 结，并且具有放大能力的特殊器件。它分 NPN 型和 PNP 型两种类型，这两种类型的三极管从工作特性上可互相弥补，所谓 OTL 电路中的对管就是由 PNP 型和 NPN 型配对使用。

电话机中常用的 PNP 型三极管有：A92、9015 等型号；NPN 型三极管有：A42、9014、9018、9013、9012 等型号。

2、晶体三极管主要用于放大电路中起放大作用，在常见电路中有三种接法。为了便于比较，将晶体管三种接法电路所具有的特点列于下表，供大家参考。

名称共发射极电路共集电极电路（射极输出器）共基极电路

输入阻抗中（几百欧～几千欧）大（几十千欧以上）小（几欧～几十欧）

输出阻抗中（几千欧～几十千欧）小（几欧～几十欧）大（几十千欧～几百千欧）

电压放大倍数大小（小于 1 并接近于 1）大

电流放大倍数大（几十）大（几十）小（小于 1 并接近于 1）

功率放大倍数大（约 30～40 分贝）小（约 10 分贝）中（约 15～20 分贝）

频率特性高频差好好

续表

应用多级放大器中间级，低频放大 输入级、输出级或作阻抗匹配用高频或宽频带电路及恒流源电路

3、在线工作测量

在实际维修中，三极管都已经安装在线路板上，要每只拆下来测量实在是一件麻烦事，并且很容易损坏电路板，根据实际维修，本人总结出一种在电路上带电测量三极管工作状态来判断故障所在的方法，供大家参考：

类别故障发生部位测试要点

e-b 极开路 Ved>1VVed=V+

e-b 极短路 Veb=0VVcd=0VVbd 升高

Re 开路 Ved=0V

Rb2 开路 Vbd=Ved=V+

Rb2 短路 Ved 约为 0.7V

Rb1 增值很多，开路 Vec<0.5VVcd 升高

e-c 极间开路 Veb=0.7VVec=0VVcd 升高

b-c 极间开路 Veb=0.7VVed=0V

b-c 极间短路 Vbc=0VVcd 很低

Rc 开路 Vbc=0VVcd 升高 Vbd 不变

Rb2 阻值增大很多 Ved 约为 V+Vcd 约为 0V

Ved 电压不稳三极管和周围元件有虚焊

类别故障发生部位测试要点

Rb1 开路 Vbe=0Vcd=V+ Ved=0

Rb1 短路 Vbe 约为 1VVed=V-Vbe

Rb2 短路 Vbd=0VVbe=0VVcd=V+

Re 开路 Vbd 升高 Vce=0VVbe=0V

Re 短路 Vbd=0.7VVbe=0.7V

Rc 开路 Vce=0VVbe=0.7VVed 约为 0V

c-e 极短路 Vce=0VVbe=0.7VVed 升高

b-e 极开路 Vbe>1VVed=0VVcd=V+

b-e 极短路 Vce 约为 V+Vbe=0VVcd 约为 0V

c-b 极开路 Vce=V+Vbe=0.7VVed=0V

c-b 极短路 Vcb=0VVbe=0.7VVcd=0V

八、场效应晶体管放大器

1、场效应晶体管具有较高输入阻抗和低噪声等优点，因而也被广泛应用于各种电子设备中。尤其用场效管做整个电子设备的输入级，可以获得一般晶体管很难达到的性能。

2、场效应管分成结型和绝缘栅型两大类，其控制原理都是一样的。如图 1-1-1 是两种型号的表示符号：

3、场效应管与晶体管的比较

（1）场效应管是电压控制元件，而晶体管是电流控制元件。在只允许从信号源取较少电流的情况下，应选用场效应管；而在信号电压较低，又允许从信号源取较多电流的条件下，应选用晶体管。

（2）场效应管是利用多数载流子导电，所以称之为单极型器件，而晶体管是即有多数载流子，也利用少数载流子导电。被称之为双极型器件。

（3）有些场效应管的源极和漏极可以互换使用，栅压也可正可负，灵活性比晶体管好。

（4）场效应管能在很小电流和很低电压的条件下工作，而且它的制造工艺可以很方便地把很多场效应管集成在一块硅片上，因此场效应管在大规模集成电路中得到了广泛的应用。

（来源： 电子器件网）

电子元器件应用的可靠性

据试验分析，在电子元器件应用过程中所发生的元器件失效问题，大约有 50% 是由于元器件本身质量问题所造成的，面另一半则是由于使用不当所引起的失效。应用不当所引起的元器件失效称为人为失效。为保证电子设备的可靠性，除了要求元器件本身具有相应等级的固有可靠性外．还应正确选用元器件并合理使用，即使用的方法也直接影响电子设备的实际可靠性。本节仅就电子元器件应用中的一些问题进行介绍。

一、电子元器件的选择原则

无论是电子爱好者，还是专业设计人员，总是希望自己设计的电子设备能可靠地工作，为此，他们在选择元器件上往往要花费不少心血。但是，实际的结果却不尽如人意，究其原因多是没有遵循电子元器的选择原则而造成的。

电子元器件的选择原则有以下几点：

①尽量选用高可靠性的电子元器件。在选用电子元器件时，首先考虑的是元器件的质量等级能否满足整机产品的性能及可靠性要求：我国电子元器件质量级别大致分为三级，即军标级器件、工业级器件及民用级器件。有的厂家又将每一级分为正品和副品。军标级元器件的不合格率小于或等于 4.5%，工业级元器件的不合格率小于或等于 30%，民用级元器件的不合格率则大于 30%。因此，在选择元器件时应尽量选用军用级元器件或正品元器件。

②要选择正式厂家生产的优质产品。电子元器件的质量好坏和生产过程的诸多因素有关，如原材料、生产设备、生产工艺、技术管理、质量管理以及产品检验等。正式生产厂家在这些方面有着独特的优势．其生产的元器件也多为优质产品，可保证应用的可靠性。

③采用系列元器件、标准元器件。

④选用集成电路时，应选择陶瓷封装器件。

⑤尽量用大、中规模集成电路代替由分立元件组成的电路，这样可以大大降低元器件的失效率。

⑥选用微功耗元器件，以减少元器件的温升，提高系统工作的可靠性。

⑦应尽量不使用可调元器件，因为可调元器件的可靠性低于固定元器件。

二、电子元器件的降额使用

各种电子元器件都有其设计的额定值，例如电阻器的功率、电容器的耐压以及半导体器件的电压和电流等。这种额定值是指元器件在设计时所允许承受的最大值，一般是指在一定的环境温度条件下和一定的时间范围内，元器件所能承受而又不致失效的能力。

在实际使用元器件时，为了保证元器件使用的可靠性和延长元器件的寿命，电干元器件在应用时不应长时间地处于额定值工作状态，而应该视其应用场合的重要性脱离这种状态、这就需要降额使用。国家和行业的有关标准规定，电子元器件的降额系数一般在 0.5～0.9 之间，有的元器件甚至取 0.4 以下。上述的降额系数只是元器件在常温应用下的数值，对于高温条件下使用的某些元器件，则还应考虑其温度效应而引起的降额。

在使用元器件时，有时会碰到低质量的元器件，无法满足使用的高可靠性要求，有些人就采用过度降额使用来补偿质量的不足，这是不可取的方法。质量水平较低的元器件，因其固有质量低劣，即便大幅度地降额使用．仍会有大量的失效，不会改善失效的状况，反而会导致大量的维修、更换。尤其是对有重要用途的电子设备，这样会造成严重的质量后患。

在使用元器件时，为追求高可靠性，采取过度降额也不可取。过度降额使用一方面增大了元器件的体积和成本，另一方面对元器件可靠性的提高也是有限的。

三、对电子元器件的筛选

对电子元器件进行筛选，其目的是为了剔除那些在生产制造过程中因材料或工艺上的不完善而存在缺陷的部分早期失效产品，这样可有效地提高元器件应用的可靠性。

由于元器件生产厂在产品出厂前已做过筛选，故整机生产厂进行的元器件筛选又称为“二次筛选”。元器件的“二次筛选”往往是在元器件的可靠性不能满足整机产品对可靠性要求的条件下进行的。“二次筛选”往往施加较宠的温度界限，在额定值或超过额定位的条件下对元器件进行试验，有时还要进行各种机械强度试验，如冲击、振动等。其目的就是加速有缺陷元器件的淘汰，从而降低元器件在使用中的失效率。应注意的是，筛选试验中所规定的方法及条件应与元器件生产厂制造元器件的技术标准相配套，必要时应进行协调，否则，筛选反面会降低元器件固有的可靠性。筛选工作的实质是在特定条件下对元器件进行挑选，它并不能提高筛选出的合格元器件的固有可靠性。

四、合理设计电路

电子设备的高可靠性依赖于电子元器件的可靠性，而电子元器件应用的可靠性是由电路的可靠性设计来保证的。实践证明，元器件在应用中的失效有许多是由于电路设计不合理所造成的。因此，在进行电路设计和结构设计时应注意以下几个问题。

①在设计电路时应进行优化设计．尽量减少元器件的数目，消除多余的元器件。在设计中还可优先采用较好的成熟单元电路。

②注意元器件的合理降额使用。

③电路中应尽量采用集成电路、减少分立元件电路。

④要采用由于电压瞬变和浪涌电流造成元器件损坏的保护电路。用过压及欠压保护电路。

⑤电路的多余输入端应接地或接正电源。

⑥对于功率较大的器件，应加散热装置。

⑦对内、外共用信号应加隔离级，以减少外界干扰信号对元器件的损伤，以防元器件过热而损坏。

五、装配工艺

为保证装配工艺的可靠性，应采取以下措施：

①装配工房应采取防潮、防霉、防烟雾等措施，使电子元器件能在洁净的环境下装配。

②要采取先进的焊接技术，以保证元器件焊接的可靠性。

③要采取先进的灌封技术。

④装配 CMOS 器件的场所，应有防静电措施。

（来源：电子元件网）

QC080000 常见问题解答

QC 080000 IECQ HSPM，是 IECQ 开发的、适用于电子电器元件和产品有毒有害物质过程的管理体系。该标准是以美国 EIA/ECCB 954 标准，即“电子电器元件和产品有毒有害物质减免标准和要求”为基础，由 IEC 制定的最新国际标准。其作为国际统一的 IECQ 技术规范，为第三方审核提供参考，以证明公司在管理和减少有毒有害物质的过程中符合最高标准要求。

QC 080000 标准是以 ISO9001: 2000 为基础，而并非以 ISO14001 为基础。因该体系是针对欧盟现行法规（如 RoHS 和 WEEE）及顾客关于有毒有害物质控制等特殊要求而制定的，故基于 ISO9001:2000 标准能够更好地从过程及体系管理的方面保证公司符合上述法规要求。

此外，IECQ-HSPM 体系也是基于过程管理思想而建立的一个有毒有害物质过程管理体系。该体系的核心内容是：以通用的“过程管理”模式来解决不同企业、不同产品应对不同的有毒有害物质管理需求，这其中也包括欧盟出台的法规要求。

QC 080000 和 ISO9001:2000 都有一个共同的原则：企业急需有效地识别产品中的有毒有害物质，并实施降低其含量的举措（HSF）。此外，企业还要通过维持这样的计划，来实现既定的目标。而其它相关的技术目标则应通过检测或过程控制等手段来实现，从而能够将一个通用的过程管理标准应用于所有需要符合欧盟要求的组织。

作为一个管理体系，IECQ-HSPM 体系也必须先建立 HSF 计划和目标，然后通过识别和控制必需的过程来实现既定目标。为了有效的实行计划，该体系将提供必要的资源，并对产品、过程和体系进行有效监控，以此了解产品所处的状态、过程运行的效果、体系实际的适应性及有效性。通过以上工作的实施，进而完善体系，最终形成一个完整的 PDCA 闭环。

符合 QC 080000 标准的必要性？

欧盟出台的 RoHS 指令已于 2006 年 7 月 1 日正式生效。面对该强制指令的实施，相关的产品制造商是否拥有根本性的解决方案？能否避免不必要的测试？能否根据尽职免责（Due Diligence），将企业的运营风险控制在可接收范围之内？在环保意识不断增强的趋势下，如何突破技术贸易壁垒已成为国内外多数电子制造企业急待解决的问题！

IECQ HSPM-QC-080000 认证将助您一臂之力。QC080000 是在假定公司已有质量管理体系的基础上，侧重于技术方面的要求，从培训员工到如何控制有毒有害物质，进行全面的审核。

目前，世界 500 强企业都已了解，QC080000 对于绿色过程管理的实施非常有利，这同样包括对 RoHS 和 WEEE 等指令的符合。

获得 QC080000 认证和注册的优点：

* 通过认证，向立法者证明：企业在制造产品的过程中，有效地控制了有毒有害物质的含量，并与产品的使用者进行了有效的沟通

* QC 080000 是全球认可的、针对有毒有害物质管理的标准

* 通过注册，向全球市场证明：企业具有正确管理有毒有害物质控制过程的能力

* 符合 QC 080000 标准要求，意味着更大的市场份额和更强的竞争实力

* 通过取得 QC 080000 认证证书，向各国同行证明：企业符合法律法规及最高的行业标准

* 一次审核满足多方需求，减少及避免重复认证

* 节约成本，减少风险

如何获得 IECQ-HSPM 认证？

接受认证的企业必须拥有 ISO9001:2000 或以 ISO 9001 为基础的管理体系，如 ISO/TS 16949 和 TL 9000 等，然后在 ISO9001:2000 基础上，以 EIA/ECCB-954 为基准，建立有毒有害物质控制管理体系。此外，企业还需通过 QC-080000 IECQ-HSPM 认证， 收到认证机构颁发的具有 IECQ-HSPM 标志的认证证书。该体系认证证书可以证明：企业实施的有毒有害物质控制管理计划符合现行标准的要求。

什么是 IEC？

IEC 是国际电工委员会的英文缩写，是非政府性国际组织，正式成立于 1906 年，是世界上成立最早的专业国际标准化机构，负责有关电工、电子领域的国际标准化工作，在标准的制订方面与国际标准化组织(ISO)紧密合作。

什么是 IECQ？

国际电工委员会（IEC）在 20 世纪 70 年代建立了国际电子元器件质量认证体系，简称 IECQ。该体系隶属于 IEC，是全球范围内唯一对电子元器件进行全面质量评估的批准和认证机构。IECQ 主要负责对电工产品、材料及相关生产过程进行质量评估，

是在 IEC 和 ISO 内第一个实现国际化产品质量认证的国际性认证组织。IECQ 的宗旨是：建立国际性的权威管理机构，制定统一的技术标准，实施质量评定的程序规则，以标准为依据，根据程序规则对厂商的技术能力和管理水平进行全面的审核。

什么是 IECQ-HSPM?

HSPM 即(Hazardous Substance Process Management)有害物质过程管理。HSPM 是 IECQ 开发的有害物质过程管理认证项目的通用名称。该体系是基于过程管理思想建立的有害物质过程管理体系。其主要思想是：强调应用通用的“过程管理”模式来解决不同企业、不同产品应对不同国家与地区对有害物质管理要求的多样性，建立统一的国际管理规范与持久有效的管理体系，从而帮助企业跨越种类繁多的绿色贸易壁垒。

什么是 HS?

HS 即(Hazardous Substance)有害物质。在 IECQ-HSPM 体系的定义中，凡是受欧盟“有害物质限用指令(Restriction of certain Hazardous Substance, RoHS)”及“废电子电气产品指令 (Waste Electrical and Electronic Equipment, WEEE) ”控制的物质，就是有害物质。包括铅、镉、汞、六价铬、PBB 以及 PBDE。其它根据自己或客户的要求，或是不同地区、国家所订定的有害物质也包括在内。但以 RoHS 指令为基本项目。

什么是 RoHS 及 WEEE?

RoHS 即 The Restriction of Hazardous Substances in Electrical and Electronic Equipment (ROHS) Directive (2002/95/EC)，中文译名为“电子电气产品中有害物质禁限用指令”，WEEE 即 Waste Electrical and Electronic Equipment (WEEE) Directive (2002/96/EC)，中文译名为“废弃电子电气产品指令”。

RoHS 与 WEEE 为欧盟在 2003 年所公布的两项环保指令。内容为限制电子电气产品从设计到废弃阶段对环境影响的管理。RoHS 限制了产品在生产阶段中所含有害物质的最大量，WEEE 则管制产品在废弃阶段必须回收的比率及方式。

RoHS 指令下受控产品包括：大型家电用品（Large household appliances）、小型家电用品（Small household appliances）、信息及电讯设备（IT & Telecommunication equipment）、消费性设备（Consumer equipment）、发光设备（Lighting equipment）、电子及电器工具（Electrical and electronic tools）、玩具、娱乐运动设备（Toys）、自动贩卖机（Automatic dispensers）等八大类电子电气产品。WEEE 比 RoHS 多限制：

医疗器材(Medical equipment system)、监视及控管设备（Monitoring and control instruments）等二大类电子电气产品。

什么是 HSF?

HSF 即 Hazardous Substance Free，有害物质减免（或无有害物质）。诸多绿色环保指令都有 HSF 的要求。

什么是 EIA/ECCB-954?

EIA 即 Electronic Industries Alliance 电子工业联合会，美国电子行业标准制定者之一。ECCB 即 Electronic Components Certification Board 美国电子零件认证委员会，是美国电子电器领域的认可机构，相当于我国的国家认证认可监督管理委员会（CNCA）。

EIA/ECCB-954 标准的全称是 Electrical and Electronic Components and Products Hazardous Substance Free Standard and Requirements，电器电子元器件与产品有害物质减免标准与要求。该标准于 2005 年 3 月颁布，是 IECQ-HSPM 体系认证的参考标准之一。

QC 080000 标准的来历?

QC 080000 是 IEC 内部的技术规范编号。 QC 080000 是目前 IECQ-HSPM 体系认证的唯一实施规范。该规范是 IEC 在 EIA/ECCB-954 标准的基础上编写的，因而是 IEC 体系的国际规范之一。该规范的第二版颁布于 2005 年 10 月，一经颁布即成为 IECQ-HSPM 的实施准则。企业必须满足 QC 080000 规范的所有要求，并通过 NAI 或美国 ECCB 授权监察机构（Supervising Inspectorates，SI）的审核，才可以通过 IECQ-HSPM 体系认证，并获得认证证书。

有害物质过程管理系统助力绿色制造

国际电工委员会(IEC)充分认识到产品检测难以为持续稳定地保证产品不含危害物质提供支持，必须对产品实现过程进行控制、对管理实行体系化运作。为此， IEC 下属的电子元器件质量评定委员会(IECQ)制订了专门的危害物质过程管理标准—“电子电气元件和产品危害物质减免标准和要求 (IECQ QC080000)” 以及程序规则—“危害物质过程管理要求(QC001002-5)”，并正式推出了危害物质过程管理认证，即 IECQ-HSPM 认证，该认证是目前国际上唯一完整结合有害物质减免(HSF)管理系统和 HSF 顾客/法规要求的认证制度。

IECQ-HSPM 全面降低有害物质超标风险

IECQ QC080000 标准是基于 ISO9001：2000 质量管理体系的基础之上的，其主要观点是将有害物质的含量作为必须满足的重要质量特性，并基于质量管理系统来实现环境相关法规的要求。

而在实施 QC080000 时，有害物质如铅的含量可被视为相关材料的关键质量特性，在设计选材阶段需要考虑、设计验证中需要对材料进行认定、在存储期间需要和有害物质进行区分、在采购过程中应确保该“质量特性”持续满足要求。

QC080000 的产生背景就是建立在“没有有效的管理制度的整合是不可能得到 HSF 产品和建立 HSF 制造过程”理念上。该标准另外一个重要的观点就是系统的过程方法。IECQ-HSPM 体系是基于过程管理思想建立的危害物质过程管理体系，目的是建立绿色过程通过设计中不采用有害物质、制造中不引入有害物质、供应链不导入有害物质从而全面降低有害物质超标的风险。

过程管理的方法是基于组织管理中“万变不离其宗”的业务流程。任何企业可能有质量要求、环境要求、RoHS 要求等，但其核心是增值的业务流程，这也是企业生存的根本。组织的所有管理都是围绕其业务流程来获得顾客认可和持续购买来取得增值。组织的业务流程(过程)是基于组织的目标而策划和调整的，组织的业务流程是各种管理的核心对象，QC080000 要求、质量管理体系要求、环境管理体系要求和职业健康安全管理体系要求分别将有害物质、质量、环境和职业健康安全方面的管理方法要求应用到组织的业务流程上，以便综合考虑业务流程的各个相关方面。

在企业业务流程基础上，考虑并建立基于 RoHS 风险的控制和流程改进，这是实施 QC080000 标准并可以有效降低有害物质风险的出发点之一。

应用“过程管理”模式来解决不同企业、不同产品应对危害物质管理要求(包括欧盟要求)的多样性，这样就可以将一个通用的过程管理标准应用于所有希望通过管理体系来满足欧盟要求的组织。

IECQ-HSPM 体系认证给企业带来诸多好处

从供应链角度来看，每个组织的 RoHS 一方面来自组织内部(如有铅焊接或使用有害物质)，另一方面来自组织的供方。为了控制外部导入的有害物质风险，许多企业根据自身情况采取了对应措施，如增加进货检验项目、配置测试仪器、加强成品检测、委托其他检测机构进行充分检测等，这些是很多企业马上能够采取的办法。再进一步，可要求所有的供应商提供有害物质的检测报告。

第三方认证机构基于共同认可的国际通用有害物质过程管理体系要求QC080000，通过认证制度来推动企业实施全面的有害物质过程控制体系，认证结果将大大减少重复认证审核。

已实施ISO9001：2000组织，均可以在ISO9001：2000基础上以QC080000为基准建立有害物质过程管理体系，并通过IECQ架构下的各国监督检查机构(SI)认证，颁发带IECQ标志的认证证书。体系认证证书可以证明有害物质减免过程符合国际标准的要求。

由于IECQ-HSPM认证是一种基于专业的国际组织(IECQ)控制和管理之下的认证形式，有着多年的电子电气行业背景和专业经验，通过IECQ-HSPM认证可给企业带来以下好处：

认证的权威性。IECQ为国际电工委员会(IEC)所建立的电子元器件质量评定体系，带有IECQ认证标志的证书在世界范围内具有权威性。

客户影响力。通过IECQ认证，组织持续稳定的过程管理和产品质量将通过“IECQ在线证书数据库”向全世界发布，客户和潜在客户将因此而获知其与竞争对手的不同。

效果和效率。IECQ支持客户和供应商进行重要而又持续的成本节减，可减少翻来覆去的重复检查，可以用最少的检查和管理成本保证产品的危害物质管理的符合性。

通过IECQ-HSPM体系认证只是证明该企业已经针对有害物质建立了有效的管理体系，这并不意味着不需要针对有害物质的检测评价，如果把有害物质的管理体系认证和产品评价结合起来无疑更为客观和有效。IECQ体系的产品认证制度即是这一思想的最佳体现：可以在实施符合QC080000管理体系的基础上，结合有毒有害物质的检测，对组织有毒有害物质的控制状况进行完整评价。

目前，IECQ-HSPM产品认证制度尚处于酝酿阶段，相信针对有害物质的产品认证由于其评价的全面性将会被广泛推广。

（来源：ISOYES国际认证联盟网）

国家六部委发布半导体照明节能产业发展意见通知

国家发展改革委、科技部、工业和信息化部、财政部、住房城乡建设部、国家质检总局六部委联合下发了关于印发半导体照明节能产业发展意见的通知,分析了半导体照明节能产业发展现状与趋势、主要问题、发展领域等方面。全文如下：

发改环资[2009]2441号

关于印发半导体照明节能产业发展意见的通知

各省、自治区、直辖市及计划单列市、副省级省会城市、新疆生产建设兵团发展改革委、经贸委（经委、经信委、工信委、工信厅）、科技厅（科委）、财政厅（局）、住房城乡建设厅（建委、建设局）、质量技术监督局：

为推动我国半导体照明节能产业健康有序发展,培育新的经济增长点,扩大消费需求,促进节能减排，国家发展改革委、科技部、工业和信息化部、财政部、住房城乡建设部、国家质检总局联合制定了《半导体照明节能产业发展意见》。现印发给你们，请结合实际贯彻落实。

附件：《半导体照明节能产业发展意见》

半导体照明是继白炽灯、荧光灯之后照明光源的又一次革命。半导体照明技术发展迅速、应用领域广泛、产业带动性强、节能潜力大，被各国公认为最有发展前景的高效照明产业。为推动我国半导体照明节能产业健康有序发展,培育新的经济增长点，扩大消费需求，促进节能减排,特制订本意见。

一、半导体照明节能产业发展现状与趋势

半导体照明亦称固态照明，是指用固态发光器件作为光源的照明，包括发光二极管（LED）和有机发光二极管（OLED），具有耗电量少、寿命长、色彩丰富、耐震动、可控性强等特点。上游产业外延材料与芯片制造,属于技术和资金密集行业；中游产业器件与模块封装以及下游产业显示与照明应用，属于技术和劳动密集行业。

20世纪90年代以来，半导体照明技术不断突破,应用领域日益扩展。在指示、显示领域的技术基本成熟，已得到广泛应用；在中大尺寸背光源领域的技术日趋成熟，市场占有率逐步提高；在功能性照明领域的技术刚刚起步，处于试点示范阶段。此外，医疗、农业等特殊领域的半导体照明技术方兴未艾。

近几年，半导体照明产业发展迅速，美国、日本、欧洲、韩国、我国台湾地区在不同领域具有较强优势，全球产值年增长率保持在20%以上。我国先后启动了绿色照明工程、半导体照明工程，在十大重点节能工程、高技术产业化示范工程、企业技术升级和结构调整专项、863计划新材料领域中先后支持半导体照明技术的研发和产业化项目，具备了较好的研发基础,初步形成了完整的产业链，并在下游集成应用方面具有一定优势。2008年我国半导体照明总产值近700亿元，其中芯片产值19亿元，封装产值185亿元，应用产品产值450亿元。从长远发展看,世界照明工业正在转型，许多国家提出淘汰白炽灯、推广节能灯计划，将半导体照明节能产业作为未来新的经济增长点。随着我国产业结构调整、发展方式转变进程的加快，半导体照明节能产业作为节能减排的重要措施迎来了新的发展机遇期。

二、半导体照明节能产业发展存在的主要问题

虽然我国半导体照明节能产业发展取得积极进展，但是还面临着许多急需解决的问题。

（一）专利和核心技术缺乏。目前半导体照明的主流技术专利多为发达国家所控制,企业发展面临的专利风险日益加大。核心装备MOCVD（金属有机源化学气相沉积设备）基本依赖进口。研发投入不足,缺乏支持基础理论研究的长效机制,共性技术研发平台尚不完善,关键技术研发没有形成合力。

（二）产业整体水平较低。我国半导体照明生产企业超过3000家，其中70%集中于下游产业，且技术水平和产品质量参差不齐。国产LED外延材料、芯片以中低档为主，80%以上的功率型LED芯片、器件依赖进口。企业规模小,集中度低，产品不定型，不利于形成竞争优势和知名品牌。

（三）标准和检测体系尚未建立。检测设备、检测方法研发和标准制定工作不能适应产业快速发展的要求。半导体照明产品的标准与检测体系建设亟待完善，权威检测平台尚未建立，无法对现有半导体照明产品进行质量评价或认证。

（四）低水平盲目投资现象严重。目前不少地方将半导体照明节能产业作为发展的重点产业，加大支持力度，但也同时存在盲目投资、低水平建设的现象，一些地方

政府不顾经济效益对道路照明进行盲目改造，过度投入景观照明，导致产业无序竞争，产品质量良莠不齐，资源浪费严重，影响消费者信心，不利于产业健康发展。

三、半导体照明节能产业发展的指导思想、基本原则、发展目标及重点领域

（一）指导思想

全面落实科学发展观，围绕扩内需、保增长、调结构、惠民生，大力实施绿色照明工程，以增强自主创新能力和扩大绿色消费需求为主线，以抢占未来竞争制高点为目标，以市场为导向、以企业为主体、以试点示范工程为依托,以改善制约产业发展环境为手段，形成一批拥有自主知识产权、知名品牌和较强市场竞争力的骨干企业，实现技术上的重点突破和产业上的重点跨越，培育振兴我国半导体照明节能产业，推动节能减排，促进经济平稳较快发展。

（二）基本原则

坚持扩大内需与长远发展相结合。发展半导体照明节能产业代表世界照明工业的未来发展方向，不仅是应对金融危机、保持经济平稳较快发展的重要突破口，也是催生新技术革命、培育新兴产业、促进节能减排、应对全球气候变化的重要途径。

坚持产业发展与结构优化相结合。发展半导体照明节能产业，要从区域产业实际出发,注重推动传统照明行业的结构优化，提升半导体照明上下游企业的资源整合和产业集中，带动关联产业的协同发展，实现区域产业结构的优化升级。

坚持技术引领与需求带动相结合。半导体照明节能产业要以技术创新为支撑、社会需求为导向谋求发展。企业在遵循产业发展规律、增强自主创新能力的同时，要努力把握市场脉搏,积极拓展消费市场，形成以市场应用促进科技创新、以科技创新带动市场需求的良性循环。

坚持政府引导与市场机制相结合。发展半导体照明节能产业要在政府宏观政策引导下充分发挥市场配置资源的基础性作用，创新体制机制,形成有利于产业发展的政策环境和市场环境，调动市场主体的积极性。

（三）发展目标

到 2015 年，半导体照明节能产业产值年均增长率在 30%左右；产品市场占有率逐年提高，功能性照明达到 20%左右，液晶背光源达到 50%以上，景观装饰等产品市场占有率达到 70%以上；企业自主创新能力明显增强,大型 MOCVD 装备、关键原材料以及 70%以上的芯片实现国产化，上游芯片规模化生产企业 3-5 家；产业集中度显著提高，拥有自主品牌、较大市场影响力的骨干龙头企业 10 家左右；初步建立半导体照明标准体系；实现年节电 400 亿千瓦时，相当于年减排二氧化碳 4000 万吨。

（四）重点领域

技术与装备。支持MOCVD装备、新型衬底、高纯MO源（金属有机源）等关键设备与材料的研发；开展氮化镓材料、OLED材料与器件的基础性研发；支持半导体照明应用基础理论研究,包括光度学、色度学、测量学等；攻克半导体照明产业化共性关键技术，包括大功率芯片和器件、驱动电路及标准化模组、系统集成与应用等技术。

照明产品。开发和推广替代白炽灯、卤钨灯等节能效果显著、性价比高的半导体照明定型产品；开发和推广停车场、隧道、道路等性能要求高、照明时间长的功能性半导体照明定型产品；发展中大尺寸液晶显示背光源、汽车照明等增长潜力大的半导体照明产品；发展医疗、农业等特殊用途的半导体照明产品。

服务体系。完善具有国际水平的半导体照明产品检测平台；支持建立公共信息服务、跨学科设计创意以及人才培养平台；鼓励开展节能诊断、咨询评价、产品推广、宣传培训等服务；推广合同能源管理、需求管理等节能服务新机制。

四、半导体照明节能产业发展的政策措施

（一）统筹规划,促进产业健康有序发展

各级发展改革、经贸、科技、工业和信息化、财政、住房城乡建设、质检等主管部门要按照职责分工，各司其职,加强协调,形成合力，积极推进半导体照明节能产业健康有序发展。加强对半导体照明节能产业发展的指导，严格落实国家产业政策和项目管理规定，科学规划，合理布局,避免盲目扩张和低水平重复建设，不断提高产业集中度，推动区域产业专业化、特色化、集群化发展。加强城市道路照明、景观照明新建和改建工程的论证工作，统一规划设计，避免盲目拆换和过度亮化。

（二）继续加大半导体照明技术创新支持力度

科技部、国家发展改革委、工业和信息化部等部门要继续通过国家973计划、863计划、高技术产业化示范工程等渠道，加大对半导体照明领域的科学研究和技术应用的支持力度；有效整合和利用现有科技资源,加强国家重点实验室、国家工程实验室、国家工程中心建设，形成基础科学研究的长效机制以及成果可转移、利益可共享的合作开发机制。通过引进消化吸收再创新，联合各方集中攻克MOCVD装备等核心技术。组织实施“十城万盏”工程,结合市场需求，不断强化产品的集成创新。进一步实施专利战略，建立专利池，增强产业核心竞争力。

（三）稳步提升半导体照明产业发展水平

国家发展改革委、财政部、科技部、工业和信息化部、住房城乡建设部等部门以及地方政府要加大投入，积极引导社会投资,重点支持有一定规模和技术实力，特别是拥有自主知识产权的企业，通过技术改造扩大生产规模，提升核心竞争力和产业化水平。组织实施半导体照明试点示范工程，通过中央预算内投资支持一批示范项目，包括道路、工矿企业、商厦和家庭等功能性照明的新建和改造，并加强监督和评估。支持优势企业兼并重组，提高产业集中度和规模化水平，培育形成一批龙头企业和知名品牌。

（四）积极推动半导体照明标准制定、产品检测和节能认证工作

国家质检总局、国家发展改革委、财政部、工业和信息化部、科技部、住房城乡建设部要加强半导体照明产品相关基础标准、产品标准和测试方法标准的研究，加大检测设备投入，提高国家级检测机构对半导体照明产品的检验和测试能力。尽快制定出台重点支持和推广半导体照明产品的技术规范。研究建立半导体照明标准体系，逐步出台产品的检测标准、安全标准、性能标准和能效标准，积极参与国际标准制定。针对不同的半导体照明产品分重点、有步骤地研究开展节能认证工作。

（五）积极实施促进半导体照明节能产业发展的鼓励政策

各级财税、发展改革、科技等部门要推动落实国家对生产新型节能照明产品的企业，从事国家鼓励发展的项目进口自用设备以及按照合同随设备进口的技术及配套件、备件，在规定范围内免征进口关税的优惠政策。鼓励采购国产 MOCVD 装备，建立使用国产装备的风险补偿机制，支持关键装备国产化。推动将半导体照明产品和关键装备列入节能环保产品目录，享受相应鼓励政策。推动将半导体照明产品纳入节能产品政府采购清单。在道路、工矿企业、商厦和家庭等领域选择推广相对成熟的半导体照明产品，条件成熟时纳入财政补贴政策支持范围。

（六）广泛开展半导体照明节能的宣传教育和人才培养

各地区、有关部门要积极开展科学的舆论宣传，正确认识半导体照明产品的优势和不足，科学投资，理性消费，为半导体照明节能产业发展营造良好的舆论环境。抓好人才培养，支持高等院校、职业学校、研究机构开设相关学科教育。引导人才合理流动，创造良好的人才培养、引进和流动环境。

（七）加强区域和国际间的交流与合作

有关部门要研究出台相关措施，加快海峡两岸半导体照明在标准、检测、应用等领域的交流与合作。积极推动与联合国开发计划署、全球环境基金等国际组织和有关国家政府，在逐步淘汰白炽灯、加快推广节能灯等领域的合作，提出我国逐步淘汰白炽灯、加快推广节能灯以及半导体照明产品的路线图和专项规划。开展半导体照明国

际技术交流，与有关国际组织和国家建立合作机制，引进国外的先进技术和管理经验，不断拓展半导体照明国际合作的领域和范围。

（来源：中华人民共和国国家发展和改革委员会--政策发布）

贴片元件封装说明

BGM

SMT 是电子业界一门新兴的工业技术，它的兴起及迅猛发展是电子组装业的一次革命，被誉为电子业的"明日之星"，它使电子组装变得越来越快速和简单，随之而来的是各种电子产品更新换代越来越快，集成度越来越高，价格越来越便宜。为 IT（Information Technology）产业的飞速发展作出了巨大贡献。

SMT 零件：SMT 所涉及的零件种类繁多，样式各异，有许多已经形成了业界通用的标准，这主要是一些芯片电容电阻等等；有许多仍在经历着不断的变化，尤其是 IC 类零件，其封装形式的变化层出不穷，令人目不暇接，传统的引脚封装正在经受着新一代封装形式（BGA、FLIP CHIP 等等）的冲击，在本章里将分标准零件与 IC 类零件详细阐述。

标准零件

标准零件是在 SMT 发展过程中逐步形成的，主要是针对用量比较大的零件，本节只讲述常见的标准零件。目前主要有以下几种：电阻(R)、排阻(RA 或 RN)、电感(L)、陶瓷电容(C)、排容(CP)、钽质电容(C)、二极管(D)、晶体管(Q)【括号内为 PCB（印刷电路板）上之零件代码】，在 PCB 上可根据代码来判定其零件类型，一般说来，零件代码与实际装着的零件是相对应的。

一、零件规格:

(a)零件规格即零件的外形尺寸，SMT 发展至今，业界为方便作业，已经形成了一个标准零件系列，各家零件供货商皆是按这一标准制造。

标准零件之尺寸规格有英制与公制两种表示方法，如下表

公制表示法 1206 0805 0603 0402

英制表示法 3216 2125 1608 1005

含 义 L:1.2inch(3.2mm)W:0.6inch(1.6mm) L:0.8inch(2.0mm)W:0.5inch(1.25mm) L:0.6inch(1.6mm)W:0.3inch(0.8mm)

L:0.4inch(1.0mm)W:0.2inch(0.5mm)

注：a、L（Length）：长度；W（Width）：宽度；inch：英寸

b、1inch=25.4mm

（b）在(1)中未提及零件的厚度，在这一点上因零件不同而有所差异，在生产时应以实际量测为准。

（c）以上所讲的主要是针对电子产品中用量最大的电阻（排阻）和电容（排容），其它如电感、二极管、晶体管等等因用量较小，且形状也多种多样，在此不作讨论。

（d）SMT 发展至今，随着电子产品集成度的不断提高，标准零件逐步向微型化发展，如今最小的标准零件已经到了 0201。

二、常用元件封装

1）电阻：

最为常见的有 0805、0603 两类，不同的是，它可以以排阻的身份出现，四位、八位都有，具体封装样式可参照 MD16 仿真版，也可以到设计所内部 PCB 库查询。

注：

A\B\C\D 四类型的封装形式则为其具体尺寸，标注形式为 L X S X H

1210 具体尺寸与电解电容 B 类 3528 类型相同

0805 具体尺寸：2.0×1.25×0.5（公制表示法）

1206 具体尺寸：3.0×1.50×0.5（公制表示法）

2）电阻的命名方法

1、5%精度的命名： RS－05 K 102 JT

2、1%精度的命名：RS－05 K 1002 FT

R －表示电阻

S －表示功率

0402 是 1/16W；

0603 是 1/10W；

0805 是 1/8W；

1206 是 1/4W；

1210 是 1/3W；

1812 是 1/2W；

2010 是 3/4W；

2512 是 1W。

05 －表示尺寸(英寸)：

02 表示 0402；

03 表示 0603；

05 表示 0805；

06 表示 1206；

1210 表示 1210；

1812 表示 1812；

10 表示 1210；

12 表示 2512。

K －表示温度系数为 100ppm。

102 －5%精度阻值表示法：

前两位表示有效数字，第三位表示有多少个零，基本单位是 Ω，102＝1000Ω＝1kΩ。

1002 是 1%阻值表示法：

前三位表示有效数字，第四位表示有多少个零，基本单位是 Ω，1002＝10000Ω＝10kΩ。

J －表示精度为 5%；

F－表示精度为 1%；

T －表示编带包装。

3）电容：

可分为无极性和有极性两类：

无极性电容下述两类封装最为常见，即 0805、0603；

有极性电容也就是我们平时所称的电解电容，一般我们平时用的最多的为铝电解电容，由于其电解质为铝，所以其温度稳定性以及精度都不是很高，而贴片元件由于其紧贴电路版，所以要求温度稳定性要高，所以贴片电容以钽电容为多，根据其耐压不同，贴片电容又可分为 A、B、C、D 四个系列，具体分类如下：

类型	封装形式	耐压
A	3216	10V
B	3528	16V
C	6032	25V
D	7343	35V

贴片钽电容的封装是分为

A 型（3216）；

B 型（3528）；

C 型（6032）；

D 型（7343）；

E 型（7845）。有斜角的是表示正极。

4）、钽质电容(Tantalum)

钽质电容已经越来越多应用于各种电子产品上，属于比较贵重的零件，发展至今，也有了一个标准尺寸系列，用英文字母 Y、A、X、B、C、D 来代表。

其对应关系如下表

型号 Y A X B C D

规格

L（mm） 3.2，3.8，3.5，4.7，6.0，7.3

W（mm） 1.6，1.9，2.8，2.6，3.2，4.3

T（mm） 1.6，1.6，1.9，2.1，2.5，2.8

注意：电容值相同但规格型号不同的钽质电容不可代用。

如：10UF/16V"B"型与 10UF/16V"C"型不可相互代用。

二极管：

根据所承受电流的的限度，封装形式大致分为两类，小电流型（如 1N4148）封装为 1206，大电流型（如 IN4007）暂没有具体封装形式，只能给出具体尺寸：5.5×3×0.5 发光二极管：颜色有红、黄、绿、蓝之分，亮度分普亮、高亮、超亮三个等级，常用的封装形式有三类：0805、1206、1210

（来源：江西省信息产业厅网）

常用电子元器件参考资料

第一节　部分电气图形符号

一．电阻器、电容器、电感器和变压器

图形符号	名称与说明	图形符号	名称与说明
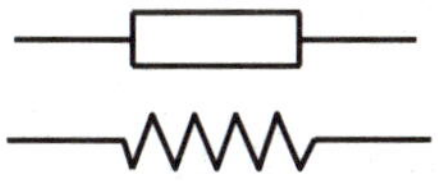	电阻器一般符号		电感器、线圈、绕组或扼流图。注：符号中半圆数不得少于 3 个
	可变电阻器或可调电阻器	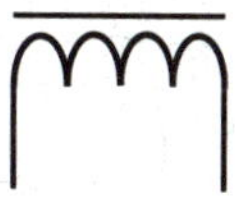	带磁芯、铁芯的电感器
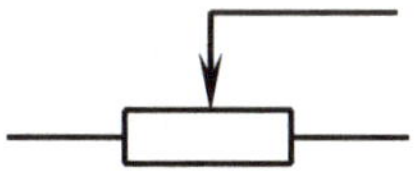	滑动触点电位器		带磁芯连续可调的电感器
	极性电容	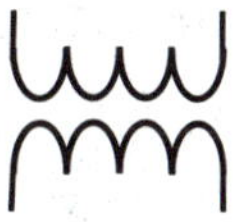	双绕组变压器 注：可增加绕组数目
	可变电容器或可调电容器	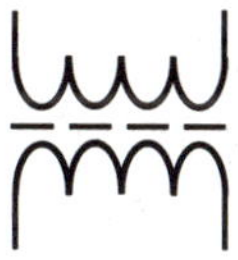	绕组间有屏蔽的双绕组变压器 注：可增加绕组数目
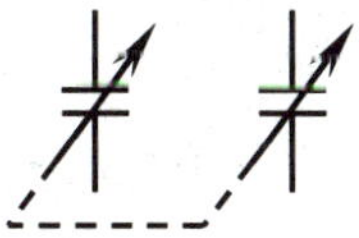	双联同调可变电容器。 注：可增加同调联数	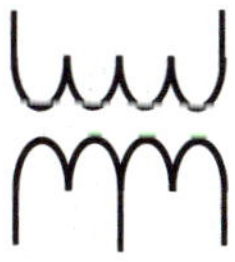	在一个绕组上有抽头的变压器
	微调电容器		

二．半导体管

图形符号	名称与说明	图形符号	名称与说明
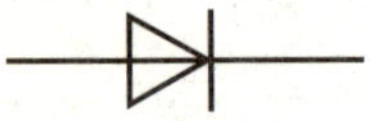	二极管的符号	(1)  (2) 	JFET 结型场效应管 (1)N 沟道 (2)P 沟道
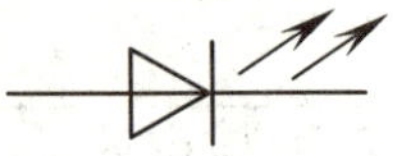	发光二极管		
	光电二极管	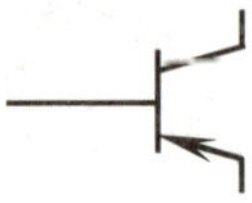	PNP 型晶体三极管
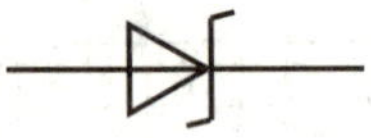	稳压二极管	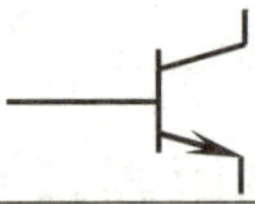	NPN 型晶体三极管
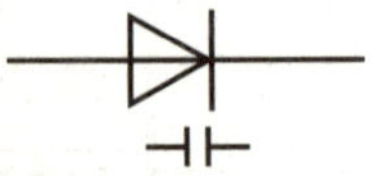	变容二极管	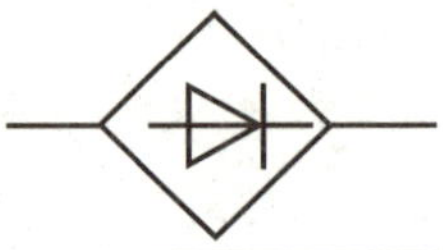	全波桥式整流器

三．其他电气图形符号

图形符号	名称与说明	图形符号	名称与说明
	具有两个电极的压电晶体 注：电极数目可增加	 或 	接机壳或底板
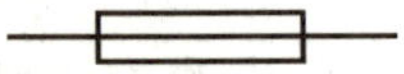	熔断器		导线的连接
	指示灯及信号灯	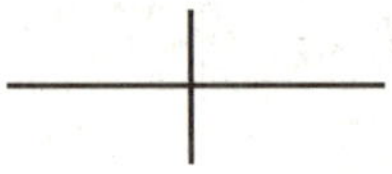	导线的不连接
	扬声器		动合(常开)触点开关
	蜂鸣器		动断(常闭)触点开关
	接大地		手动开关

第二节　常用电子元器件型号命名法及主要技术参数

一．电阻器和电位器

1．电阻器和电位器的型号命名方法

表 1　电阻器型号命名方法

第一部分：主称		第二部分：材料		第三部分：特征分类			第四部分：序号
符号	意义	符号	意义	符号	意义：电阻器	意义：电位器	
R	电阻器	T	碳膜	1	普通	普通	对主称、材料相同，仅性能指标、尺寸大小有差别，但基本不影响互换使用的产品，给予同一序号；若性能指标、尺寸大小明显影响互换时，则在序号后面用大写字母作为区别代号
W	电位器	H	合成膜	2	普通	普通	
		S	有机实芯	3	超高频	——	
		N	无机实芯	4	高阻	——	
		J	金属膜	5	高温	——	
		Y	氧化膜	6	——	——	
		C	沉积膜	7	精密	精密	
		I	玻璃釉膜	8	高压	特殊函数	
		P	硼碳膜	9	特殊	特殊	
		U	硅碳膜	G	高功率	——	
		X	线绕	T	可调	——	
		M	压敏	W	——	微调	
		G	光敏	D	——	多圈	
		R	热敏	B	温度补偿用	——	
				C	温度测量用	——	
				P	旁热式	——	
				W	稳压式	——	
				Z	正温度系数	——	

示例：

(1) 精密金属膜电阻器

R　J　7　3

3 —— 第四部分：序号
7 —— 第三部分：类别（精密）
J —— 第二部分：材料（金属膜）
R —— 第一部分：主称（电阻器）

(2) 多圈线绕电位器

W　X　D　3

3 —— 第四部分：序号
D —— 第三部分：类别（多圈）
X —— 第二部分：材料（线绕）
W —— 第一部分：主称（电位器）

2．电阻器的主要技术指标

(1) 额定功率

电阻器在电路中长时间连续工作不损坏，或不显著改变其性能所允许消耗的最大功率称为电阻器的额定功率。电阻器的额定功率并不是电阻器在电路中工作时一定要消耗的功率，而是电阻器在电路工作中所允许消耗的最大功率。不同类型的电阻具有不同系列的额定功率，如表 2 所示。

表 2　电阻器的功率等级

名称	额定功率（W）					
实芯电阻器	0.25	0.5	1	2	5	—
线绕电阻器	0.5 25	1 35	2 50	6 75	10 100	15 150
薄膜电阻器	0.025 2	0.05 5	0.125 10	0.25 25	0.5 50	1 100

(2) 标称阻值

阻值是电阻的主要参数之一，不同类型的电阻，阻值范围不同，不同精度的电阻其阻值系列亦不同。根据国家标准，常用的标称电阻值系列如表 3 所示。E24、E12 和 E6 系列也适用于电位器和电容器。

表 3　标称值系列

标称值系列	精度	电阻器（⦸）、电位器（⦸）、电容器标称值（PF）							
E24	±5%	1.0 2.2 4.7	1.1 2.4 5.1	1.2 2.7 5.6	1.3 3.0 6.2	1.5 3.3 6.8	1.6 3.6 7.5	1.8 3.9 8.2	2.0 4.3 9.1
E12	±10%	1.0 3.3	1.2 3.9	1.5 4.7	1.8 5.6	2.2 6.8	2.7 8.2	—	—
E6	±20%	1.0	1.5	2.2	3.3	4.7	6.8	8.2	—

表中数值再乘以 10^n，其中n为正整数或负整数。

(3) 允许误差等级

表 4　电阻的精度等级

允许误差(%)	±0.001	±0.002	±0.005	±0.01	±0.02	±0.05	±0.1
等级符号	E	X	Y	H	U	W	B
允许误差(%)	±0.2	±0.5	±1	±2	±5	±10	±20
等级符号	C	D	F	G	J（I）	K（II）	M（III）

3．电阻器的标志内容及方法

(1) 文字符号直标法：用阿拉伯数字和文字符号两者有规律的组合来表示标称阻值，额定功率、允许误差等级等。符号前面的数字表示整数阻值，后面的数字依次表示第一位小数阻值和第二位小数阻值，其文字符号所表示的单位如表 5 所示。如 1R5 表示 1.5Ω，2K7 表示 2.7kΩ，

表 5

文字符号	R	K	M	G	T
表示单位	欧姆(Ω)	千欧姆(10^3Ω)	兆欧姆(10^6Ω)	千兆欧姆(10^9Ω)	兆兆欧姆(10^{12}Ω)

例如：

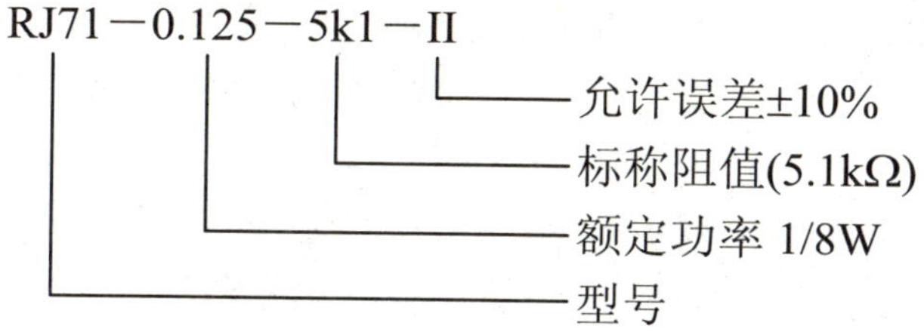

由标号可知，它是精密金属膜电阻器，额定功率为 1/8W，标称阻值为 5.1kΩ，允许误差为±10%。

(2) 色标法： 色标法是将电阻器的类别及主要技术参数的数值用颜色（色环或色点）标注在它的外表面上。色标电阻（色环电阻）器可分为三环、四环、五环三种标法。其含义如图 1 和图 2 所示。

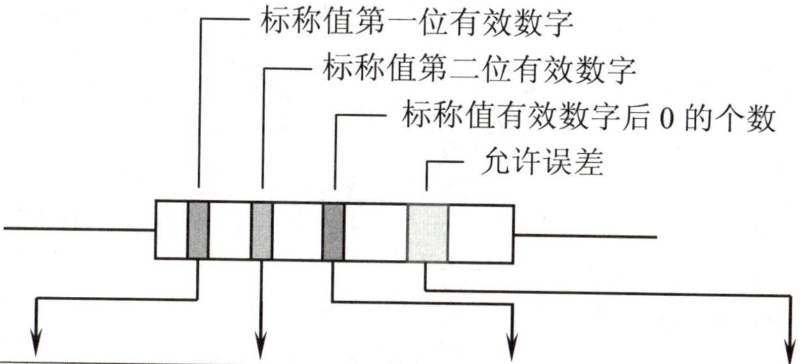

颜　色	第一位有效值	第二位有效值	倍　率	允 许 偏 差
黑	0	0	10^0	
棕	1	1	10^1	
红	2	2	10^2	
橙	3	3	10^3	
黄	4	4	10^4	
绿	5	5	10^5	
蓝	6	6	10^6	
紫	7	7	10^7	
灰	8	8	10^8	
白	9	9	10^9	－20% ~ +50%
金			10^{-1}	± 5%
银			10^{-2}	± 10%
无色				± 20%

图 1　两位有效数字阻值的色环表示法

三色环电阻器的色环表示标称电阻值（允许误差均为±20%）。例如，色环为棕黑红，表示 10×10^2＝1.0kΩ（1±20%）的电阻器。

四色环电阻器的色环表示标称值（二位有效数字）及精度。例如，色环为棕绿橙金表示 15×10^3＝15kΩ（1±5%）的电阻器。

五色环电阻器的色环表示标称值（三位有效数字）及精度。例如，色环为红紫绿黄棕表示 275×10^4＝2.75MΩ（1±1%）的电阻器。

一般四色环和五色环电阻器表示允许误差的色环的特点是该环离其它环的距离较远。较标准的表示应是表示允许误差的色环的宽度是其它色环的（1.5~2）倍。

有些色环电阻器由于厂家生产不规范，无法用上面的特征判断，这时只能借助万用表判断。

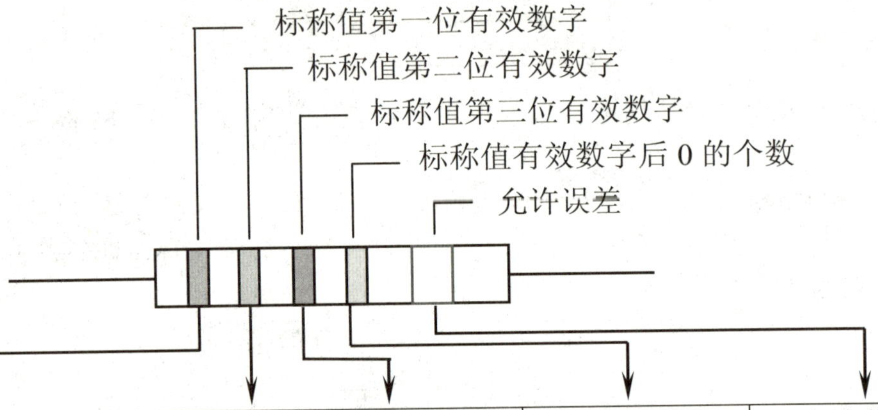

颜色	第一位有效值	第二位有效值	第三位有效值	倍　率	允许偏差
黑	0	0	0	10^0	
棕	1	1	1	10^1	±1%
红	2	2	2	10^2	±2%
橙	3	3	3	10^3	
黄	4	4	4	10^4	
绿	5	5	5	10^5	±0.5%
蓝	6	6	6	10^6	±0.25
紫	7	7	7	10^7	±0.1%
灰	8	8	8	10^8	
白	9	9	9	10^9	
金				10^{-1}	
银				10^{-2}	

图 2　三位有效数字阻值的色环表示法

4．电位器的主要技术指标

(1) 额定功率

电位器的两个固定端上允许耗散的最大功率为电位器的额定功率。使用中应注意额定功率不等于中心抽头与固定端的功率。

(2) 标称阻值

标在产品上的名义阻值，其系列与电阻的系列类似。

(3) 允许误差等级

实测阻值与标称阻值误差范围根据不同精度等级可允许±20%、±10%、±5%、±2%、±1%的误差。精密电位器的精度可达±0.1%。

(4) 阻值变化规律

指阻值随滑动片触点旋转角度（或滑动行程）之间的变化关系，这种变化关系可以是任何函数形式，常用的有直线式、对数式和反转对数式（指数式）。

在使用中，直线式电位器适合于作分压器；反转对数式（指数式）电位器适合于作收音机、录音机、电唱机、电视机中的音量控制器。维修时若找不到同类品，可用直线式代替，但不宜用对数式代替。对数式电位器只适合于作音调控制等。

5．电位器的一般标志方法

WT－2 3.3kΩ ±10%

- WT：碳膜电位器
- 2：额定功率 2W
- 3.3kΩ：标称阻值 3.3kΩ
- ±10%：允许误差±10%

WX－1 510Ω J

- WX：线绕电位器
- 1：额定功率 1W
- 510Ω：标称阻值 510Ω
- J：允许误差±5%

二．电容器

1．电容器型号命名法

表 6 电容器型号命名法

第一部分：主称		第二部分：材料		第三部分：特征、分类						第四部分：序号
符号	意义	符号	意义	符号	意义					
					瓷介	云母	玻璃	电解	其他	
	电容器	C	瓷介	1	圆片	非密封	—	箔式	非密封	对主称、材料相同，仅尺寸、性能指标略有不同，但基本不影响互换使用的产品，给予同一序号；若尺寸性能指标的差别明显；影响互换使用时，则在序号后面用大写字母作为区别代号
		Y	云母	2	管形	非密封	—	箔式	非密封	
		I	玻璃釉	3	迭片	密封	—	烧结粉固体	密封	
		O	玻璃膜	4	独石	密封	—	烧结粉固体	密封	
		Z	纸介	5	穿心	—	—	—	穿心	
		J	金属化纸	6	支柱	—	—	—	—	
		B	聚苯乙烯	7		—	—	无极性	—	
		L	涤纶	8	高压	高压	—	—	高压	
		Q	漆膜	9	—	—	—	特殊	特殊	
		S	聚碳酸脂	J	金属膜					
		H	复合介质	W	微调					
		D	铝							
		A	钽							
		N	铌							
		G	合金							
		T	钛							
		E	其他							

示例：

(1) 铝电解电容器

C D 1 1

- 第四部分：序号
- 第三部分：特征分类（箔式）
- 第二部分：材料（铝）
- 第一部分：主称（电容器）

(2) 圆片形瓷介电容器

C C 1－1

- 第四部分：序号
- 第三部分：特征分类（圆片）
- 第二部分：材料（瓷介质）
- 第一部分：主称（电容器）

(3)纸介金属膜电容器

C Z J X

- 第四部分：序号
- 第三部分：特征分类（金属膜）
- 第二部分：材料（纸介）
- 第一部分：主称（电容器）

2．电容器的主要技术指标

(1) 电容器的耐压： 常用固定式电容的直流工作电压系列为：6.3V，10V，16V，25V，40V，63V，100V，160V，250V，400V。

(2) 电容器容许误差等级：常见的有七个等级如表 7 所示。

表 7

容许误差	±2%	±5%	±10%	±20%	+20% -30%	+50% -20%	+100% -10%
级别	0.2	I	II	III	IV	V	VI

(3) 标称电容量：

表 8 固定式电容器标称容量系列和容许误差

系列代号	E24	E12	E6
容许误差	±5%（I）或（J）	±10%（II）或（K）	±20%（III）或（m）
标称容量对应值	10,11,12,13,15,16,18,20,22,24,27,30,33,36,39,43,47,51,56,62,68,75,82,90	10,12,15,18,22,27,33,39,47,56,68,82	10,15,22,23,47,68

注：标称电容量为表中数值或表中数值再乘以10^n，其中n为正整数或负整数，单位为 pF。

3．电容器的标志方法

(1) 直标法 容量单位：F（法拉）、μF（微法）、nF（纳法）、pF（皮法或微微法）。

1 法拉=10^6 微法=10^{12} 微微法， 1 微法=10^3 纳法=10^6 微微法

1 纳法=10^3 微微法

例如：4n7 —— 表示 4.7nF 或 4700pF，0.22 —— 表示 0.22μF，51 —— 表示 51pF。

有时用大于 1 的两位以上的数字表示单位为 pF 的电容，例如 101 表示 100 pF；用小于 1 的数字表示单位为μF 的电容，例如 0.1 表示 0.1μF。

(2) 数码表示法　一般用三位数字来表示容量的大小，单位为pF。前两位为有效数字，后一位表示位率。即乘以 10^i，i为第三位数字，若第三位数字 9，则乘 10^{-1}。如 223J代表 22×10^3pF ＝22000pF＝0.22μF，允许误差为±5%；又如 479K代表 47×10^{-1}pF，允许误差为±5%的电容。这种表示方法最为常见。

（3）色码表示法　这种表示法与电阻器的色环表示法类似，颜色涂于电容器的一端或从顶端向引线排列。色码一般只有三种颜色，前两环为有效数字，第三环为位率，单位为 pF。有时色环较宽，如红红橙，两个红色环涂成一个宽的，表示 22000pF。

三．电感器

1．电感器的分类

常用的电感器有固定电感器、微调电感器、色码电感器等。变压器、阻流圈、振荡线圈、偏转线圈、天线线圈、中周、继电器以及延迟线和磁头等，都属电感器种类。

2．电感器的主要技术指标

(1) 电感量:

在没有非线性导磁物质存在的条件下，一个载流线圈的磁通量与线圈中的电流成正比其比例常数称为自感系数，用 L 表示，简称为电感。即：

$$L=\frac{\varphi}{I}$$

式中：φ ＝磁通量　　　I ＝电流强度

(2) 固有电容：线圈各层、各匝之间、绕组与底板之间都存在着分布电容。统称为电感器的固有电容。

(3) 品质因数：

电感线圈的品质因数定义为：

$$Q=\frac{\omega L}{R}$$

式中：ω－工作角频率，L－线圈电感量，R－线圈的总损耗电阻。

(4) 额定电流：线圈中允许通过的最大电流。

(5) 线圈的损耗电阻：线圈的直流损耗电阻。

2．电感器电感量的标志方法

(1) 直标法。单位 H（亨利）、mH（毫亨）、μH（微亨）、

(2) 数码表示法。方法与电容器的表示方法相同。

(3) 色码表示法。这种表示法也与电阻器的色标法相似，色码一般有四种颜色，前两种颜色为有效数字，第三种颜色为倍率，单位为μH，第四种颜色是误差位。

四. 半导体分立器件

1. 半导体分立器件的命名方法

（1） 我国半导体分立器件的命名法

表 9　国产半导体分立器件型号命名法

第一部分		第二部分		第三部分				第四部分	第五部分
用数字表示器件电极的数目		用汉语拼音字母表示器件的材料和极性		用汉语拼音字母表示器件的类型				用数字表示器件序号	用汉语拼音表示规格的区别代号
符号	意义	符号	意义	符号	意义	符号	意义		
2	二极管	A	N 型，锗材料	P	普通管	D	低频大功率管		
		B	P 型，锗材料	V	微波管		（f_{α} <3MHz,		
		C	N 型，硅材料	W	稳压管		$p_C \geq 1W$)		
		D	P 型，硅材料	C	参量管	A	高频大功率管		
				Z	整流管		（$f_{\alpha} \geq 3MHz$		
3	三极管	A	PNP 型，锗材料	L	整流堆		$p_C \geq 1W$）		
		B	NPN 型，锗材料	S	隧道管	T	半导体闸流管		
		C	PNP 型，硅材料	N	阻尼管		(可控硅整流器)		
		D	NPN 型，硅材料	U	光电器件	Y	体效应器件		
		E	化合物材料	K	开关管	B	雪崩管		
				X	低频小功率管	J	阶跃恢复管		
					（f_{α} <3MHz,	CS	场效应器件		
					$p_C<1W$）	BT	半导体特殊器件		
				G	高频小功率管	FH	复合管		
					（$f_{\alpha} \geq 3MHz$	PIN	PIN 型管		
					$p_C<1W$）	JG	激光器件		

例：

1) 锗材料 PNP 型低频大功率三极管：

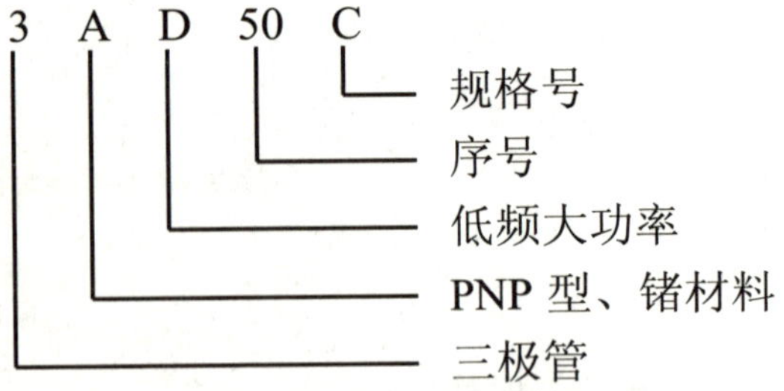

2) 硅材料 NPN 型高频小功率三极管：

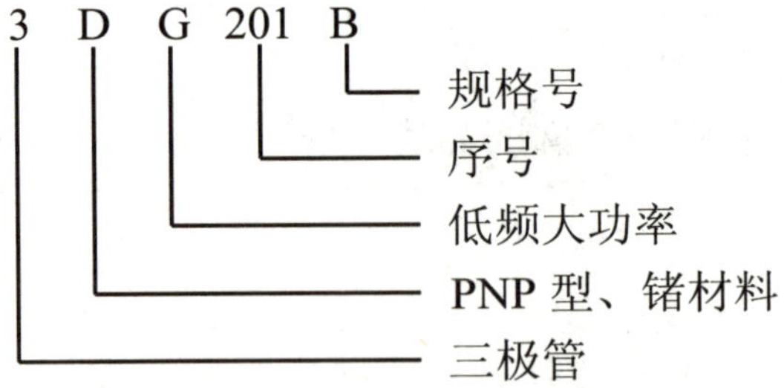

3) N 型硅材料稳压二极管：

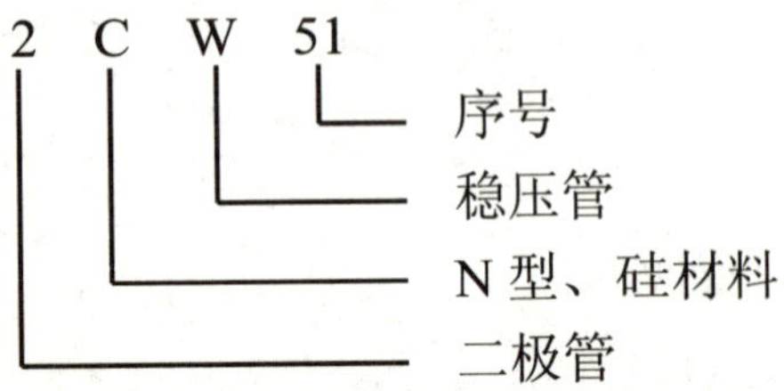

4) 单结晶体管：

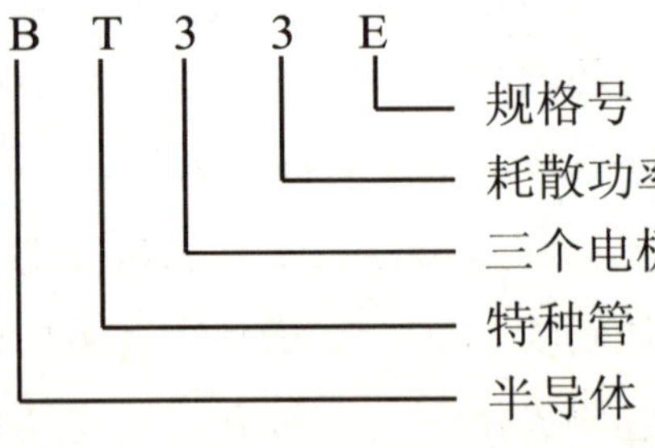

（2）国际电子联合会半导体器件命名法

表 10　国际电子联合会半导体器件型号命名法

<table>
<tr><td colspan="2">第一部分</td><td colspan="4">第二部分</td><td colspan="2">第三部分</td><td colspan="2">第四部分</td></tr>
<tr><td colspan="2">用字母表示使用的材料</td><td colspan="4">用字母表示类型及主要特性</td><td colspan="2">用数字或字母加数字表示登记号</td><td colspan="2">用字母对同一型号者分档</td></tr>
<tr><td>符号</td><td>意义</td><td>符号</td><td>意义</td><td>符号</td><td>意义</td><td>符号</td><td>意义</td><td>符号</td><td>意义</td></tr>
<tr><td rowspan="2">A</td><td rowspan="2">锗材料</td><td>A</td><td>检波、开关和混频二极管</td><td>M</td><td>封闭磁路中的霍尔元件</td><td rowspan="5">三位数字</td><td rowspan="5">通用半导体器件的登记序号（同一类型器件使用同一登记号）</td><td rowspan="10">A
B
C
D
E
…</td><td rowspan="10">同一型号器件按某一参数进行分挡的标志</td></tr>
<tr><td>B</td><td>变容二极管</td><td>P</td><td>光敏元件</td></tr>
<tr><td rowspan="2">B</td><td rowspan="2">硅材料</td><td>C</td><td>低频小功率三极管</td><td>Q</td><td>发光器件</td></tr>
<tr><td>D</td><td>低频大功率三极管</td><td>R</td><td>小功率可控硅</td></tr>
<tr><td rowspan="2">C</td><td rowspan="2">砷化镓</td><td>E</td><td>隧道二极管</td><td>S</td><td>小功率开关管</td></tr>
<tr><td>F</td><td>高频小功率三极管</td><td>T</td><td>大功率可控硅</td><td rowspan="5">一个字母加两位数字</td><td rowspan="5">专用半导体器件的登记序号（同一类型器件使用同一登记号）</td></tr>
<tr><td rowspan="2">D</td><td rowspan="2">锑化铟</td><td>G</td><td>复合器件及其它器件</td><td>U</td><td>大功率开关管</td></tr>
<tr><td>H</td><td>磁敏二极管</td><td>X</td><td>倍增二极管</td></tr>
<tr><td rowspan="2">R</td><td rowspan="2">复合材料</td><td>K</td><td>开放磁路中的霍尔元件</td><td>Y</td><td>整流二极管</td></tr>
<tr><td>L</td><td>高频大功率三极管</td><td>Z</td><td>稳压二极管即齐纳二极管</td></tr>
</table>

示例（命名）：

A　F　239　S

- S：AF239 型某一参数的 S 挡
- 239：普通用登记序号
- F：高频小功率三极管
- A：锗材料

国际电子联合会晶体管型号命名法的特点：

1) 这种命名法被欧洲许多国家采用。因此，凡型号以两个字母开头，并且第一个字母是 A，B，C，D 或 R 的晶体管，大都是欧洲制造的产品，或是按欧洲某一厂家专利生产的产品。

2) 第一个字母表示材料（A 表示锗管，B 表示硅管），但不表示极性（NPN 型或 PNP 型）。

3) 第二个字母表示器件的类别和主要特点。如 C 表示低频小功率管，D 表示低频大功率管，F 表示高频小功率管，L 表示高频大功率管等等。若记住了这些字母的意义，不查手册也可以判断出类别。例如，BL49 型，一见便知是硅大功率专用二极管。

4) 第三部分表示登记顺序号。三位数字者为通用品；一个字母加两位数字者为专用品，顺序号相邻的两个型号的特性可能相差很大。例如，AC184 为 PNP 型，而 AC185 则为 NPN 型。

5) 第四部分字母表示同一型号的某一参数（如h_{FE}或N_F）进行分挡。

6) 型号中的符号均不反映器件的极性（指 NPN 或 PNP）。极性的确定需查阅手册或测量。

(3) 美国半导体器件型号命名法

美国晶体管或其他半导体器件的型号命名法较混乱。这里介绍的是美国晶体管标准型号命名法，即美国电子工业协会（EIA）规定的晶体管分立器件型号的命名法。如表 11 所示。

表 11　美国电子工业协会半导体器件型号命名法

第一部分		第二部分		第三部分		第四部分		第五部分	
用符号表示用途的类型		用数字表示PN 结的数目		美国电子工业协会(EIA)注册标志		美国电子工业协会(EIA)登记顺序号		用字母表示器件分档	
符号	意义	符号	意义	符号	意义	符号	意义	符号	意义
JAN或J	军用品	1	二极管	N	该器件已在美国电子工业协会注册登记	多位数字	该器件在美国电子工业协会登记的顺序号	A B C D …	同一型号的不同档别
		2	三极管						
无	非军用品	3	三个 PN 结器件						
		n	n 个 PN 结器件						

例：

1) JAN2N2904

JAN　2　N　2904
- 2904 — EIA 登记序号
- N — EIA 注册标志
- 2 — 三极管
- JAN — 军用品

2) 1N4001

1　N　4001
- 4001 — EIA 登记序号
- N — EIA 注册标志
- 1 — 二极管

美国晶体管型号命名法的特点：

1) 型号命名法规定较早，又未作过改进，型号内容很不完备。例如，对于材料、极性、主要特性和类型，在型号中不能反映出来。例如，2N 开头的既可能是一般晶体管，也可能是场效应管。因此，仍有一些厂家按自己规定的型号命名法命名。

2) 组成型号的第一部分是前缀，第五部分是后缀，中间的三部分为型号的基本部分。

3) 除去前缀以外，凡型号以 1N、2N 或 3N……开头的晶体管分立器件，大都是美国制造的，或按美国专利在其它国家制造的产品。

4) 第四部分数字只表示登记序号，而不含其它意义。因此，序号相邻的两器件可能特性相差很大。例如，2N3464 为硅 NPN，高频大功率管，而 2N3465 为 N 沟道场效应管。

5) 不同厂家生产的性能基本一致的器件，都使用同一个登记号。同一型号中某些参数的差异常用后缀字母表示。因此，型号相同的器件可以通用。

6) 登记序号数大的通常是近期产品。

(4) 日本半导体器件型号命名法

日本半导体分立器件（包括晶体管）或其它国家按日本专利生产的这类器件，都是按日本工业标准（JIS）规定的命名法（JIS－C－702）命名的。

日本半导体分立器件的型号，由五至七部分组成。通常只用到前五部分。前五部分符号及意义如表 12 所示。第六、七部分的符号及意义通常是各公司自行规定的。第六部分的符号表示特殊的用途及特性，其常用的符号有：

M－松下公司用来表示该器件符合日本防卫厅海上自卫队参谋部有关标准登记的产品。

N－松下公司用来表示该器件符合日本广播协会（NHK）有关标准的登记产品。

Z－松下公司用来表示专用通信用的可靠性高的器件。

H－日立公司用来表示专为通信用的可靠性高的器件。

K－日立公司用来表示专为通信用的塑料外壳的可靠性高的器件。

T－日立公司用来表示收发报机用的推荐产品。

G－东芝公司用来表示专为通信用的设备制造的器件。

S－三洋公司用来表示专为通信设备制造的器件。

第七部分的符号，常被用来作为器件某个参数的分挡标志。例如，三菱公司常用R，G，Y等字母；日立公司常用A，B，C，D等字母，作为直流放大系数h_{FE}的分挡标志。

表12　日本半导体器件型号命名法

第一部分		第二部分		第三部分		第四部分		第五部分	
用数字表示类型或有效电极数		S表示日本电子工业协会（EIAJ）的注册产品		用字母表示器件的极性及类型		用数字表示在日本电子工业协会登记的顺序号		用字母表示对原来型号的改进产品	
符号	意义	符号	意义	符号	意义	符号	意义	符号	意义
0	光电(即光敏)二极管、晶体管及其组合管	S	表示已在日本电子工业协会(EIAJ)注册登记的半导体分立器件	A	PNP型高频管	四位以上的数字	从11开始，表示在日本电子工业协会注册登记的顺序号，不同公司性能相同的器件可以使用同一顺序号，其数字越大越是近期产品	A B C D E F ……	用字母表示对原来型号的改进产品
1	二极管			B	PNP型低频管				
2	三极管、具有两个以上PN结的其他晶体管			C	NPN型高频管				
3 ……	具有四个有效电极或具有三个PN结的晶体管			D	NPN型低频管				
n-1	具有n个有效电极或具有n-1个PN结的晶体管			F	P控制极可控硅				
				G	N控制极可控硅				
				H	N基极单结晶体管				
				J	P沟道场效应管				
				K	N沟道场效应管				
				M	双向可控硅				

示例：

1）2SC502A（日本收音机中常用的中频放大管）

2　S　C　502　A

A — 2SC502型的改进产品

502 — 日本电子工业协会登记顺序号

C — NPN型高频三极管

S — 日本电子工业协会注册产品

2 — 三极管（两个PN结）

2）2SA495（日本夏普公司GF－9494收录机用小功率管）

2　S　A　495

495 — 日本电子工业协会登记顺序号

——— PNP 高频管
———— 日本电子工业协会注册产品
————— 三极管（两个 PN 结）

日本半导体器件型号命名法有如下特点：

1) 型号中的第一部分是数字，表示器件的类型和有效电极数。例如，用“1”表示二极管，用“2”表示三极管。而屏蔽用的接地电极不是有效电极。

2) 第二部分均为字母 S，表示日本电子工业协会注册产品，而不表示材料和极性。

3) 第三部分表示极性和类型。例如用 A 表示 PNP 型高频管，用 J 表示 P 沟道场效应三极管。但是，第三部分既不表示材料，也不表示功率的大小。

4) 第四部分只表示在日本工业协会（EIAJ）注册登记的顺序号，并不反映器件的性能，顺序号相邻的两个器件的某一性能可能相差很远。例如，2SC2680 型的最大额定耗散功率为 200mW，而 2SC2681 的最大额定耗散功率为 100W。但是，登记顺序号能反映产品时间的先后。登记顺序号的数字越大，越是近期产品。

5) 第六、七两部分的符号和意义各公司不完全相同。

6) 日本有些半导体分立器件的外壳上标记的型号，常采用简化标记的方法，即把 2S 省略。例如，2SD764，简化为 D764，2SC502A 简化为 C502A。

7) 在低频管（2SB和 2SD型）中，也有工作频率很高的管子。例如，2SD355 的特征频率f_T为 100MHz，所以，它们也可当高频管用。

8) 日本通常把p_{cm}≥1W的管子，称做大功率管。

2．常用半导体二极管的主要参数

表 13　部分半导体二极管的参数

类型	参数 型号	最大整流电流/mA	正向电流/mA	正向压降(在左栏电流值下)/V	反向击穿电压/V	最高反向工作电压/V	反向电流/μA	零偏压电容/pF	反向恢复时间/ns
普通检波二极管	2AP9	≤16	≥2.5	≤1	≥40	20	≤250	≤1	f_H(MHz)150
	2AP7		≥5		≥150	100			
	2AP11	≤25	≥10	≤1		≤10	≤250	≤1	f_H(MHz)40
	2AP17	≤15	≥10			≤100			
锗开关二极管	2AK1				30	10			
	2AK2		≥150	≤1	40	20		≤3	≤200
	2AK5		≥200	≤0.9	60	40		≤2	≤150
	2AK10		≥10	≤1	70	50		≤2	≤150
	2AK13				60	40			
	2AK14		≥250	≤0.7	70	50			
硅开关二极管	2CK70A~E		≥10	≤0.8				≤1.5	≤3
	2CK71A~E		≥20		A≥30	A≥20			≤4
	2CK72A~E		≥30		B≥45	B≥30		≤1	≤5
	2CK73A~E		≥50	≤1	C≥60	C≥40			
	2CK74A~D		≥100		D≥75	D≥50			
	2CK75A~D		≥150		E≥90	E≥60			
	2CK76A~D		≥200						

类型	参数 型号	最大整流电流/mA	正向电流/mA	正向压降(在左栏电流值下)/V	反向击穿电压/V	最高反向工作电压/V	反向电流/μA	零偏压电容/pF	反向恢复时间/ns

整流二极管	2CZ52B … H	2	0.1	≤1		25 … 600			同2AP 普通二极管
	2CZ53B … M	6	0.3	≤1		50 … 1000			
	2CZ54B … M	10	0.5	≤1		50 … 1000			
	2CZ55B … M	20	1	≤1		50 … 1000			
	2CZ56B … B	65	3	≤0.8		25 … 1000			
	1N4001 … 4007	30	1	1.1		50 … 1000	5		
	1N5391 … 5399	50	1.5	1.4		50 … 1000	10		
	1N5400 … 5408	200	3	1.2		50 … 1000	10		

3.常用整流桥的主要参数

表 14　几种单相桥式整流器的参数

参数 型号	不重复正向浪涌电流/A	整流电流/A	正向电压降/V	反向漏电/μA	反向工作电压/V	最高工作结温/°C
QL1	1	0.05	≤1.2	≤10	常见的分挡为：25，50，100，200，400，500，600，700，800，900，1000	130
QL2	2	0.1				
QL4	6	0.3				
QL5	10	0.5				
QL6	20	1				
QL7	40	2		≤15		
QL8	60	3				

4.常用稳压二极管的主要参数

表 15　部分稳压二极管的主要参数

测试条件 参数 型号	工作电流为稳定电流	稳定电压下	环境温度<50°C		稳定电流下	稳定电流下	环境温度＜10°C
	稳定电压/V	稳定电流/mA	最大稳定电流/mA	反向漏电流	动态电阻/Ω	电压温度系数/10^{-4}/°C	最大耗散功率/W
2CW51	2.5~3.5	10	71	≤5	≤60	≥-9	0.25
2CW52	3.2~4.5		55	≤2	≤70	≥-8	
2CW53	4~5.8		41	≤1	≤50	-6~4	
2CW54	5.5~6.5		38	≤0.5	≤30	-3~5	
2CW56	7~8.8		27		≤15	≤7	
2CW57	8.5~9.8		26		≤20	≤8	
2CW59	10~11.8	5	20		≤30	≤9	
2CW60	11.5~12.5		19		≤40	≤9	
2CW103	4~5.8	50	165	≤1	≤20	-6~4	1
2CW110	11.5~12.5	20	76	≤0.5	≤20	≤9	
2CW113	16~19	10	52	≤0.5	≤40	≤11	
2CW1A	5	30	240		≤20		1
2CW6C	15	30	70		≤8		1
2CW7C	6.0~6.5	10	30		≤10	0.05	0.2

5.常用半导体三极管的主要参数

(1) 3AX51(3AX31)型 PNP 型锗低频小功率三极管

表 16　3AX51(3AX31)型半导体三极管的参数

原型号		3AX31				测试条件
新型号		3AX51A	3AX51B	3AX51C	3AX51D	
极限参数	P_{CM}/mW	100	100	100	100	T_a＝25°C
	I_{CM}/mA	100	100	100	100	
	T_{jM}/°C	75	75	75	75	
	BV_{CBO}/V	≥30	≥30	≥30	≥30	I_C＝1mA
	BV_{CEO}/V	≥12	≥12	≥18	≥24	I_C＝1mA
直流参数	I_{CBO}/μA	≤12	≤12	≤12	≤12	V_{CB}＝-10V
	I_{CEO}/μA	≤500	≤500	≤300	≤300	V_{CE}＝-6V
	I_{EBO}/μA	≤12	≤12	≤12	≤12	V_{EB}＝-6V
	h_{FE}	40~150	40~150	30~100	25~70	V_{CE}＝-1V　I_C＝50mA
交流参数	f_α/kHz	≥500	≥500	≥500	≥500	V_{CB}＝-6V　I_E＝1mA
	N_F/dB	—	≤8	—	—	V_{CB}＝-2V　I_E＝0.5mA　f＝1kHz
	h_{ie}/kΩ	0.6~4.5	0.6~4.5	0.6~4.5	0.6~4.5	V_{CB}＝-6V　I_E＝1mA　f＝1kHz
	h_{re}/×10	≤2.2	≤2.2	≤2.2	≤2.2	
	h_{oe}/μs	≤80	≤80	≤80	≤80	
	h_{fe}	—	—	—	—	
h_{FE}色标分挡		(红)25~60；(绿)50~100；(蓝)90~150				
管脚		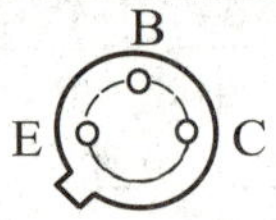				

（2）3AX81 型 PNP 型锗低频小功率三极管

表 17　3AX81 型 PNP 型锗低频小功率三极管的参数

型号		3AX81A	3AX81B	测试条件
极限参数	P_{CM}/mW	200	200	
	I_{CM}/mA	200	200	
	T_{jM}/°C	75	75	
	BV_{CBO}/V	-20	-30	I_C＝4mA
	BV_{CEO}/V	-10	-15	I_C＝4mA
	BV_{EBO}/V	-7	-10	I_E＝4mA
直流参数	I_{CBO}/μA	≤30	≤15	V_{CB}＝-6V
	I_{CEO}/μA	≤1000	≤700	V_{CE}＝-6V
	I_{EBO}/μA	≤30	≤15	V_{EB}＝-6V
	V_{BES}/V	≤0.6	≤0.6	V_{CE}＝-1V　I_C＝175mA
	V_{CES}/V	≤0.65	≤0.65	V_{CE}＝V_{BE}　V_{CB}＝0　I_C＝200mA
	h_{FE}	40~270	40~270	V_{CE}＝-1V　I_C＝175mA
交流参数	f_β/kHz	≥6	≥8	V_{CB}＝-6V　I_E＝10mA
h_{FE}色标分挡		(黄)40~55 (绿)55~80 (蓝)80~120 (紫)120~180 (灰)180~270 (白)270~400		
管脚		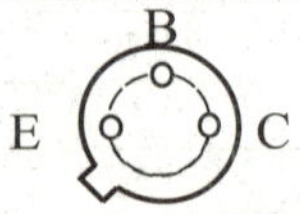		

（3）3BX31 型 NPN 型锗低频小功率三极管

表 18　**3BX31 型 NPN 型锗低频小功率三极管的参数**

型　号		3BX31M	3BX31A	3BX31B	3BX31C	测 试 条 件
极限参数	P_{CM}/mW	125	125	125	125	T_a=25°C
	I_{CM}/mA	125	125	125	125	
	T_{jM}/°C	75	75	75	75	
	BV_{CBO}/V	-15	-20	-30	-40	I_C=1mA
	BV_{CEO}/V	-6	-12	-18	-24	I_C=2mA
	BV_{EBO}/V	-6	-10	-10	-10	I_E=1mA
直流参数	I_{CBO}/μA	≤25	≤20	≤12	≤6	V_{CB}=6V
	I_{CEO}/μA	≤1000	≤800	≤600	≤400	V_{CE}=6V
	I_{EBO}/μA	≤25	≤20	≤12	≤6	V_{EB}=6V
	V_{BES}/V	≤0.6	≤0.6	≤0.6	≤0.6	V_{CE}=6V　I_C=100mA
	V_{CES}/V	≤0.65	≤0.65	≤0.65	≤0.65	$V_{CE}=V_{BE}$　V_{CB}=0　I_C=125mA
	h_{FE}	80~400	40~180	40~180	40~180	V_{CE}=1V　I_C=100mA
交流参数	$f_β$/kHz	—	—	≥8	$f_α$≥465	V_{CB}=-6V　I_E=10mA
h_{FE}色标分挡		(黄)40~55 (绿)55~80 (蓝)80~120 (紫)120~180 (灰)180~270 (白)270~400				
管　脚		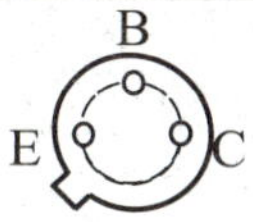				

(4) 3DG100(3DG6) 型 NPN 型硅高频小功率三极管

表 19　3DG100(3DG6) 型 NPN 型硅高频小功率三极管的参数

原　型　号		3DG6				测 试 条 件
新　型　号		3DG100A	3DG100B	3DG100C	3DG100D	
极限参数	P_{CM}/mW	100	100	100	100	
	I_{CM}/mA	20	20	20	20	
	BV_{CBO}/V	≥30	≥40	≥30	≥40	I_C=100μA
	BV_{CEO}/V	≥20	≥30	≥20	≥30	I_C=100μA
	BV_{EBO}/V	≥4	≥4	≥4	≥4	I_E=100μA
直流参数	I_{CBO}/μA	≤0.01	≤0.01	≤0.01	≤0.01	V_{CB}=10V
	I_{CEO}/μA	≤0.1	≤0.1	≤0.1	≤0.1	V_{CE}=10V
	I_{EBO}/μA	≤0.01	≤0.01	≤0.01	≤0.01	V_{EB}=1.5V
	V_{BES}/V	≤1	≤1	≤1	≤1	I_C=10mA　I_B=1mA
	V_{CES}/V	≤1	≤1	≤1	≤1	I_C=10mA　I_B=1mA
	h_{FE}	≥30	≥30	≥30	≥30	V_{CE}=10V　I_C=3mA
交流参数	f_T/MHz	≥150	≥150	≥300	≥300	V_{CB}=10V I_E=3mA f=100MHz R_L=5Ω
	K_P/dB	≥7	≥7	≥7	≥7	V_{CB}=-6V　I_E=3mA　f=100MHz
	C_{ob}/pF	≤4	≤4	≤4	≤4	V_{CB}=10V　I_E=0
h_{FE}色标分挡		(红)30~60　(绿)50~110　(蓝)90~160　(白)>150				
管　脚		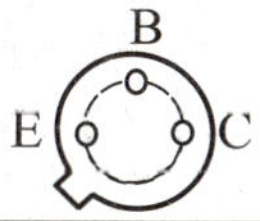				

(5) 3DG130(3DG12) 型 NPN 型硅高频小功率三极管

表 20　3DG130(3DG12) 型 NPN 型硅高频小功率三极管的参数

原型号		3DG12				测试条件
新型号		3DG130A	3DG130B	3DG130C	3DG130D	
极限参数	P_{CM}/mW	700	700	700	700	
	I_{CM}/mA	300	300	300	300	
	BV_{CBO}/V	≥ 40	≥ 60	≥ 40	≥ 60	I_C=100μA
	BV_{CEO}/V	≥ 30	≥ 45	≥ 30	≥ 45	I_C=100μA
	BV_{EBO}/V	≥ 4	≥ 4	≥ 4	≥ 4	I_E=100μA
直流参数	I_{CBO}/μA	≤ 0.5	≤ 0.5	≤ 0.5	≤ 0.5	V_{CB}=10V
	I_{CEO}/μA	≤ 1	≤ 1	≤ 1	≤ 1	V_{CE}=10V
	I_{EBO}/μA	≤ 0.5	≤ 0.5	≤ 0.5	≤ 0.5	V_{EB}=1.5V
	V_{BES}/V	≤ 1	≤ 1	≤ 1	≤ 1	I_C=100mA　I_B=10mA
	V_{CES}/V	≤ 0.6	≤ 0.6	≤ 0.6	≤ 0.6	I_C=100mA　I_B=10mA
	h_{FE}	≥30	≥ 30	≥ 30	≥ 30	V_{CE}=10V　I_C=50mA
交流参数	f_T/MHz	≥ 150	≥ 150	≥ 300	≥ 300	V_{CB}=10V I_E=50mA f=100MHz R_L=5Ω
	K_P/dB	≥ 6	≥ 6	≥ 6	≥ 6	V_{CB}=–10V　I_E=50mA　f=100MHz
	C_{ob}/pF	≤ 10	≤ 10	≤ 10	≤ 10	V_{CB}=10V　I_E=0
h_{FE}色标分挡		(红)30~60　(绿)50~110　(蓝)90~160　(白)>150				
管脚		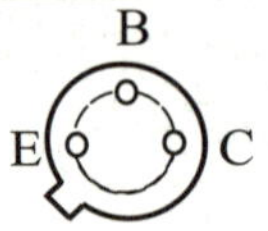				

(5) 9011~9018 塑封硅三极管

表 21　9011~9018 塑封硅三极管的参数

型号		(3DG) 9011	(3CX) 9012	(3DX) 9013	(3DG) 9014	(3CG) 9015	(3DG) 9016	(3DG) 9018
极限参数	P_{CM}/mW	200	300	300	300	300	200	200
	I_{CM}/mA	20	300	300	100	100	25	20
	BV_{CBO}/V	20	20	20	25	25	25	30
	BV_{CEO}/V	18	18	18	20	20	20	20
	BV_{EBO}/V	5	5	5	4	4	4	4
直流参数	I_{CBO}/μA	0.01	0.5	0,5	0.05	0.05	0.05	0.05
	I_{CEO}/μA	0.1	1	1	0.5	0.5	0.5	0.5
	I_{EBO}/μA	0.01	0.5	0,5	0.05	0.05	0.05	0.05
	V_{CES}/V	0.5	0.5	0.5	0.5	0.5	0.5	0.35
	V_{BES}/V		1	1	1	1	1	1
	h_{FE}	30	30	30	30	30	30	30
交流参数	f_T/MHz	100			80	80	500	600
	C_{ob}/pF	3.5			2.5	4	1.6	4
	K_P/dB							10
h_{FE}色标分挡		(红)30~60　(绿)50~110　(蓝)90~160　(白)>150						
管脚								

6．常用场效应管主要参数

表 22　常用场效应三极管主要参数

参数名称	N 沟道结型				MOS 型 N 沟道耗尽型		
	3DJ2	3DJ4	3DJ6	3DJ7	3D01	3D02	3D04
	D~H	D~H	D~H	D~H	D~H	D~H	D~H
饱和漏源电流I_{DSS}/mA	0.3~10	0.3~10	0.3~10	0.35~1.8	0.35~10	0.35~25	0.35~10.5
夹断电压V_{GS}/V	$<\|1\sim9\|$	$<\|1\sim9\|$	$<\|1\sim9\|$	$<\|1\sim9\|$	$\leq\|1\sim9\|$	$\leq\|1\sim9\|$	$\leq\|1\sim9\|$
正向跨导g_m/μV	>2000	>2000	>1000	>3000	≥1000	≥4000	≥2000
最大漏源电压BV_{DS}/V	>20	>20	>20	>20	>20	>12~20	>20
最大耗散功率P_{DNI}/mW	100	100	100	100	100	25~100	100
栅源绝缘电阻r_{GS}/Ω	$\geq10^8$	$\geq10^8$	$\geq10^8$	$\geq10^8$	$\geq10^8$	$\geq10^8\sim10^9$	≥100
管脚							

五．模拟集成电路

1.模拟集成电路命名方法（国产）

表 23　器件型号的组成

第 0 部分		第一部分		第二部分	第三部分		第四部分	
用字母表示器件符合国家标准		用字母表示器件的类型		用阿拉伯数字表示器件的系列和品种代号	用字母表示器件的工作温度范围		用字母表示器件的封装	
符号	意义	符号	意义		符号	意义	符号	意义
C	中国制造	T	TTL		C	0~70°C	W	陶瓷扁平
		H	HTL		E	-40~85°C	B	塑料扁平
		E	ECL		R	-55~85°C	F	全封闭扁平
		C	CMOS		M	-55~125°C	D	陶瓷直插
		F	线性放大器		…	……	P	塑料直插
		D	音响、电视电路		…		J	黑陶瓷直插
		W	稳压器				K	金属菱形
		J	接口电路				T	金属圆形

例：

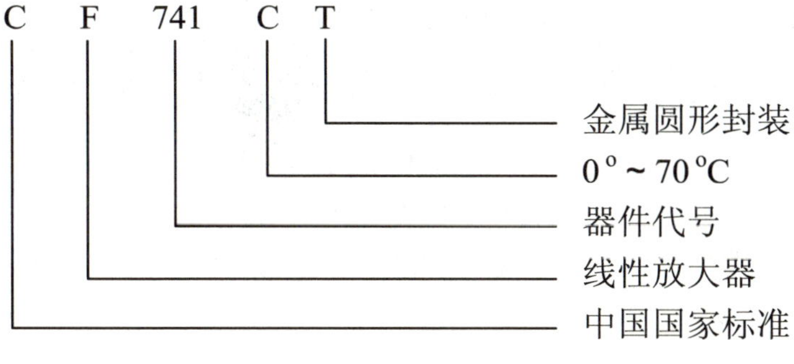

2．国外部分公司及产品代号

表 24　国外部分公司及产品代号

公司名称	代号	公司名称	代号
美国无线电公司(BCA)	CA	美国悉克尼特公司(SIC)	NE
美国国家半导体公司 (NSC)	LM	日本电气工业公司(NEC)	μPC
美国莫托洛拉公司(MOTA)	MC	日本日立公司(HIT)	RA
美国仙童公司(PSC)	μA	日本东芝公司(TOS)	TA
美国德克萨斯公司(TII)	TL	日本三洋公司(SANYO)	LA，LB
美国模拟器件公司(ANA)	AD	日本松下公司	AN
美国英特西尔公司(INL)	IC	日本三菱公司	M

3．部分模拟集成电路引脚排列

(1) 运算放大器，如图 3 所示：

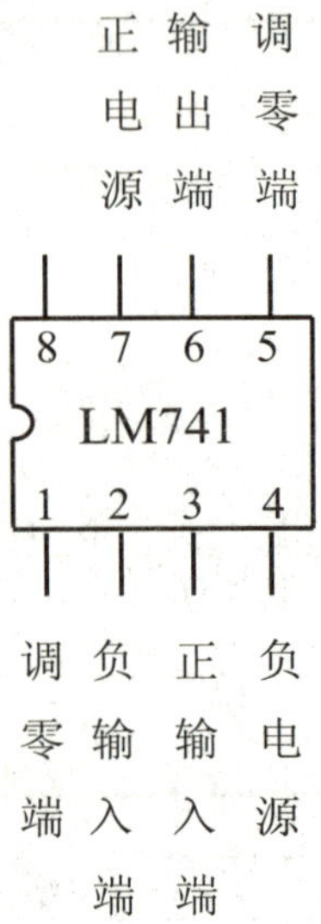

图 3

(2) 音频功率放大器，如图所示：

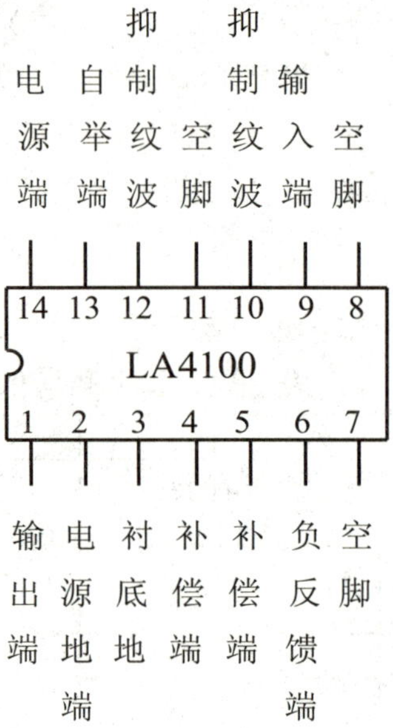

图 4

(3) 集成稳压器，如图所示：

图 5

4．部分模拟集成电路主要参数

(1) μA741 运算放大器的主要参数

表 25　μA741 的性能参数

电源电压+U_{CC} -U_{EE}	+3V~+18V，典型值+15V -3V~-18V，　　　　-15V	工　作　频　率	10kHz
输入失调电压U_{IO}	2mV	单位增益带宽积A_u•BW	1MHz
输入失调电流I_{IO}	20nA	转换速率S_R	0.5V/μS
开环电压增益A_{uo}	106dB	共模抑制比 CMRR	90dB
输入电阻R_i	2MΩ	功率消耗	50mW
输出电阻R_o	75Ω	输入电压范围	±13V

(2) LA4100、LA4102 音频功率放大器的主要参数

表 26　　LA4100~LA4102 的典型参数

参数名称/单位	条　　件	典　型　值	
		LA4100	LA4102
耗散电流/mA	静　　态	30.0	26.1
电压增益/dB	R_{NF}＝220Ω，f＝1kHz	45.4	44.4
输出功率/W	THD＝10%，f＝1kHz	1.9	4.0
总谐波失真×100	P_0＝0.5W，f＝1kHz	0.28	0.19
输出噪声电压/mV	R_g＝0，U_G＝45dB	0.24	0.21

注：+U_{CC}＝+6V(LA4100)+U_{CC}＝+9V(LA4102)　R_L＝8Ω

(3) CW7805、CW7812、CW7912、CW317 集成稳压器的主要参数

表 27　CW78××，CW79××，CW317 参数

参数名称/单位	CW7805	CW7812	CW7912	CW317
输入电压/V	+10	+19	-19	≤40
输出电压范围/V	+4.75~+5.25	+11.4~+12.6	-11.4~-12.6	+1.2~+37
最小输入电压/V	+7	+14	-14	+3≤V_i-V_o≤+40
电压调整率/mV	+3	+3	+3	0.02%/V
最大输出电流/A	加散热片可达 1A			1.5

企业信息目录

策划：北京国通伟业市场信息咨询中心

特殊版面

1.东莞市中之电子科技有限公司

2.江苏添福产品服务有限公司上海分公司

3.莱茵技术（上海）有限公司

4.陕西海泰电子有限责任公司

5.道康宁（中国）管理有限公司

6.上海蓝光科技有限公司

7.杭州紫光网络技术有限公司

8.江苏天瑞仪器股份有限公司

9.耐驰科学仪器商贸（上海）有限公司

10.安捷伦科技（中国）有限公司

11.村田（中国）投资有限公司

双彩部分

12.上海环翼环境科技有限公司

13.美国蓝氏企业上海代表处

14.通标标准技术服务有限公司

15.杭州青绿蓝环境技术有限公司

16.中蓝晨光化工研究院有限公司

17.北京碧蓝鼎盛信息咨询有限公司

18.西格玛奥德里奇（上海）贸易有限公司

19.雄迈电子科技贸易（上海）有限公司

彩色部分

20.锦恩光学设备有限公司

21.沃特世科技（上海）有限公司

22.深圳同方电子新材料有限公司

23.梅特勒-托利多仪器（上海）有限公司

24.国巨股份有限公司

25.南通江海电容器股份有限公司

26.河源华拓电子股份有限公司

27.爱普科斯（中国）投资有限公司

28.精工盈司电子科技（上海）有限公司

29.掘场贸易（上海）有限公司

30.福州欧中电子有限公司

31.深圳市宇阳科技发展有限公司

32.广州市精准科技贸易有限公司

33.深圳市唯特偶新材料股份有限公司

34.上海尤耐化工新材料有限公司

35.禾伸堂国际贸易（上海）有限公司

36.北京京国艺科技发展有限公司

37.广州瀚源电子科技有限公司

38.兴勤电子工业股份有限公司

39.上海永铭电子有限公司

40.苏州苏试试验仪器有限公司

41.北京五洲东方科技发展有限公司

42.安捷伦科技（中国）有限公司

43.南京纳特通信电子有限公司

44.洛阳轴研科技股份有限公司

45.岛津国际贸易（上海）有限公司

46.泰克科技（中国）有限公司

47.中航工业北京航空材料研究院

企业信息目录

策划：北京国通伟业市场信息咨询中心

黑白部分

Holy Stone

特殊陶瓷电容优秀方案供应商

值 得 您 信 赖 的 伙 伴

禾伸堂 Holy Stone

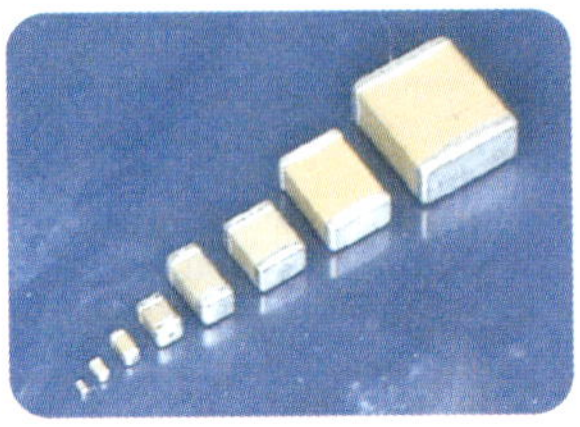

1981年6月成立，成为专业的电子零件代理商。开创以来，在创办人深厚的电子技术背景前导下，建立扎实的专业技术服务基础。1999年，在龙潭设立生产基地，自制生产积层陶瓷电容，创立HEC自有品牌，成为被动零件主要的供货商，深获客户的信赖。1993年积极投入主动组件代理业务，成为高技术及高附加价值的Design-in型IC零件通路。禾伸堂是国内涵盖主、被动双通路并拥有制造工厂的多元化公司。

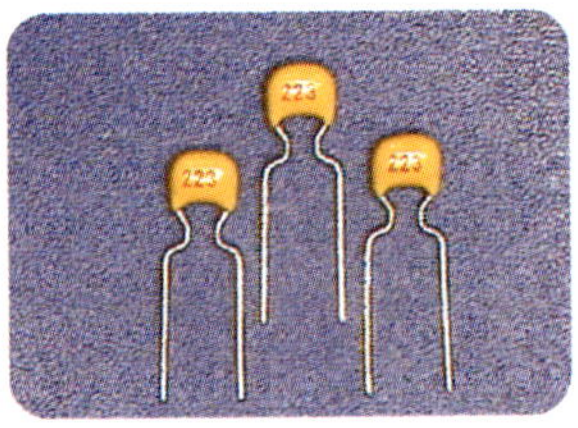

禾伸堂于2000年正式上柜，并创下999纯金般的股价，点亮台湾电子产业的新纪录，历年来，不论在营收、获利屡创新高。目前，禾伸堂更积极的延伸中国大陆、北美与欧洲市场，不断的创造禾伸堂的竞争优势，实现股东、客户与企业之间较大的价值。

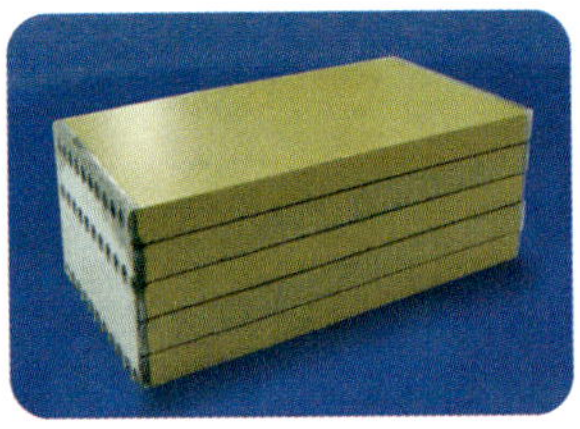

通过ISO14000、ISO9000、QS9000相关管理体系认证及符合RoHS规范

- 专注高压及安规MLCC并提供客制化电容产品
- 多样方案协助客户解决大尺寸MLCC折板易裂问题
- 贴片电容陶磁表面批覆技术提高防湿及抗飞弧能力

联系方式

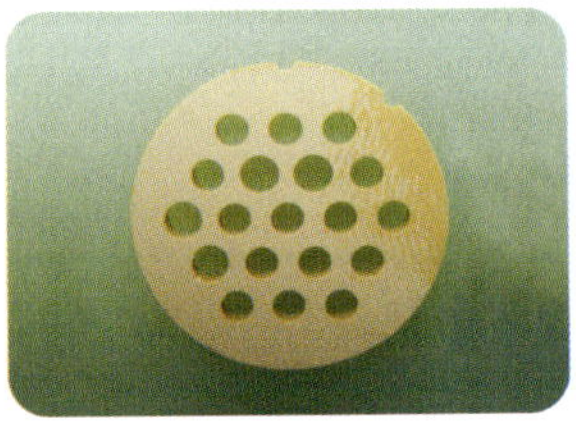

总公司：禾伸堂企业股份有限公司
地址：台湾台北市内湖区环山路二段62号1楼　邮编：114
电话：886-2-26270383　传真：886-2-27987181

中国总部：禾伸堂国际贸易（上海）有限公司
地址：上海市延安西路1160号首信银都大厦16楼　邮编：200052
电话：021-51875266　传真：021-62826722

生产基地：禾伸堂龙潭厂
地址：台湾桃园县龙潭乡乌林村工五路90巷56号　邮编：325
电话：886-3-4995288　传真：886-3-4995299

网址：www.holystone.com.tw
www.holystonecaps.com

Holy Stone Enterprise., Ltd.

京国艺科技
JINGGUOYI SCIENCE TECHNOLOGY

GY-MARS/T 5800B型X射线荧光光谱仪
成功入围国家质量监督检验检疫总局政府采购网

RoHS检测专用分析仪

可在国家质量监督检验检疫总局网站（www.aqsiq.gov.cn）上查看到我们公司产品信息。

进入网站后，点击网页右侧“专题栏目”中的“政府采购”一栏（jhcws.aqsiq.gov.cn/zfcg/）即可看到我公司产品介绍。

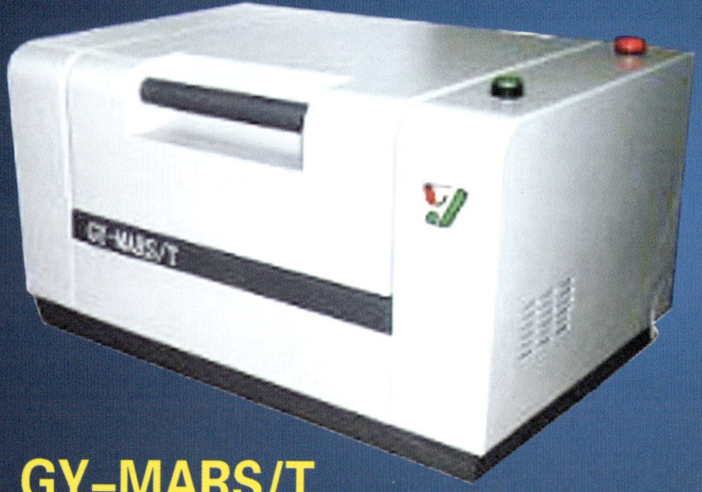

GY-MARS/T
5800B型X射线荧光光谱仪

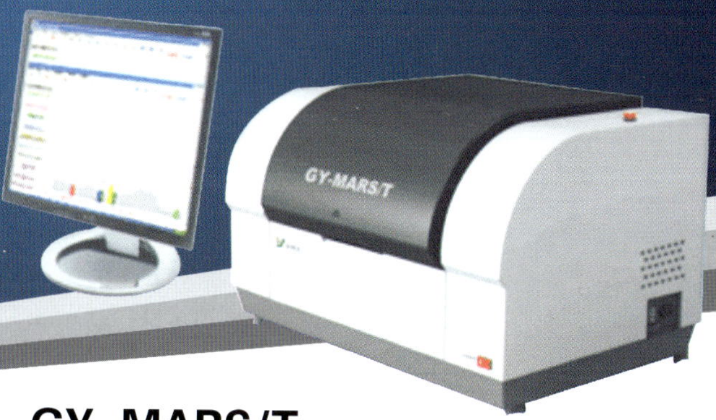

GY-MARS/T
6600 X射线荧光光谱分析仪

产品特点

1. 自动更换准直器，操作简单、方便
2. 149eV的高精度分辨率，有效地提高了镉（Cd）的测量精度
3. 水冷型X光管，散热较好，能有效延长X光管寿命
4. 外观更加美观大方
5. 无损检测，在无标准样品时亦可准确分析
6. 国际先进的数据分析方法，使测量结果更加精确
7. 测量时间短，不需要其他辅助材料
8. 高端商务计算机进行数据处理，分析快速准确
9. 高分辨率图形即时显示，由彩色模块加以区分判断
10. 双套高品质水制冷系统，适合高温区域使用
11. 能进行卤素检测

技术指标

1. 外壳尺寸：630mm^3×430mm^3×370mm^3
2. 测量仓尺寸：380mm^3×310mm^3×160mm^3
3. 重量：约50kg
4. 工作环境温度：5℃～30℃
5. 工作环境相对湿度：≤80%
6. 元素分析范围：钾（K）～铀（U）
7. 含量分析范围：2ppm～99.99%
8. 氯元素的检测下限为50ppm
9. 测量时间：60S～300S
10. 分辨率：149eV FWHM @ 5.9keV
11. 电源：AC100V～240V
12. 电源频率：47Hz～63Hz
13. 管电压：0kV～50kV
14. 管电流：0mA～1mA
15. CCD光学镜头
16. 有分析、显示、打印等功能

北京总公司

地址：北京市海淀区四季青路8号郦城工作区510室
邮编：100097
公司总机电话：010-88498030　88496040转
办公业务直拨电话：010-51286997　68251113
邮箱：beijingguoyi@126.com　jingguoyi@yahoo.com.cn
网址：www.jingguoyi.com

广东深圳分公司

电话：+86-755-25624175　13924613720　13510381252

江苏昆山分公司

电话：+86-512-57118050　57118051　13600260262

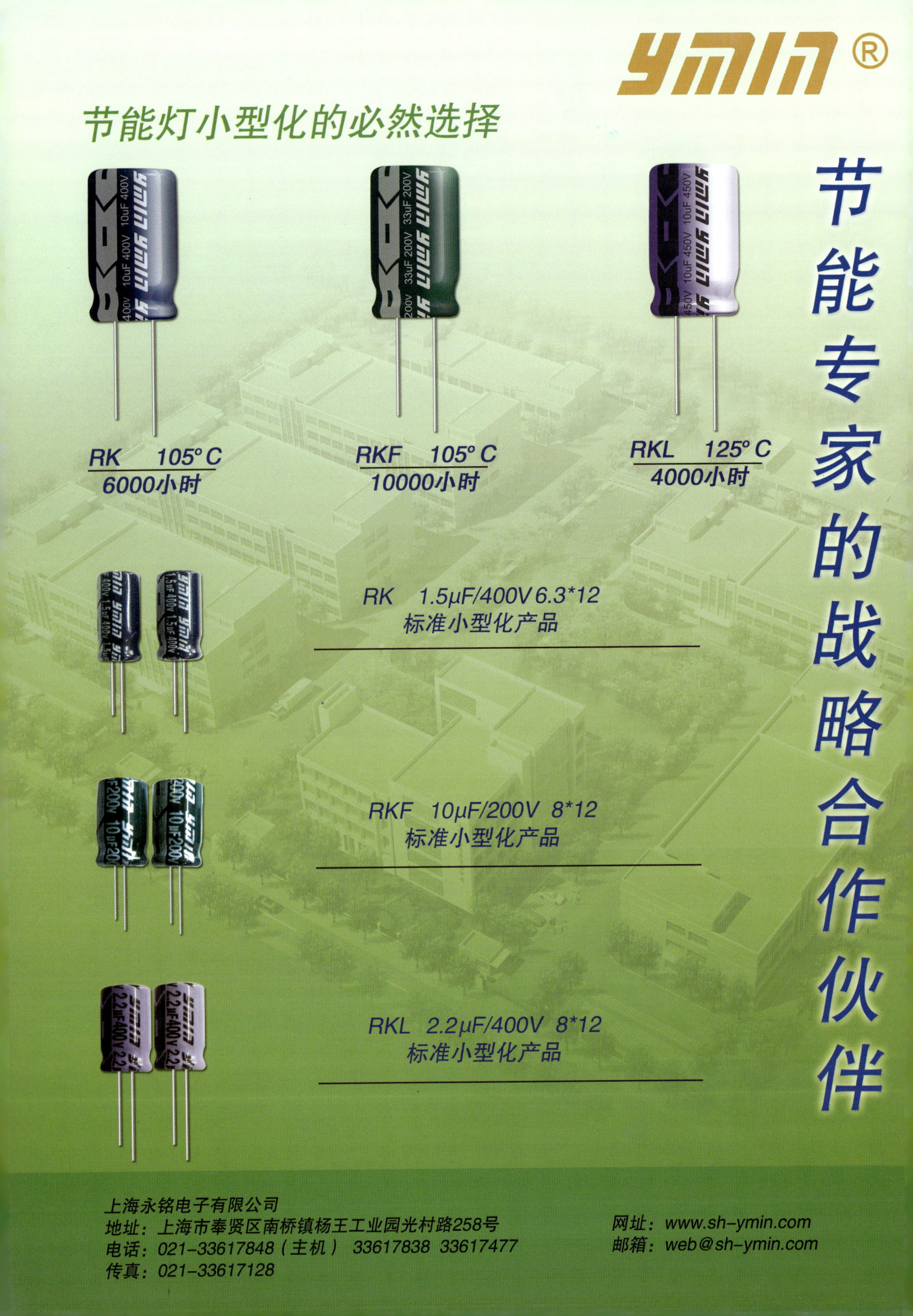
ymin®
节能灯小型化的必然选择
节能专家的战略合作伙伴
RK 105°C
6000小时
RKF 105°C
10000小时
RKL 125°C
4000小时
RK 1.5μF/400V 6.3*12
标准小型化产品
RKF 10μF/200V 8*12
标准小型化产品
RKL 2.2μF/400V 8*12
标准小型化产品
上海永铭电子有限公司
地址：上海市奉贤区南桥镇杨王工业园光村路258号
电话：021-33617848（主机） 33617838 33617477
传真：021-33617128
网址：www.sh-ymin.com
邮箱：web@sh-ymin.com

线缆线束测试系统

ZYS®

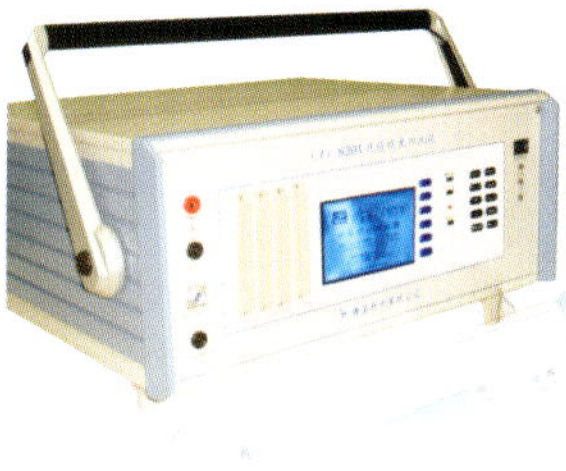

CIT8100系列

CIT8系列线缆线束测试系统是针对各种线缆测试、整机装配测试多种领域需求而特别设计、可以满足用户高标准的测试要求，能克服人工测试所无法解决的缺陷，是电缆、线束测试设备的良好选择。

系统基于先进的“虚拟仪器”设计理念，采用便携式计算机、模块化仪器、专用测试软件技术融合，实现了线缆线束的可视化、智能化测试。

CIT8系列产品具有测试速度快、测试精度高、系统配置灵活、易于操作的优点和良好的人机界面，其紧凑的结构设计大大缩小了测试仪器的体积，节省了测试工作所需空间。该产品已经在飞机、船舶制造、能源等行业得到广泛应用，与国际同类产品相比具有较高的性价比和可操作性，且售后服务更加及时、周到。

CIT8850M系列

CIT8201系列

CIT8201为CIT8系列核心产品，提供全面功能，实现广阔的应用范围。

CIT8100系列

CIT8100系列为生产线等特殊场合提供导通、电阻、绝缘、耐压等基本测量，具有较高的性价比。

CIT8201系列

CIT8900多模块大型系列

CIT8900系列在8201的基础上提供多模块连接设计，为现场远距离测量提供丰富的解决方案。

CIT8301无线系列

CIT8301针对特殊环境需求为舰船、机场等特殊用途设计的无线解决方案。

CIT8850M军用系列

CIT8850M专为野外军用订制，具有便携、防水、防震、适用温度环境宽等特殊功能。满足军方在户外的测试排障需求。

军用领域： 飞机、导弹、雷达、舰船、声纳以及指挥车辆线缆线束现场检测、维修；航空、航天及地面测控设备线缆线束的检测及维修。

民用领域： 汽车制造、计算机及通讯等行业线缆线束的检测。

洛阳轴研科技股份有限公司

地址：中国·河南·洛阳·吉林路
电话：（0379）64881355
传真：（0379）64881595
邮政编码：471039
网址：www.zys.com.cn
www.zysidd.com

泰克实时频谱分析仪 全新数字射频测试工具

实时频谱仪系列产品

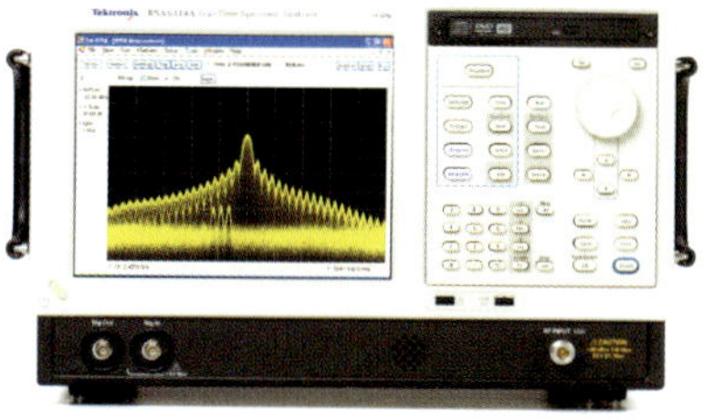

RSA6000

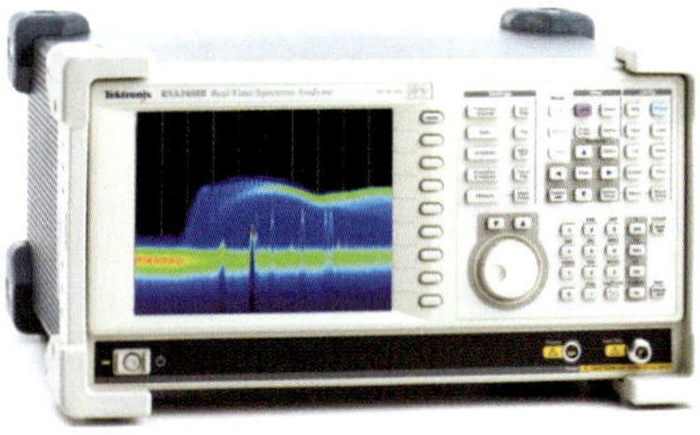

RSA3000

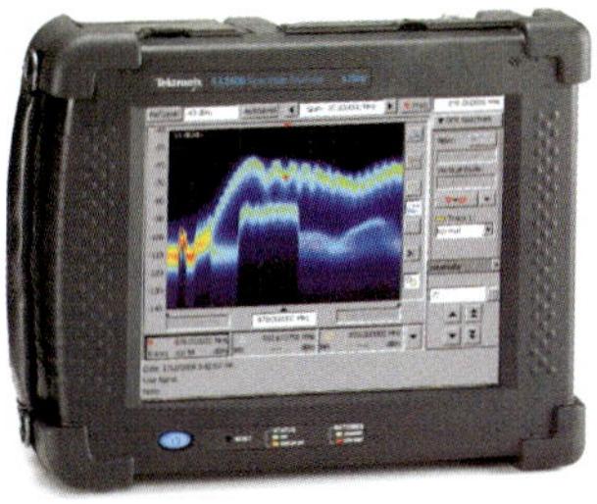

H600/SA2600

RSA6000系列：

- DPX™实时频谱显示，每秒刷新48000次
- FMT频率模板触发，实时捕获突发和瞬态信号
- 110M 实时分析带宽
- 频域、时域、调制域，时间相关，联合观测
- 三维频谱显示
- 雷达高级分析套件

RSA3000系列：

- DPX™实时频谱显示，每秒刷新48000次
- FMT频率模板触发，实时捕获突发和瞬态信号
- 36M 实时分析带宽
- 频域、时域、调制域，时间相关，联合观测
- 跳频信号分析套件
- RFID软件分析套件
- Jitter测量功能

便携式无线信号侦测仪：

- DPX™实时频谱分析技术
- 信号比对搜索
- SCD 信号识别
- iMAP 实时地图
- 全面支持中文

国防电子领域

雷达、跳频通信，数据链、卫星通信、频谱监测、数据通信、电子加速器

民用电子领域

EMI、数字电频失真放大器DPD设计、RFID、WLAN、WiMAX、3G、LTE、Jitter测量、LTE、通用频谱分析、汽车电子、TPMS、数字电视

*凡涉及上述领域，可与AWG(任意波形发生器)组成各种数字射频测试系统

泰克科技(中国)有限公司
上海市浦东新区川桥路1227号
邮编：201206
电话：(86 21) 5031 2000
传真：(86 21) 5899 3156

泰克北京办事处
北京市海淀区花园路4号通恒大厦1楼101室
邮编：100088
电话：(86 10) 6235 1210/1230
传真：(86 10) 6235 1236

Tektronix®

ANSOFT
A subsidiary of ANSYS, Inc.

ANSYS

全方位、全频段的EMI/EMC仿真解决方案

Ansoft的专业的EMI/EMC仿真和设计解决方案，包含电源DC直流到PCB上GHz信号的全波电磁场分析、开关电源的传导噪声、PCB的电磁辐射、电缆连接器电磁泄露、以及机箱机柜等三维结构屏蔽效能等，Ansoft能够提供完整、专业的仿真解决方案。

Ansoft 集成化的设计环境能够在设计阶段引入电磁仿真技术，将电磁仿真与电路设计、系统设计和测试，甚至热和应力仿真相结合，进一步减少设计中的不确定性，从而显著增加设计效率，提高设计水平和设计质量，也有利于设计工程师水平的进一步提高。

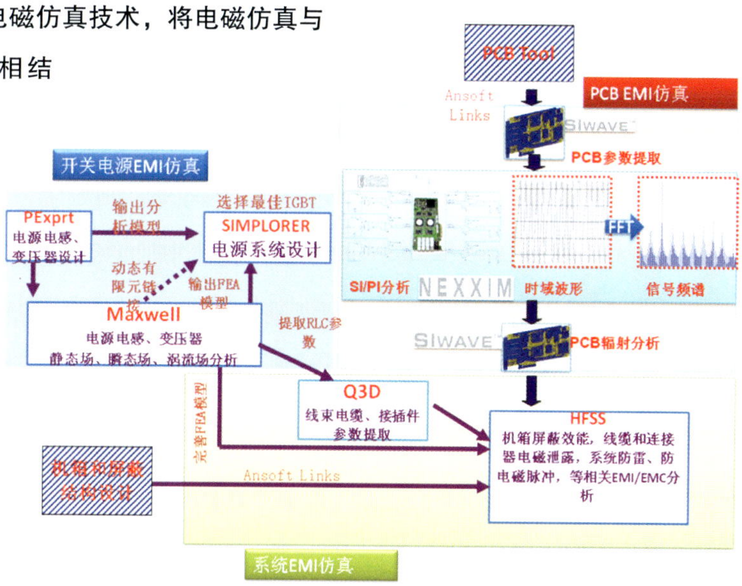

Ansoft全方位、全频段的EMI/EMC仿真解决方案

主要应用领域

- PCB板级电磁兼容设计
- 机箱、机柜等整机级系统级电磁兼容设计
- 手机等无线终端抗干扰设计
- 线束、线缆的潜藏电路分析和电磁兼容设计
- 开关电源和精密电机的电磁兼容设计
- 天线布局和干扰分析
- 防雷与防高功率脉冲设计
- ESD设计

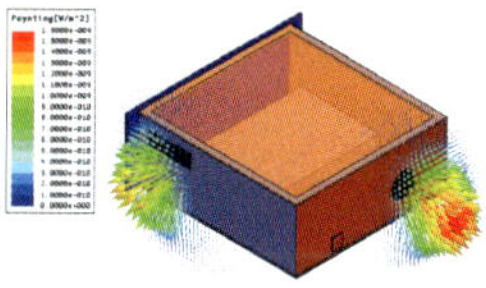
HFSS用于机箱屏蔽效能和开孔电磁泄露仿真

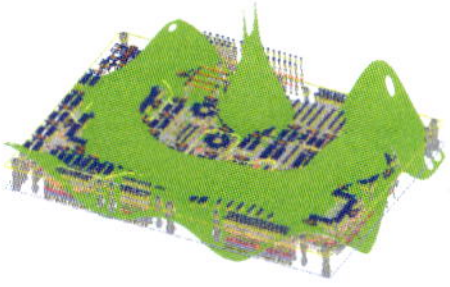
SIwave结合Nexxim实现PCB辐射仿真

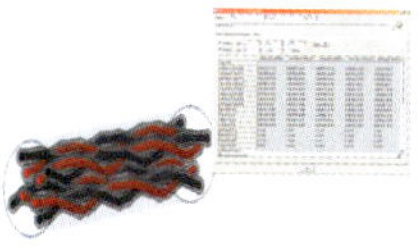
Q3D提取线束寄生参数

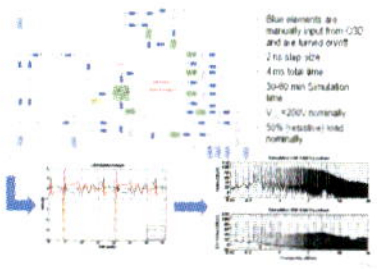
IGBT的电源EMI传导噪声仿真

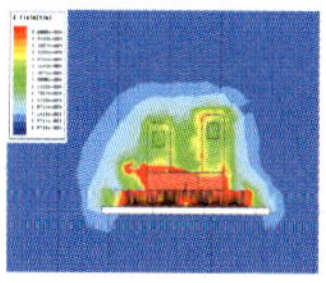
高功率IGBT的EMI辐射仿真

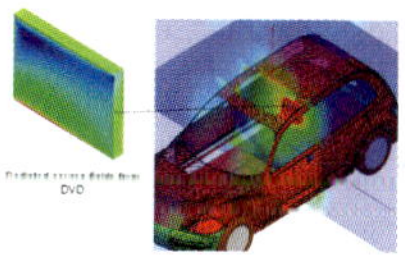
车载电子产品的电磁辐射分析

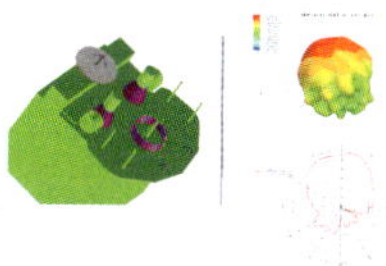
卫星平台天线的复杂电磁干扰设计

ANSYS CHINA

北京
北京市海淀区科学院南路2号融科资讯中心C座南楼1112室
邮编：100190
电话：+8610 82861715
传真：+8610 82861613

上海
上海市延安东路222号外滩中心2204C室
邮编：200002
电话：+8621 63351885
传真：+8621 63350008

成都
成都市人民南路2段18号川信大厦14F-B-2室
邮编：610016
电话：+8628 86200675
传真：+8628 86200677

网址：www.ansys.com www.ansoft.com www.ansoft.com.cn

新科电子(资讯通信系统)

您的电磁兼容(EMC)专业伙伴

电波吸波材料是电波暗室的重心所在。从技术角度而言，一个专业的电波暗室，电波吸波材料的生产质量，场地布置和模拟设计是很关键的。我们的电波暗室和吸波材料就具有以上列出的优势。其他优点包括：

- 泡沫绵体特软，质量可靠耐用，尖劈形状恢复能力佳
- 电波吸波材料可加上多种颜色的塑料漆让暗室内光线亮丽
- 加上塑料漆的电波吸波材料能加强效能质量和吸波材料使用期(市场电波吸波材料最长的保修期 -20年)
- 可按公司的徽标颜色和要求生产电波吸波材料
- 在原料质量佳，场地布置和设计优化下，可为电波暗室节约成本和减少投资高达**30%**
- 清洁及安全环境

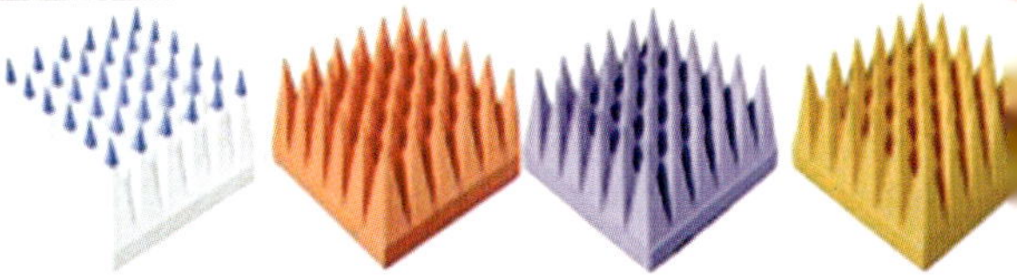

新科电子(资讯通信系统)在无线微波和电磁兼容领域有超过24年的丰富实践经验。我们的信心来自产品的质量、仪器的可靠性和良好的技术与咨询服务。欢迎有兴趣者与我们联系。

我们的合作伙伴，法国Siepel最新完成的案例，可称世上较长的电波暗室(管状)。

- 尺寸：105m x 8m 电波暗室
- 可使用测试静区(QZ): 74m x 8m
- 可达到的电波反射能力: < -25 dB
- 优化暗室设计和造价投入
- 总工程一年完工

通标标准技术服务上海有限公司(SGS, Shanghai)是新科电子(资讯通信系统)在国内最近完成项目。

- 尺寸: 11m x 6m x 6m EMC 微波电波暗室
- 40GHz EMI/EMC 高频测试系统
- 无线辐射电波杂散和音频突破测试
- GSM(850MHz,900MHz,1800MHz & 1900MHz),HSDPA, HSUPA, Bluetooth & 11 WCDMA 频带等无线测试能力
- 场地屏蔽效能测试 >100dB
- 归一化场地衰减测试 ±3dB (30MHz–1GHz)
- 场地电压驻波比测试 <2dB (1GHz–18GHz)
- 场强均匀度测试 <4.5dB (26MHz–18GHz)
- 资质认可包括：

新科电子(资讯通信系统)私人有限公司
裕廊东21街100号
新科电子裕廊东大楼
新加坡邮政编号609602
电话:(65) 6567 6769 / (65) 65686309 传真:(65) 6567 6300
电子邮件: info_infocomm@stee.stengg.com

新科电子
(资讯通信系统)
新科电子属下公司

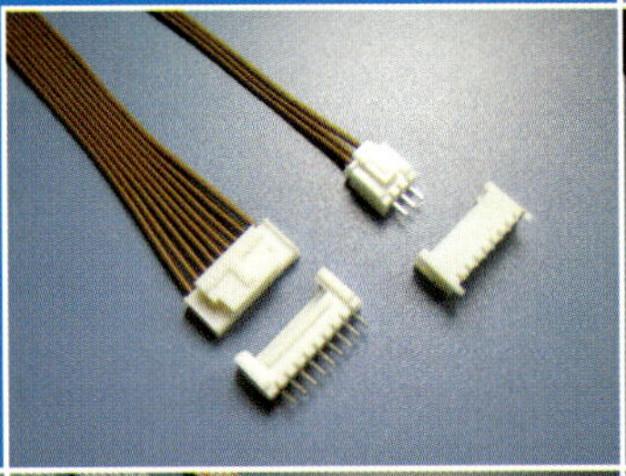

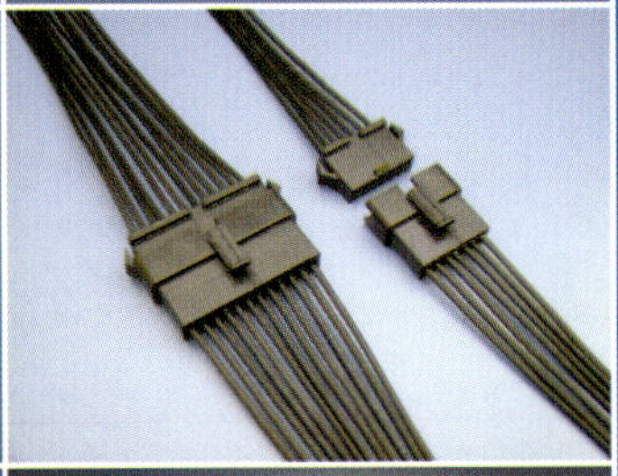
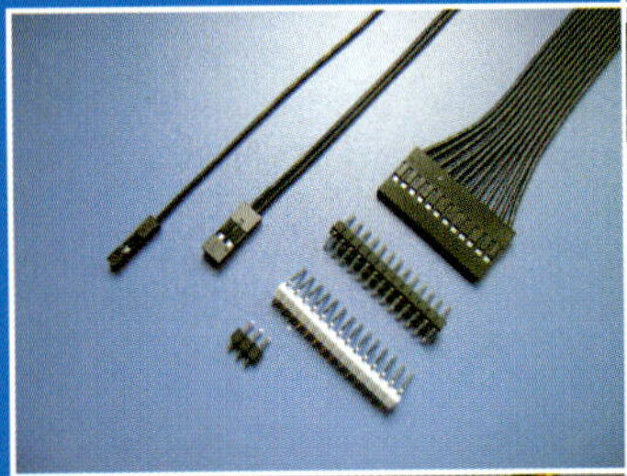

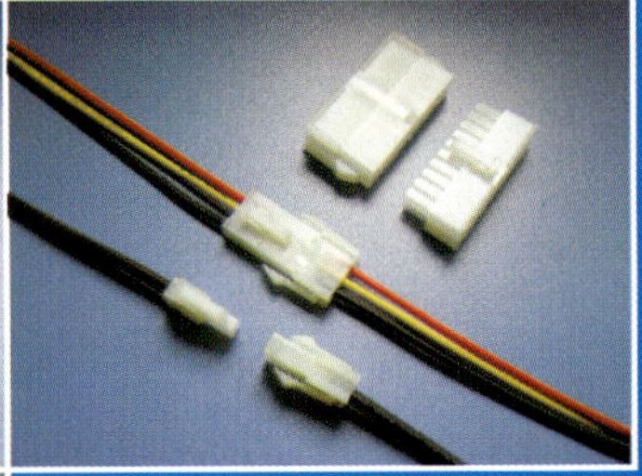

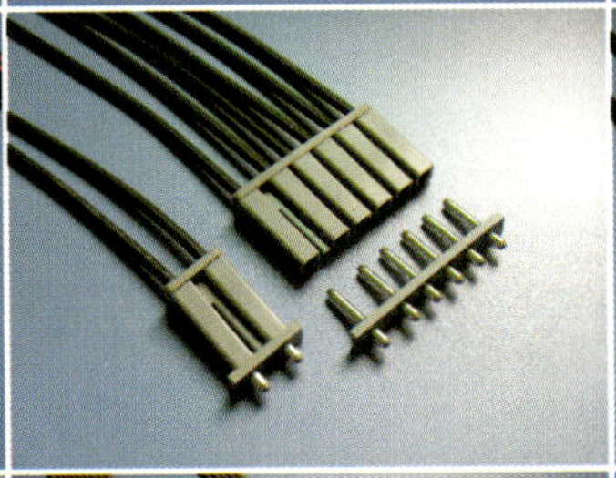
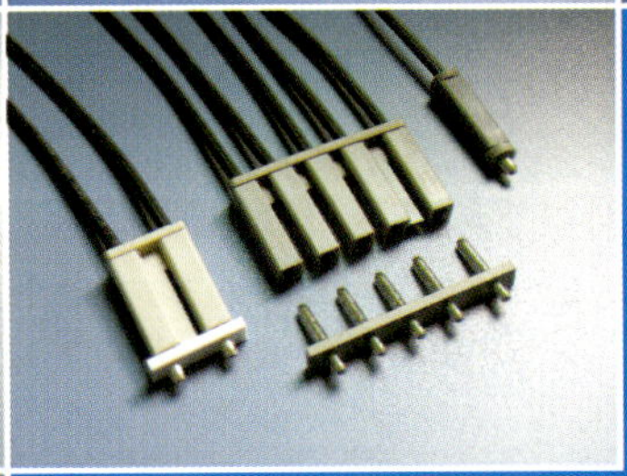

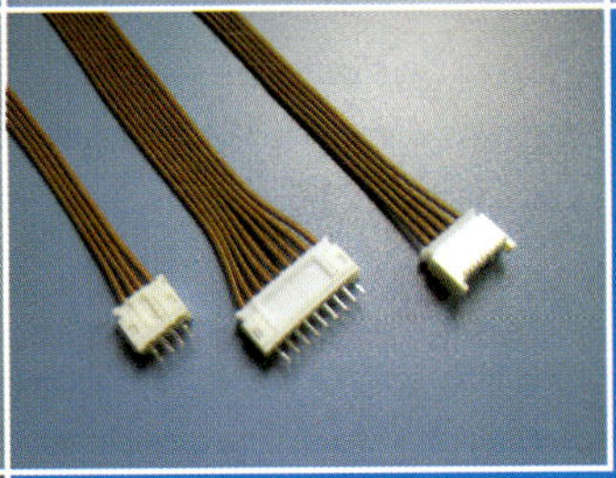
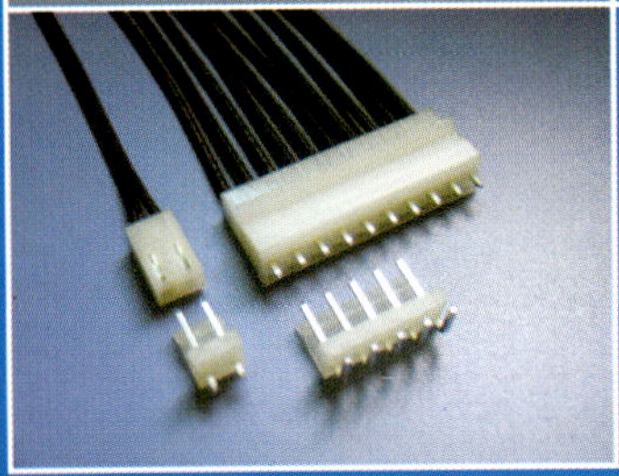

Safety Electronics Technology

赛尔特 专业级电路保护元器件产品，值得信赖！

厦门赛尔特电子有限公司成立于2000年，致力于电子安全技术的研究，是一家专业从事过温、过压、过流的电路保护元器件的研发与生产的高新技术企业。

赛尔特坚持高品质的标准，严格按照ISO9001:2000的要求建立了完善的质量保证体系。2001年11月，赛尔特成立了全球第二个UL目击实验室。作为一个专业的制造商，赛尔特的产品已获得UL、CUL、VDE、TUV、PSE、KTL及CCC等安全质量管理体系认证。目前公司的产品能满足欧盟RoHS指令及SONY（SS-00259）要求。

赛尔特拥有一支强大的技术团队，不仅有着高效的产品开发能力和生产能力，而且能满足客户的特殊定制要求。经过十来年的发展，赛尔特的产品远销欧洲、美洲、东南亚以及亚洲等国家，成为多家知名公司的供应商。

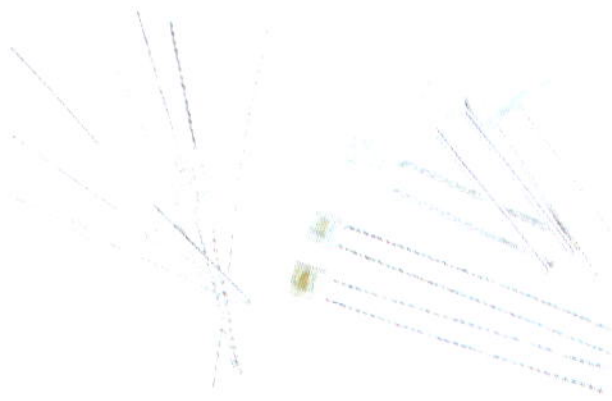

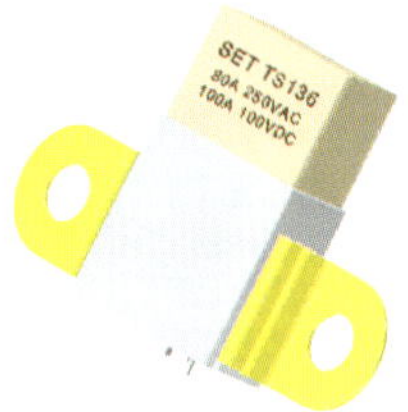

温度保险丝

温度保险丝也称热熔断体，一般串联在电路中。当保险丝感温体或引脚感受到电路中的异常过温超过易熔合金的熔点时，它将通过自身的熔断来切断电路，从而起到保护电路的作用。

产品特点：

- 一次性保护；
- 体积小；
- 密封式结构，结构简单；
- 动作灵敏度高；
- 高熔断精度；
- 低阻抗；
- 无接触电阻；
- 高浪涌承受能力：5kA ~ 100kA(8/20波形)；
- 额定电流：0.5A ~ 100A /250Vac。

固态大电流熔断器

固态大电流熔断器主要用于大容量的动力电池系统的充放电保护，当电池系统电压处于异常状态时，固态大电流熔断器采集到电压信号后快速响应，将主电流切断，并在主电流切断后能自动断开信号源，达到自我保护功能。也可作为通流容量大于100KA的8/20μS波形脉冲电流的温度保险丝，用来保护电源装置、浪涌保护装置（SPD）的故障电流。

产品特点：

- 负载工作电流达100A；
- 采集电压信号自动熔断功能；
- 主电路熔断后自我保护功能；
- 熔断速度快；
- 体积小；
- 安装方便。

热保护型压敏电阻

热保护型氧化锌压敏电阻（TMOV），在保持了原氧化锌压敏电阻特性的情况下，在其内集成了温度保险丝。该设计有效地避免了传统的氧化锌压敏电阻因短路失效可能带来的火灾等安全隐患。赛尔特的TMOV已经申请了包括国内专利、国际合作专利等多项专利，也适合附属元器件安装在浪涌保护器、浪涌吸收器等。

产品特点：

- 紧凑的结构，MOV和温度保险丝之间良好的热耦合性能；
- 多尺寸选择：边长或直径尺寸包括8mm、10mm、15mm、20mm、25mm、34mm；
- 浪涌吸收范围：5kA ~ 40kA；
- 过温切断速度快；
- 失效遥控指示；
- 可实现波峰焊。

线绕熔断电阻器

亦称熔断电阻，是一种具有电阻器和熔断器双重作用的特殊元件。是用低熔点的合金丝绕制在绝缘磁棒上，再用耐300度高温且绝缘性能优良的抗电飞弧阻燃涂料包封而成的。作为一种阻燃性熔断电阻，可用其替代保险丝。除了起保险丝的作用之外，还对浪涌电流起抑制作用。

该产品广泛应用于镇流器、节能灯、高频开关电源等电子电器类产品。

产品特点：

- 体积小，绝缘电阻高；
- 安全可靠，熔断一致性好；
- 精度±5%。

地址：厦门火炬高新区（翔安）产业区翔安西路8067号　邮编：361006
电话：0592-5715838　传真：0592-5715839
网址：www.setfuse.com　E-mail：sales@setfuse.com

Phase11 热阻测试仪

美国Analysis Tech(www.analysistech.com)公司生产的热阻测试仪：型号Phase11，符合美军标和JEDEC标准， Analysis Tech Inc.成立于1983年，坐落于波士顿北部，是电子封装器件可靠性测试的专业设计、制造公司。他的创始人是John W.Sofia，美国麻省理工的博士，是热阻测试分析、焊点可靠性测试和材料导热率测试方面的专家，发表了很多关于热阻测试分析、焊点可靠性和热导率方面的论文。Analysis Tech Inc.在美国有独立的实验室提供技术支持，在热阻测试仪这套设备方面拥有100多家知名客户。Vector Scientific(China)Pte Ltd是其在中国指定代理商，详情请登陆 **www.vector-sg.com** 。

用 途

主要用于测试二极管、三极管、LED、MOSFET、IGBT、IC等分立功率器件的热阻测试和分析。

功 能

Rja、Rjc、Rjb、Rjl的热阻测试和分析

稳态和瞬态热阻测试，装片质量的分析（Die Attachment Quality Evaluation），内部封装结构与其散热能力的相关性分析（Structure Function），不同占空比方波下的热阻分析，多晶片器件的热阻测试，加热曲线（Heating curve）和冷却曲线（Cooling curve）生成，热阻和热容结构（RC Model）的生成。

Phase11主机并配带有测试分析软件的电脑主机

K系数的校准油浴

Rjc测试夹具

风 洞

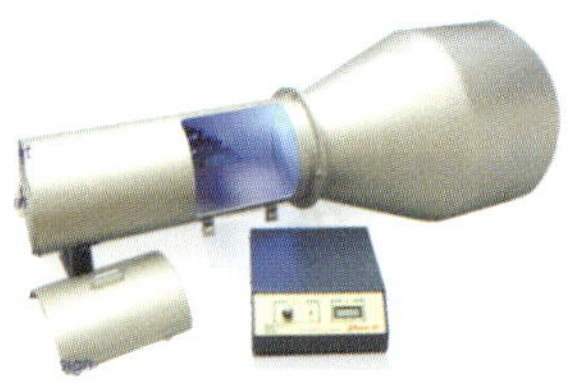

Rjb测试夹具

Rja测试的静止空气箱

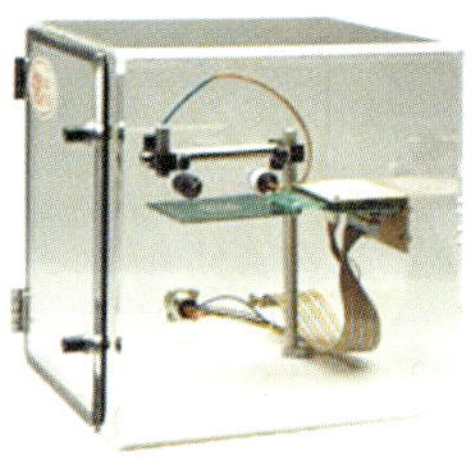

联系人：朱树友　电话：13812750257　021-68927685　邮件地址：terry@vector.com.sg

scinco
Worldwide Marketing

新科公司在1994年进入紫外可见分光光度计领域，并且一直致力于生产高质量仪器以及发展新技术，仪器安装以后完善的服务支持确保客户完全满意。

S-4100光电二极管阵列紫外可见分光光度计

为什么选择S-4100光电二极管阵列紫外可见分光光度计?

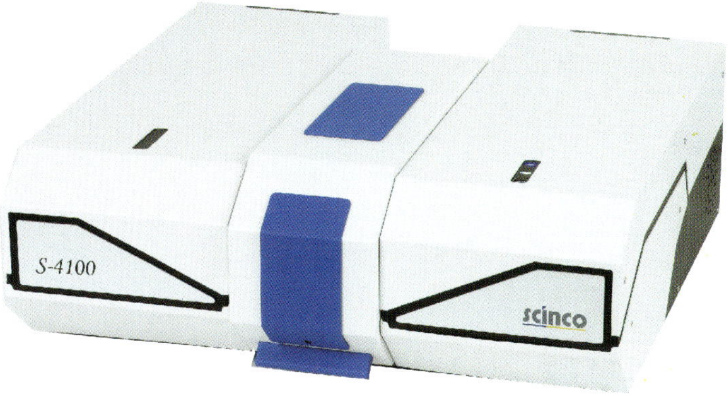

同步多波长测量

由于传统的紫外可见分光光度计只有一个检测器，所以每次只能获得一个特殊数据点。
但由于S-4100采用了1024管光电二极管陈列检测器，所以可获得全波长数据。

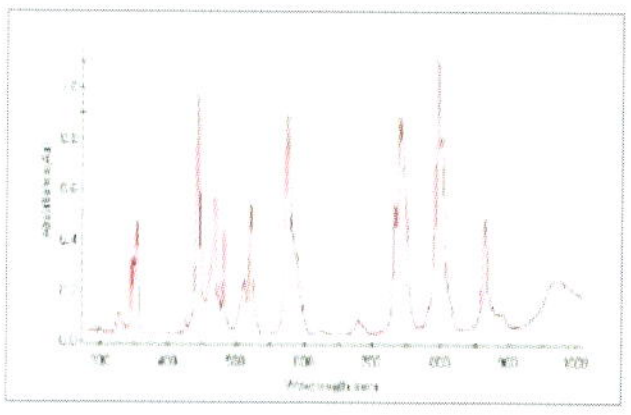

1秒内得到的钕错混合物溶液全波长图谱

较快的扫描速度

快速的光谱获取使得S-4100成为快速化学反应和变性材料测量的优选。
你可以在全波长范围内方便快捷地观察到快速反应的过程。

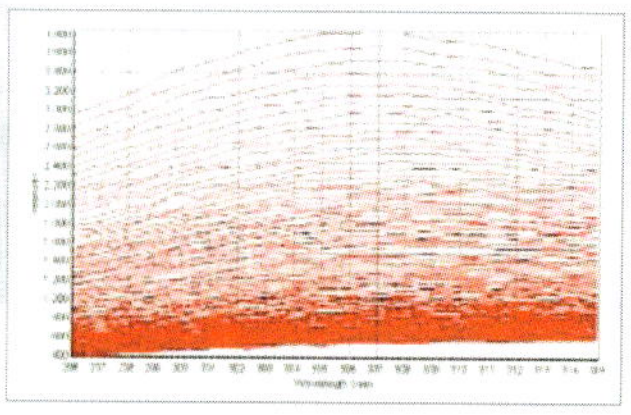

在高速动力学模式下，在69毫秒内获得的亚铁离子的氧化反应的谱图

多样化附件

反射模块、漫反射模块附件的使用，可以测定样品的反射率，漫反射系数和颜色等参数。而自动参比支架、光纤探针附件的使用，使测试的过程更简单并且可实现复杂条件下样品的精确测试。

卓越的波长重复性

S-4100 PDA 紫外可见分光光度计通过没有任何移动部件的电子扫描收集每个波长的数据。这样，S-4100 PDA 紫外可见分光光度计的波长重复性比采用机械扫描的传统紫外可见分光光度计要好的多。

S-4100不会受到杂散光的影响，从而可以在样品箱盖打开的情况下进行实验。

较小的杂散光

S-4100 PDA 紫外可见分光光度计采用能使杂散光较小化的逆光路结构设计，这曾是传统紫外可见分光光度计中的严重问题。因而你可以使用开盖的样品箱进行实验。

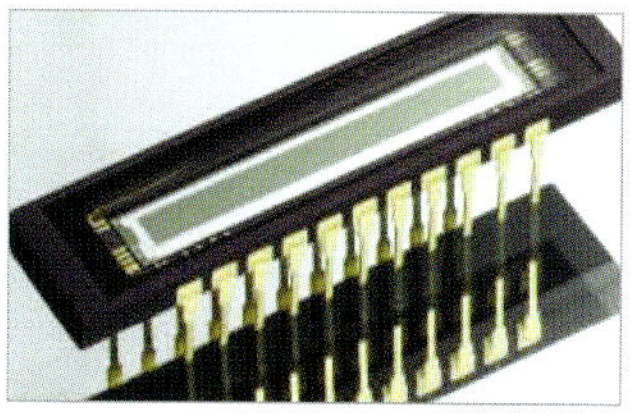

与传统的检测器的相比，光电二极管阵列检测器由于采用固定设计从而安全可靠。

PDA的耐用性

S-4100 PDA 紫外可见分光光度计衍射光栅是固定的，与传统紫外可见分光光度计不同，因此光学组件的排列很简洁。所以我们能够减少可能发生的机械误差以及使A/S和维护非常有效。

（株）新科上海代表处
地址：上海市黄浦区南京东路409-459号置地广场1303室
邮编：200001
电话：+86-21-63620355/6/7
传真：+86-21-63620358
E-mail：scs@scinco.com
网址：www.scinco.cn

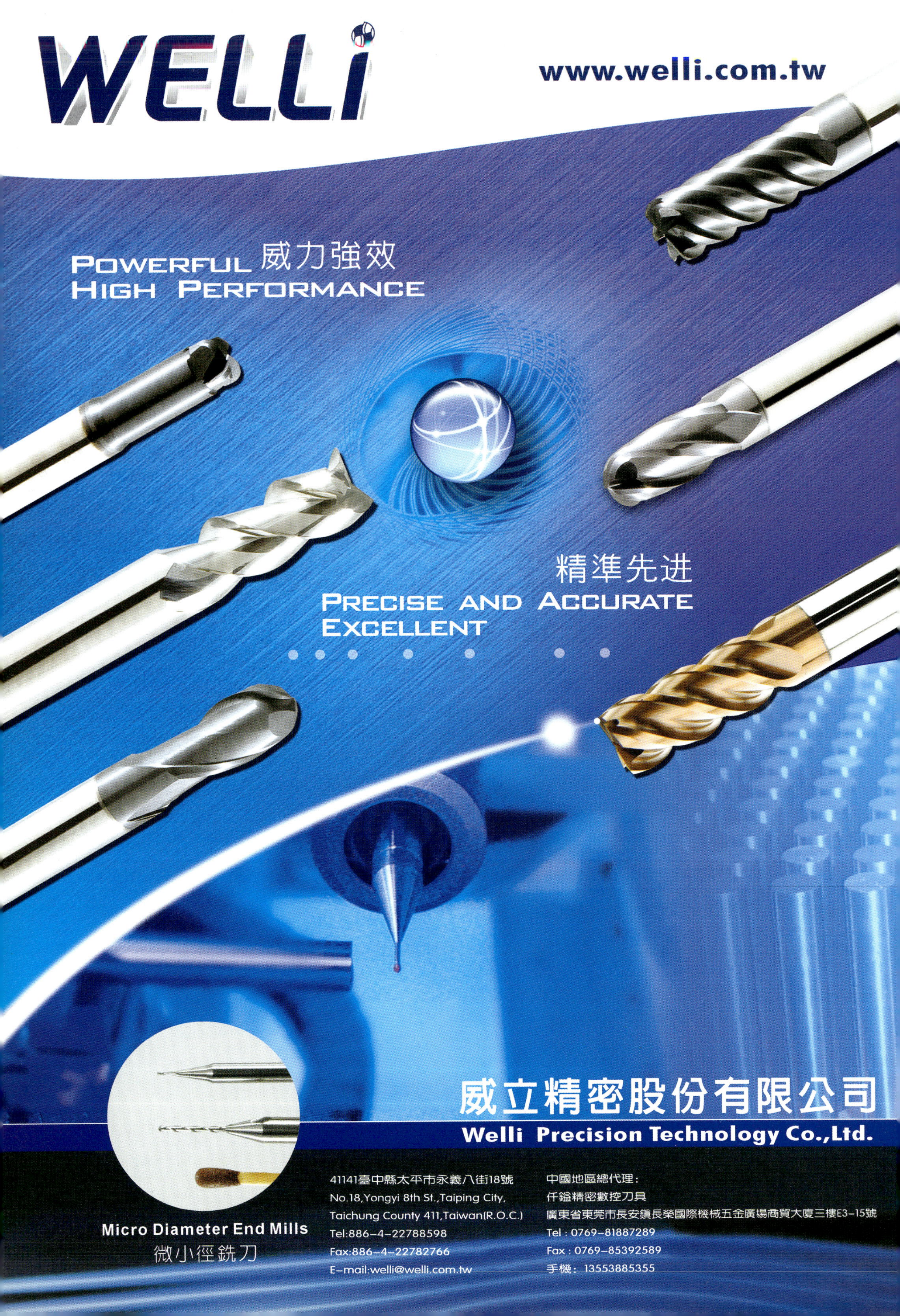

WELLI
www.welli.com.tw
POWERFUL 威力強效
HIGH PERFORMANCE
精準先进
PRECISE AND ACCURATE
EXCELLENT
威立精密股份有限公司
Welli Precision Technology Co.,Ltd.
Micro Diameter End Mills
微小徑銑刀
41141臺中縣太平市永義八街18號
No.18,Yongyi 8th St.,Taiping City,
Taichung County 411,Taiwan(R.O.C.)
Tel:886-4-22788598
Fax:886-4-22782766
E-mail:welli@welli.com.tw
中國地區總代理：
仟鎰精密數控刀具
廣東省東莞市長安鎮長榮國際機械五金廣場商貿大廈三樓E3-15號
Tel : 0769-81887289
Fax : 0769-85392589
手機：13553885355

爱斯特

DM2300型X荧光多元素分析仪

特　点

(1) 采用物理分析方法，多成分同时快速分析，分析中不接触、不破坏样品。

(2) 采用内标方法及具有自主知识产权的分谱技术，在无标准样品时亦可准确分析样品。

(3) 采用X光管激发、高分辨率的PIN半导体探测器探测，使仪器有较高的精度和较低的探测限。

(4) 集成化程度高，可靠性好，操作简便，维修方便，长期稳定性好。

(5) 样品室体积大，能测量大件物品。

(6) 价格功能比低，适合我国国情。

(7) 设计对屏蔽防护极好，无三废公害，射线防护安全可靠。

主要技术指标

(1) 分析元素种类：铬Cr、溴Br、镉Cd、汞Hg、铅Pb。

(2) RoHS含量分析范围：5ppm～3000ppm。

(3) 系统分析时间：300s(典型值)。

(4) 分析精度：理想状态下，测量绝对精度为2ppm～3ppm；一般状态下，测量相对误差为10%。

(5) 长时间稳定性：开机1小时后，整机8小时稳定性：峰位和峰面积相对标准偏差均小于0.1%。

(6) 样品室体积：长×宽×高：480 mm×350 mm×125mm。

(7) 使用条件：环境湿度：5℃～30℃，相对湿度≤80%(25℃)，供电电源：220V±20V，50Hz。

(8) 尺寸与重量：长×宽×高：503 mm×412 mm×478mm；重量：45kg。

企业简介

本公司是专业生产X射线荧光分析仪的厂家，公司员工80%以上为具有大学以上文化程度的工程技术人员，高级技术人员占20%以上，具有雄厚的实力。公司自1992年成立以来已生产DM系列X荧光钙铁分析仪、测硫仪、铝硅分析仪、多元素分析仪等一万多台，用户遍布全国各地。本公司是上海市高新技术企业，产品按ISO9001质量管理体系认证生产，公司每年的科技投入占销售额的15%以上。本公司仪器已获得全国辐射豁免证书，是真正绿色环保产品。

凭借着本公司数十年X荧光分析仪的研究经验，凭借着本公司数十年在X荧光分析领域的良好口碑和重要地位，我们相信：DM2300型X荧光多元素分析仪定将得到广大需要测量RoHS指令六种有毒有害物质的单位的认可，为我国的检测事业和环境保护作出一定的贡献。

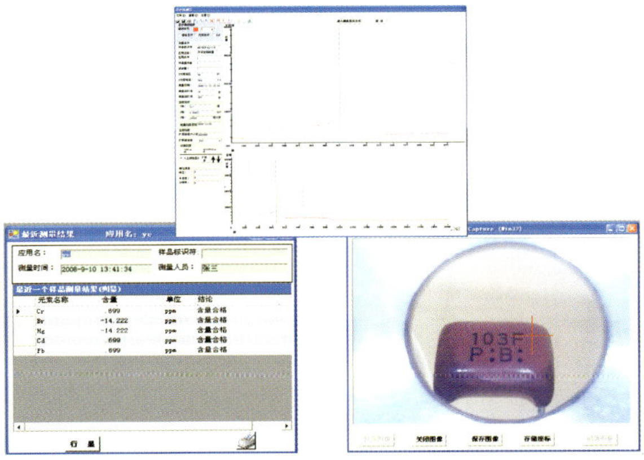

上海爱斯特电子有限公司

地址：上海市金山区朱泾工业区中发路169号
邮编：201500
电话(直线)：(021)54500549　64850549
电话(总机)：(021) 64851191　传真：(021) 57348305
网址：www.eastcc.com.cn
E-mail：eastsc@eastcc.com.cn

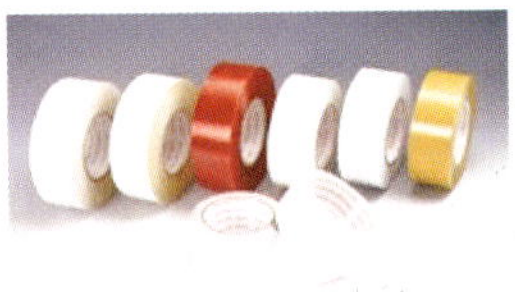

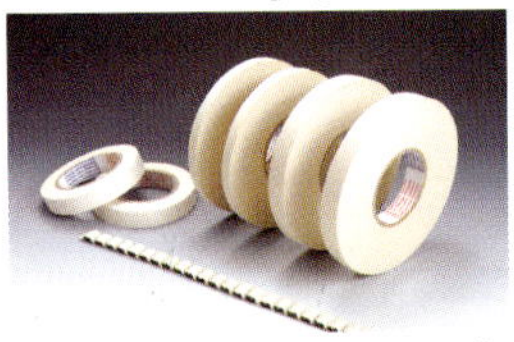

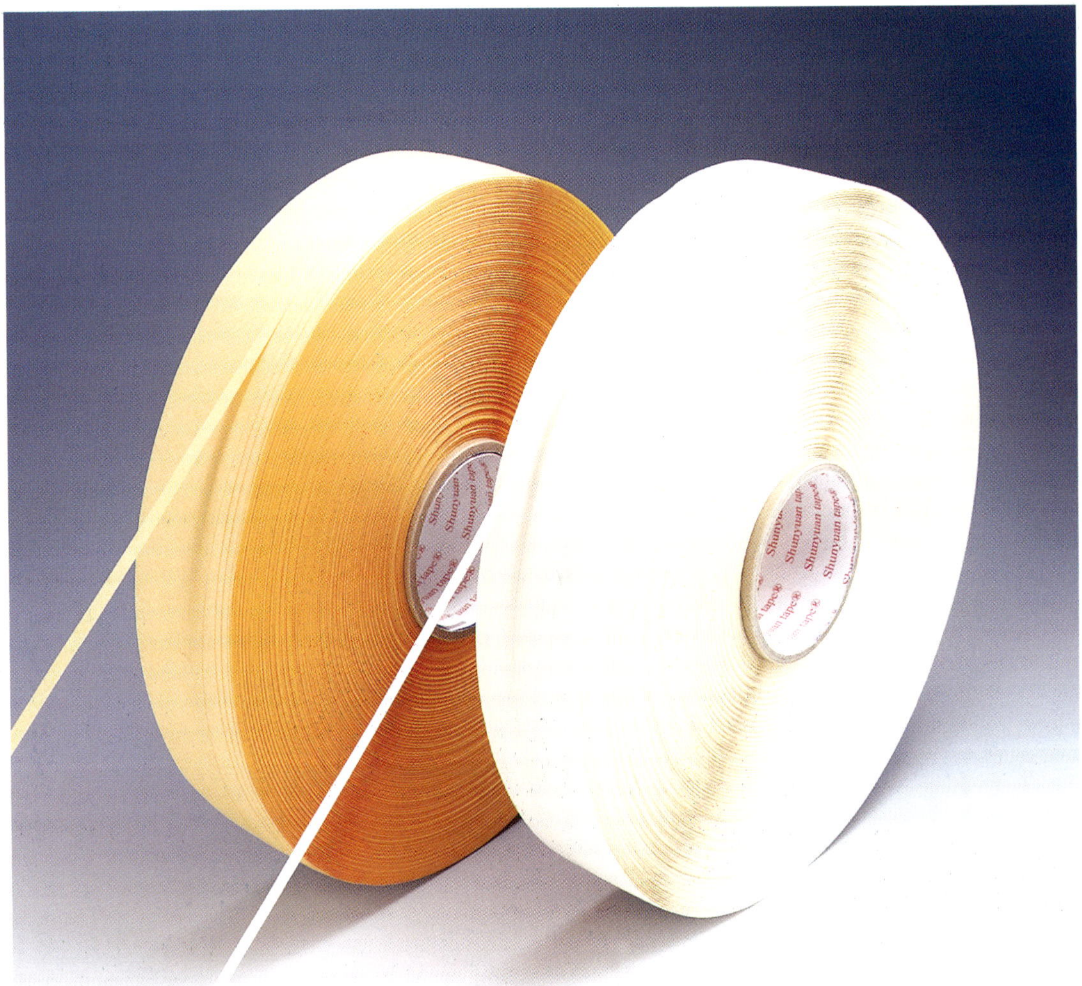

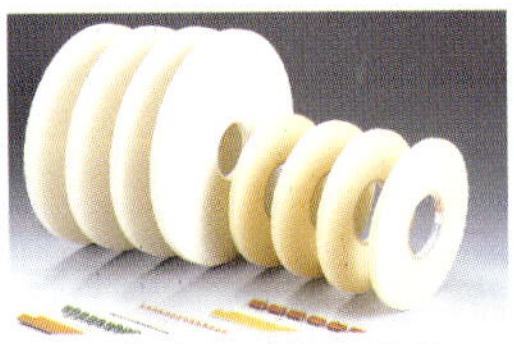

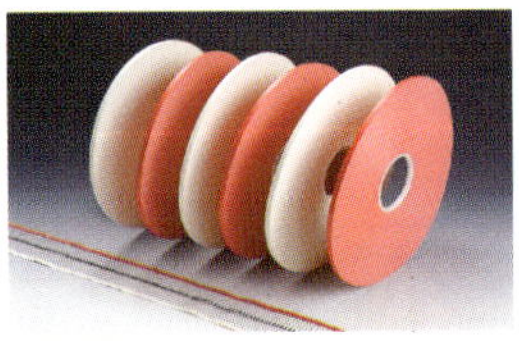

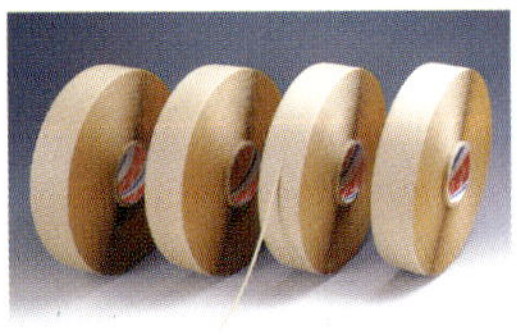

CE

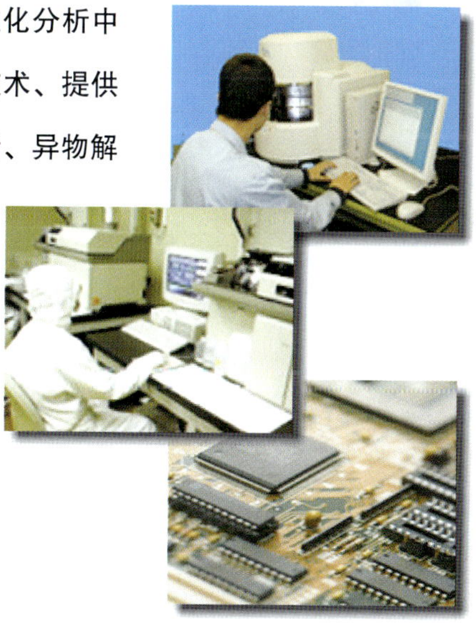

南京全信传输科技股份有限公司

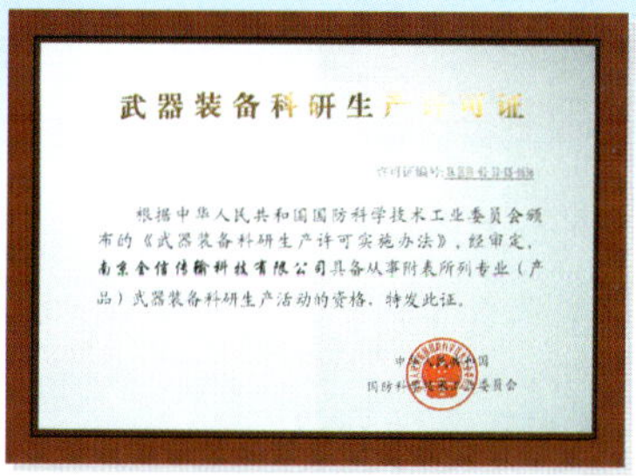

南京全信传输科技股份有限公司是一家专业从事电线电缆和组件产品研发、生产及销售服务的股份制高新技术企业。公司先后研发出特种电线电缆、高性能传输线，20多个系列近400多种型号4000多个规格产品。其中6个产品获得专利，12个品种被有关部门列入“新品” 计划项目。目前，数据传输电缆、电源电缆、低损耗射频同轴电缆、耐高温电缆、舰船电缆、1553B总线、电缆组件、QLA系列高性能传输线、宇航用导线（c55）等主要产品，已广泛应用于航天、航空、舰船、电子等领域。特别是QLA系列高性能传输线，已在多个重点型号产品上批量使用。

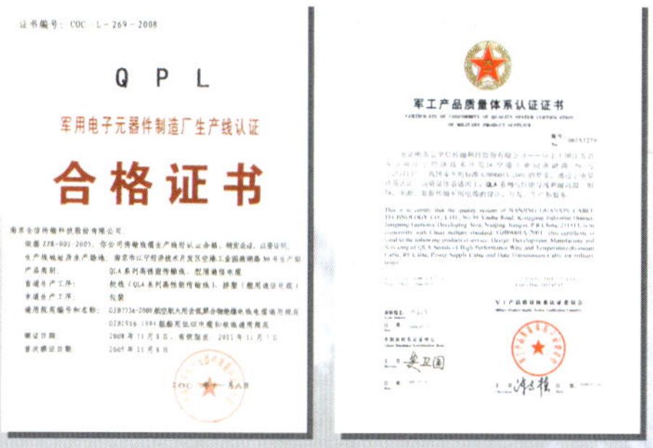

主要用户有：中航工业集团、航天科工集团、航天科技集团、电子科技集团、中船重工集团、兵器工业集团等厂、所；解放军4724厂、5311厂、5702厂、5706厂、5719厂、5720厂。

公司确定“以科技为先导，以管理作保证，以信誉赢市场，视质量为生命”的质量方针，恪守“质量重于利润”的宗旨，坚持以“优良的品质，出色的服务，合理的价格”服务于军工生产，在军工领域树立了良好的企业形象。

咨询电话：025-83245785　83245790　83245782　E-Mail：gxb@qx-kj.com　网址：www.qx-kj.com

中国振华集团云科电子有限公司

中国振华集团云科电子有限公司是一家集开发、设计、试制、批量生产为一体的片式电阻器专业生产企业，公司成立于1994年6月，位于风景秀丽的贵州贵阳高新技术产业开发区，属贵州省高新技术企业。公司拥有从日本和美国引进的先进片式电阻器生产设备、检测仪器598台（套），目前片式电阻器年生产能力100亿只。公司曾多次参与行业标准的制定。

公司现有RMK1005、RMK1608、RMK2012、RMK3216、RMK3225、RMK5025和RMK6332七大类片式电阻器，RNK5084（1608-4R）、RNK5085（1005～4R）和RNK5086（3216～4R）三大类片式电阻网络。公司已成为国内片式厚膜/薄膜固定电阻器品种较多、规格较齐全的军品生产厂家。产品广泛应用于航天、航空、船舶、通讯、核工业、电子等领域。

公司已相继通过了ISO9001:2000质量管理体系认证、GJB9001A:2001军工产品质量体系认证、GJB546A:96军工生产线认证等。2007年10月，通过了航天五院（CAST）和德国TESAT专家的宇航产品出口验厂，成为中国元器件行业较早通过欧洲宇航体系认证的企业。

地址：贵州省贵阳市新添大道北段268-1号　电话：0851-6303518
邮编：550018　传真：0851-6302210
信箱：yk@yuncko.cn　网址：www.yuncko.com

高科技 低成本 使用简单 效果显著

兰尔高科

浙江兰尔科技有限公司

Lt系列新型封灌材料

先进的灌封技术

浙江兰尔科技有限公司是专业从事新材料、新装备、新技术的研究、设计、制造和应用的综合型企业，拥有自己的研发中心，通过ISO9001:2000质量管理体系认证，在灌封材料、密封材料、嵌缝等新材料方面以专业著称。生产的LT系列黑胶及配套黑胶机产品，研制的封灌材料——黑胶，为电子、电感、电气产品较佳绝缘、粘接与密封材料。产品已获得美国及加拿大UL双认证，并通过SGS权威检测，符合欧洲RoHS标准。

用途	电子产品专用	电子产品专用	电子产品专用	电感产品专用	电感产品专用	变压器/电容器专用	滤波器专用	滤波器专用
型号	LT–Z1	LT–Z2	LT–Z3	LT–G1	LT–G2	LT–Q1	LT–FO	LT–CO
形状	固体/块状	固体/块状	固体/块状	固体/块状	固体/块状	固体/块状	固体/块状	固体/块状
颜色	黑色	黑色	黑色	黑色	黑色	黑色	黑色	黑色

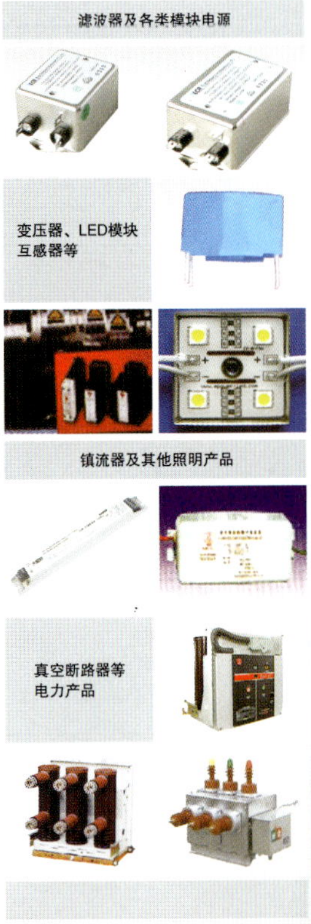

地　址：浙江省绍兴市兰亭工业园区
网　址：www.zjltgk.com
邮　箱：laner@chinalaner.com;sell@zjltgk.com
电　话：0575–84600363
传　真：0575–84607418

SGS

重庆威尔试验设备有限公司

重庆威尔试验设备有限公司成立于1998年,是一家集中、高档环境与可靠性试验设备研发、生产、销售与售后服务于一体的综合性厂商，具有设计大型复杂环境试验设备的成熟经验和制造安装能力。

主要资质有：

+ ISO9001:2000质量管理体系认证
+ 中国试验设备十强企业
+ 重庆市高新技术企业
+ 重庆市优质诚信企业
+ 全国质量检验稳定合格产品

温度冲击试验箱

高低温试验箱

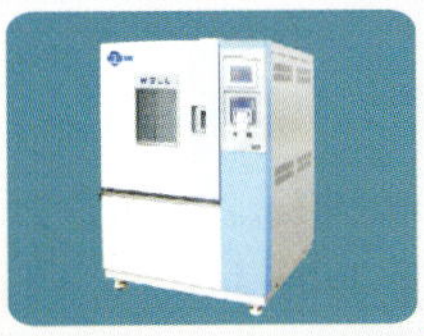

氙灯试验箱

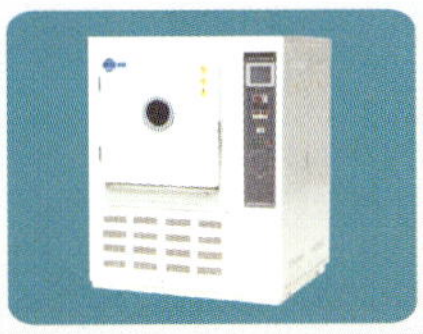

高低温低气压试验箱

网址：www.well.cq.cn

地址：重庆市渝北区双凤桥街道砺田渝港工业园
邮编：401124
业务电话：023–67162001　67265189
　　　　　15923220601
服务电话：023–67162176
传真：023–67184640
邮箱：cqwell2098@126.com

高低温快速变化试验箱

模拟气候四综合试验箱

温度、湿度、振动三综合试验箱

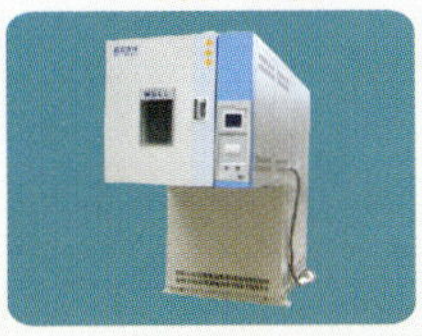

高温烧结箱（专利产品）

温度冲击试验箱

快速温变（湿热）试验箱

步入式恒温恒湿试验室

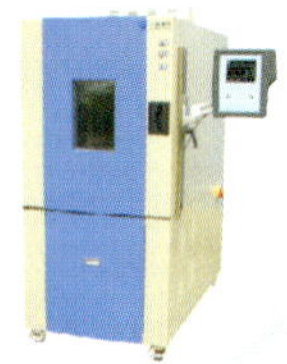

高低温交变（湿热）试验箱

10X光学显微像　　100X光学显微像

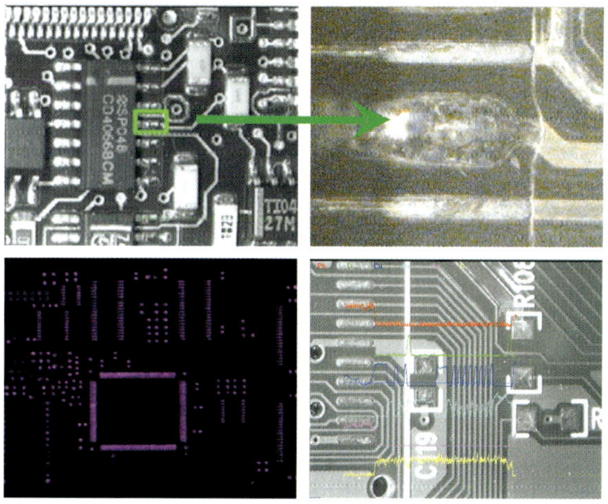

Pb元素面分布图　　PCB板元素线分布图

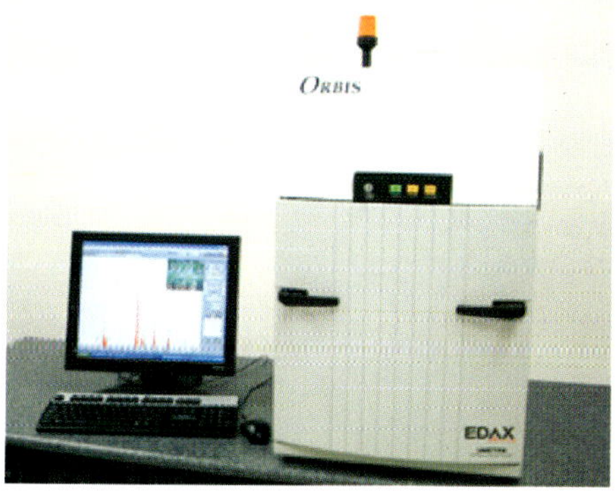

三友（天津）高分子技术有限公司

三友（天津）高分子技术有限公司系中外合资企业。主要从事电子用胶粘剂、汽车胶粘剂及通用胶粘剂等产品的研发、生产、销售以及技术咨询和技术服务。

公司主要产品采用先进技术软件和进口原材料以确保产品的先进性。公司具有高、中级职称的人员占职工人数的20%以上，拥有雄厚的技术力量和新产品开发能力。

公司先后获得了天津市相关部门授予的外商投资企业优秀企业奖、天津市科技进步二等奖、天津市优秀新产品一等奖、国家级重点新产品；助焊绝缘漆、光导胶获得了相关部门科技进步三等奖，电子用贴片胶半导体芯片液体封装料等被列为国家火炬计划。

为了满足国内企业、科研生产单位对新型胶粘剂和电子化工材料的需求，本公司免费承接新产品、新材料的研制、开发和技术咨询。公司一直以优质的产品和良好的服务得到用户的好评和信任。

贴片胶	专用于电子工业各种片式元器件的表面贴装(SMT)。可耐无铅波峰焊、低卤，对难粘件有良好粘合力。包装规格：300mL/支；30mL/支
邦定胶（液体封装料）	电子工业裸露芯片的固定、保护、绝缘性好、固化收缩率低、热膨胀系数小
单组分环氧密封胶	适用于继电器、温控器等的密封。使用方便、无毒、无味、适宜的触变性、固化时流平性好，可提供不同固化条件不同粘度的产品
绝缘漆	主要用于各种电感线圈、变压器等的防潮绝缘处理，印制电路板表面保护。根据客户要求可提供有助焊性及阻燃性的绝缘漆
通用灌封料	有多种化学成分的通用灌封料，如环氧树脂、有机硅、聚氨酯及特殊配方
屏蔽材料	可喷涂或刷涂。具有良好的附着力及电、磁屏蔽性能
导热硅脂	用于发热的电子元器件的绝缘、散热、防潮
导电胶、导电油墨	适用于电子工业生产中的各种导电粘接及柔性印制电路板印制。有碳质导电胶、铜质导电胶、银质导电胶，稳定的单组份或双组份胶
制动胶（止动胶）	用于电子工业调节螺纹磁芯等的固定。无毒、无味、防震动性好、可调节
汽车胶	各种用于车身韩妆、涂装、总装的胶粘剂及胶片、胶带

贴片胶　灌封料　绝缘漆

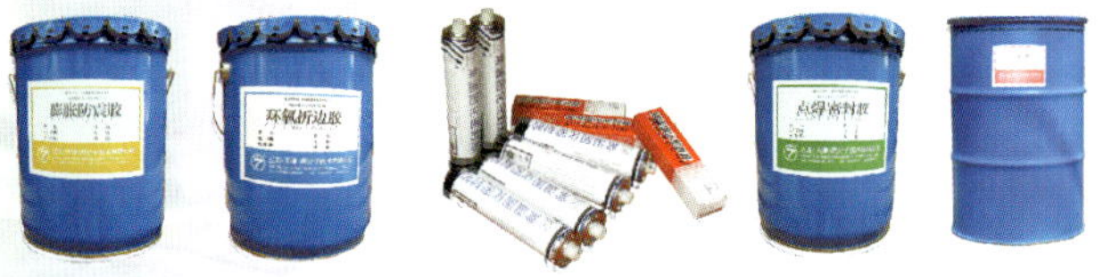

小桶膨胀胶　小桶折边胶　常温固化密封胶　点焊密封胶　大桶车身密封胶

地址：天津市河西区泰山路6号　电话：022-28266198　282621
邮编：300211　传真：022-28261570
电邮：sanyou@sanyoutj.com　网站：www.sanyoutj.com.cn

天津锡林海树脂灌封设备设计有限公司

天津锡林海树脂灌封设备设计有限公司坐落于天津市高新技术产业园区，是天津市科学技术委员会重点扶持单位。公司自1993年从事环氧树脂灌封工作，专业生产环氧树脂灌封机和自动化程控设备，特别是在环氧树脂应用设备的研究和开发领域，具有较强的专业知识和理论，开发了一系列具有先进水平的产品技术。

公司具有专业人才和丰富的专业技术，专心致力于专利产品的开发、研究、技术推广和成果转让。设计的灌封机在国内外众多同行的激烈竞争中脱颖而出，成为我国航空、航天部某研究所的专用设备。

发明的一种环氧树脂双液浇封设备，在同一个高压仓内既可对产品真空浇注又能对产品进行压力固化，该产品已出口到澳大利亚。

公司可以为用户提供解决方案，特别是应客户的个性化需求，设计生产特殊性能和要求的环氧树脂灌封设备。热忱欢迎新老客户来电洽谈产品采购事宜。

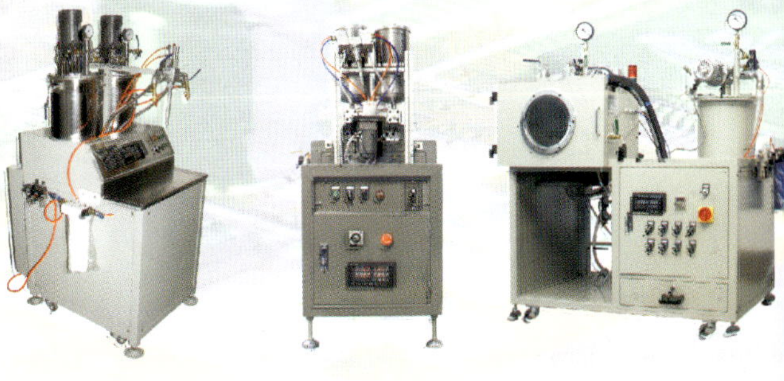

诚信服务客户

用心打造精品

地址：天津市南开区宜宾道16号　联系人：张先生　电话：022-83717959/13702120041　传真：022-83717959　邮箱：xilin99zl@163.cc

甘肃虹光电子有限责任公司（国营第778厂）

甘肃虹光电子有限责任公司始建于1965年，是集研发、生产、销售于一体的高新技术企业，且是研制、生产微波电真空器件的重点企业，已经通过GJB9001A:2001质量管理体系认证并取得证书。

公司产品分军品、民品两大类，军品主要有磁控管、行波管、微波气体放电管、速调管、前向波放大管等几大类，共100多个品种，其中在磁控管科研生产领域居于国内先进地位，产品涵盖L、S、C、X、Ku、Ka波段，品种多，性能先进。民品主要有真空开关管、真空接触器、真空断路器、高低压开关柜等。产品技术先进、品种齐全，已经通过3C认证。

以人为本　和谐共进　质量为根　技术为先

地址：甘肃省平凉市崆峒中路2号　　电话：0933-5983680　5983682　　网址：www.虹光电子.cn

邮编：744000　　传真：0933-8620381　8620382　　E-mail: hongguang778@163.com

硅芯科技有限公司 SiliconCore Technology Inc.

硅芯（SiliconCore Technology，简称SCT）是一家从事混合信号集成电路设计的半导体公司，研发总部于1997年在美国硅谷设立，广州设有研发分部，成都设有测试中心。总投资500万美元。主要产品有激光二极管驱动芯片（Laser Diode Driver，简称LDD）和发光二极管驱动芯片（LED Driver）。2007年获得有关部门颁发的集成电路设计企业认证，主要产品LDD获得广东省高新技术产品认证。是SONY的绿色合作伙伴。我们公司为国内外客户量身订做光存储和光电控制类芯片，竭诚为您提供光学半导体解决方案。

SCT推出的激光二极管驱动芯片SL00xx系列是一种能给两根接地激光二极管提供受控电流的高性能的双四通道激光驱动器。采用28引脚4×5毫米QFN封装，可用于电脑光驱，蓝光DVD机，摄像机，高端游戏机。主要特性介绍如下：

1.双层4通道受控电流输出：
- 各通道电流为450mA, 300mA, 150mA, 150mA
- 总输出电流高达900mA（5V）
- 总输出电流高达800mA（4.5V）

2.上升时间 = 0.8ns。

3.下降时间 = 0.8ns。

4.振荡器频率范围达600 Mhz。

5.振荡器振幅高达200mApp 。

SCT为LED显示屏研制和生产出的16通道恒流LED驱动芯片SCL8018拥有16位的恒流驱动器，16位的移位寄存器和16位的锁存器。现已应用在显示屏上，通过调整外接电阻可以调整IC的输出电流，范围是3mA到90mA。所有输出通道在LED输出电压大范围变化时保持相同的电流水平。SCL8018的封装形式为：QFN 24-pin 4mmx4mm，TSSOP24-173-0.65，SSOP24-150-0.64 以及 SSOP24-236-1.00。

主要特性介绍如下：

1.16位的沉入式恒流输出通道：
- 输出电流范围为：5mA～90mA
- 输出电流范围为：3mA～60mA
- 负载电压变化，恒流不变。
- 通过一个外接电阻调整输出电流。
- 输出电流精确度：

通道间：±3%；

Ic间：±6%；

2.输出上升时间= 40ns。

3.输出下降时间= 40ns。

4.25MHz 时钟频率。

5.施密特触发器输入。

6.3.3V 或 5V 电压供电。

地址：广东省广州市荔湾区林中中路219号首层　　网址：www.silicon-core.com

电话：86-020-81983232-603　传真：86-020-81980202　　E-mail：info@siliconcore.com.cn

中国船舶工业电磁兼容性检测中心

EMC-TESTCENTER

中国船舶工业电磁兼容性检测中心是集电磁兼容性检测、工程技术研究设计与开发、标准研究与制定于一体的综合性的第三方检测机构，是电磁兼容领域高层次人才培养、科学研究和技术创新的重要基地。

本中心拥有行业先进水平的天线布置试验场和技术指标达到国际先进水平的屏蔽半电波暗室、强电磁脉冲实验室、混响室、屏蔽室等实验设施，拥有300余台(套)先进的仪器设备和系统，是开展电磁兼容领域研究设计、检测试验的理想平台。

中心运行20年来，秉着“科学、公正、准确、满意”的质量方针为航天、航空、舰船、电子、机电、汽车、医疗等行业提供了16大类产品，共150多个参数的电磁兼容性认证级检测，并出具权威的检测报告。

中心依托中国舰船研究设计中心、电磁兼容性国防科技重点实验室，承担了几十项国家重大高新工程的电磁兼容研究设计和20多个国军标的编制。强大的研发和试验能力为客户提供广泛的电磁兼容性工程研究、方案设计及软、硬件开发等一条龙服务。

地　址：武汉市紫阳路268号5号楼
邮　编：430064
电　话：027-88078073　88063394
网　址：www.emc701.com
邮　箱：emc701@sina.com

VDE（上海）

VDE（上海）是德国VDE在中国的分支机构，我们可以为本地的光伏产品制造商及国际光伏产品采购商提供以下服务：

- 对光伏组件按照IEC 61215 或 IEC 61646 以及 IEC 61730 标准进行测试和VDE认证，或在VDE认证基础上按照UL 1703 标准进行组合测试而获得CSA认证证书。
- 对光伏组件用接线盒按照DIN V VDE V 0126-5 标准进行测试和VDE认证。
- 对光伏系统用连接器按照DIN V VDE V 0126-3 标准进行测试和VDE认证。
- 对光伏系统用电缆按照AK 411.2.3 建议标准进行测试和VDE认证。
- 对光伏逆变器按照DIN EN 50178 / IEC 62103 标准以及IEC 62109标准的部分内容进行测试和VDE认证。
- 对晶体硅参考组件（电池）按照IEC 60904 标准进行标定、或 STC条件下及低辐照度下的电气性能测量。
- 技术标准培训：IEC 61215、IEC 61646、IEC 61730、IEC 60904系列标准、DIN V VDE V 0126-5、DIN V VDE V 0126-3。
- 基于供应商的质量管理和出货检验。

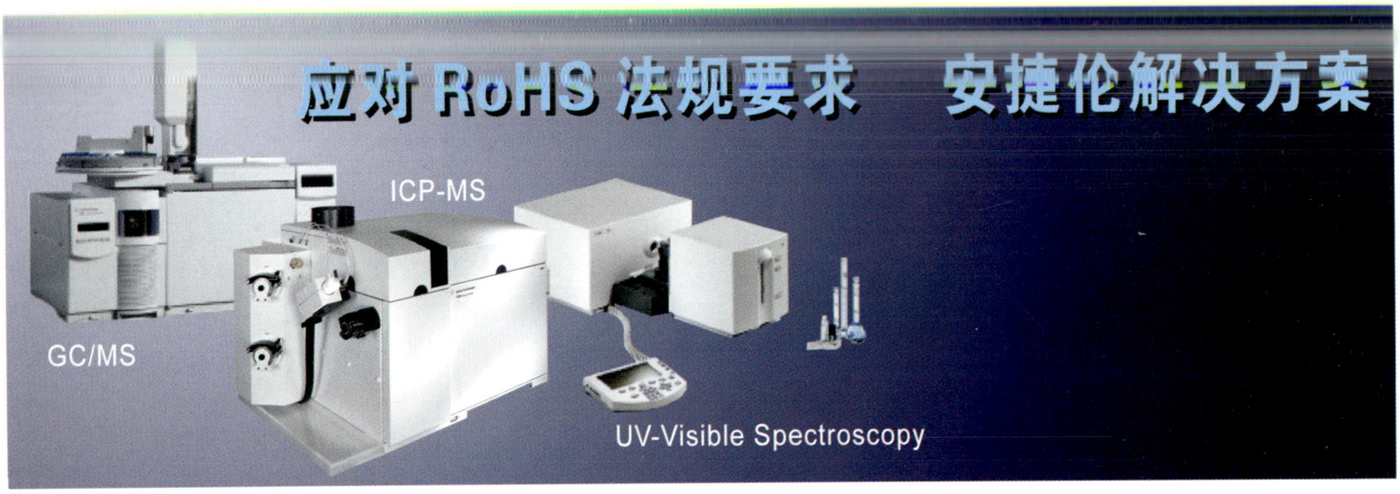

新的限用危险物质法规控制新的电子电气产品中可能有毒的物质的使用量。中国和欧盟的RoHS均限制使用重金属如镉(Cd)、汞(Hg)、铅(Pb)和六价铬（Cr^{+6}）以及含溴阻燃剂多溴联苯(PBB)和多溴二苯醚(PBDE)。

安捷伦科技（Agilent Technologies）长期以来为各类实验室提供先进可靠的测试设备。安捷伦先进的仪器设备保证了您的实验室满足法规要求，而且您拥有安捷伦强有力的技术支持。

Agilent 7890/5975C 气质联用系统(GC/MS)测定含溴阻燃剂(BFR)

7890气相色谱超强的分辨能力、可靠性能和5975C MSD质谱仪的宽质量数范围、灵敏度和选择性使得Agilent 7890/5975C GC/MS非常适合PBB和PBDE的测定。

- 高性能气相色谱
- 保留时间锁定(RTL)技术带来较好的保留时间的重复性，帮助准确地对同分异构体进行鉴定
- 宽的质量数范围MSD (1.6*m/z* -1050*m/z*)
- 高质量轴准确度保证准确定性
- 对质谱区域加热保证可靠的操作和稳定的灵敏度
- 同时采集选择离子监测(SIM)和全扫描(Scan)信号提高工作效率
- 专用高质量数校正标样，用于质谱高质量区精度确认
- 特有的电子方法(eMethod)功能方便快速的方法设定
- 解卷积报告软件(DRS)加速数据处理和化合物准确定性分析

强有力的技术支持和售后服务

安捷伦提供全方位的以用户为中心的长期的技术应用支持和售后维修服务。包括：

- 免费现场安装和操作培训
- 保修期后的维修服务
- 在线支持和服务
- 安捷伦网上信息和应用支持(www.agilent.com)
- 安捷伦电子通讯e-notes
- 安捷伦客户培训

采用Agilent 7700系列ICP- MS定性定量分析重金属

电感耦合等离子体质谱法(ICP-MS)具有较低的检出限与较宽的线性动态范围。Agilent 7700系列ICP-MS可以准确测定RoHS指令中限制的所有元素，方法简便、快速。

- HMI耐高盐进样系统，使仪器具有较强的耐基体能力，Hg与Cd的电离效率高
- 离轴偏转透镜设计提供了较高的离子传输效率，有效地提高了仪器的灵敏度与耐基体能力
- 操作简单，适于未知基体复杂样品的日常分析
- 线性动态范围宽，可在一次运行中同时测定溶液中含量低至ppt级的痕量元素如镉、汞，以及高达上千个ppm的常量元素等

采用Agilent 8453紫外—可见光度计分析六价铬

采用光度法如USEPA7196可以很方便地实现六价铬(Cr^{+6})的测定。二苯卡巴肼与六价铬形成红色络合物，以紫外—可见分光光度计在特定波长处定量分析该络合物。

- 易于操作– 内置按键专为样品溶液、标准溶液与空白溶液的测定而设
- 台式设计，占用空间小
- 氘灯与钨灯易于更换
- 可用PC硬盘升级防火墙软件
- 开放的置样空间，易于样品的放置与更换
- 稳定的光学–热稳定陶瓷光谱，波长范围190nm-1100nm，狭缝宽度1nm
- 扩展的自检程序，可用于灯能量、波长精度、噪声的自检，确保仪器的性能满足要求
- Log book功能可自动保存仪器自检结果与维修维护记录，符合严格的法规要求

欲了解更多信息，请垂询安捷伦公司**800 820 3278**或访问网站：
www.agilent.com/chem/cn

Agilent Technologies